Sue Paterson

Hauterkrankungen des Hundes

Sue Paterson

Hauterkrankungen des Hundes

Aus dem Englischen von Kirstin Maslen

Mit 261 überwiegend farbigen Abbildungen

Parey Buchverlag Berlin 2000

Parey Buchverlag im
Blackwell Wissenschafts-Verlag GmbH
Kurfürstendamm 57, 10707 Berlin
Firmiangasse 7, 1130 Wien

Blackwell Science Ltd
Osney Mead, Oxford, OX2 0EL, UK
25 John Street, London WC1N 2BL, UK
23 Ainslie Place, Edinburgh EH3 6AJ, UK

Munksgaard International Publishers Ltd
35 Norre Sogade
1016 Kopenhagen K, Dänemark

Anschrift der Autorin:
Sue Paterson, MA, VetMB, DVD, DipECVD, MRCVS
Veterinary Dermatology Service
Animal Medical Centre
Chorlton
Manchester, Großbritannien

Blackwell Science, Inc.
Commerce Place, 350 Main Street
Malden, Massachusetts 02148 5018, USA

Blackwell Science KK
MG Kodemmacho Building, 3F
7–10, Kodemmacho Nihonbashi,
Chuo-ku, Tokio 103-0001, Japan

Blackwell Science Asia Pty Ltd
54 University Street,
Carlton, Victoria 3053, Australien

Titel der Originalausgabe:
Skin Diseases of the Dog

Deutsche Übersetzung von:
Dr. Kirstin Maslen
c/o Reay
2143 NE 16th Ave
Portland, OR 97212, USA

Gewährleistungsvermerk

Die Medizin ist eine Wissenschaft mit ständigem Wissenszuwachs. Forschung und Weiterentwicklung klinischer Verfahren erschließen auch gerade in der Pharmakotherapie veränderte Anwendungen. Der/die Verfasser/in dieses Werkes haben sich intensiv bemüht, für die verschiedenen Medikamente in den jeweiligen Anwendungen exakte Dosierungshinweise entsprechend dem aktuellen Wissensstand zu geben. Diese Dosierungshinweise entsprechen den Standardvorschriften der Hersteller. Verfasser und Verlag können eine Gewährleistung für die Richtigkeit von Dosierungsangaben dennoch nicht übernehmen. Dem Praktiker wird dringend empfohlen, in jedem Anwendungsfall die Produktinformation der Hersteller hinsichtlich Dosierungen und Kontraindikationen entsprechend dem jeweiligen Zeitpunkt der Produktanwendung zu beachten.

Die Deutsche Bibliothek – CIP-Einheitsaufnahme

Hauterkrankungen des Hundes / Sue Paterson. Aus dem Engl. von Kirstin Maslen. – Berlin; Wien: Parey, 2000
Einheitssacht.: Skin diseases of the dog <dt.>
ISBN 3-8263-3225-3

e-mail: parey@blackwis.de
Internet: http://www.blackwell.de

ISBN 3-8263-3225-3 • Printed in Germany

Einbandgestaltung: unter Verwendung der Abbildung 2.3 (Gesichtsfaltenintertrigo der Bulldogge) aus dem vorliegenden Buch

Satz und Repro: Type-Design GmbH, Berlin
Druck und Bindung: Druckhaus Berlin Mitte, Berlin

Gedruckt auf chlorfrei gebleichtem Papier

Inhaltsverzeichnis

Einführung

1

Die Haut ist das größte Organ des Hundes. Als umhüllende Barriere bewahrt sie den Körper vor dem Austrocknen sowie dem Verlust von Elektrolyten und Makromolekülen. Zusätzlich wirkt sie als mechanischer Schutz gegenüber der Umwelt, und ihre Elastizität gewährleistet Beweglichkeit. Neben dieser Schutzfunktion ermöglichen die Nervenrezeptoren der Haut die Wahrnehmung von Hitze, Kälte, Druck, Schmerz und Juckreiz. Die Haut reguliert die Temperatur und speichert Vitamine, Elektrolyte, Wasser, Fett, Kohlenhydrate und Proteine. Die Hautoberfläche verfügt sowohl über antibakterielle als auch über antimykotische Eigenschaften, die zusammen mit der immunregulativen Funktion Infektionen und Neoplasien vorbeugen. Sonneneinstrahlung fördert in der Haut die Synthese von Vitamin D, und die pigmenthaltigen Melanozyten helfen, Schäden durch Sonnenbestrahlung abzuwehren.

Aufgrund der oberflächlichen Lage der Haut können klinische Untersuchungen einfach durchgeführt werden, wie beispielsweise die Probenentnahme zum Nachweis von Infektionserregern oder zur histopathologischen Untersuchung. Der Tierbesitzer kann leicht den Therapieerfolg erkennen, sofern das Tier nicht das klinische Erscheinungsbild durch Belecken oder Automutilation beeinträchtigt.

Bis zu 20 % der Fälle in der tierärztlichen Praxis sind dermatologischer Natur, so daß der praktizierende Tierarzt fundierte Kenntnisse auf diesem Gebiet haben sollte.

Als Kunde hat der Tierbesitzer die Möglichkeit, durch Überweisung von seinem Haustierarzt zu einem Spezialisten fachmännische Hilfe zu erhalten. Deshalb sollte der allgemeine Tierarzt nicht nur herkömmliche Krankheitsbilder behandeln können, sondern er muß auch in der Lage sein, Spezialfälle zu erkennen, seien es ungewöhnliche Manifestationen alltäglicher Erkrankungen oder seltene Dermatosen.

Struktur der Haut

Epidermis

- Die oberste Schicht der Haut besteht aus:
  - Ca. 85 % Keratinozyten.
  - Ca. 5–8 % Langerhans-Zellen.
  - Ca. 5 % Melanozyten.

Keratinozyten

- Synthese von Strukturkeratinen.
- Phagozytische Fähigkeit: Antigenpräsentation.
- Zytokinsynthese zur Stimulation und Hemmung der Immunantwort.

Langerhans-Zellen

- Suprabasale dendritische Zellen.
- Wichtigste Zellen der epidermalen Antigenpräsentation.
- Sie besitzen phagozytische Fähigkeiten.
- Langerhans-Zellen wandern zur Antigenpräsentation gegenüber antigenspezifischen T-Zellen in Richtung des lymphatischen Systems aus.

Melanozyten
- Dendritische Zellen, deren Zytoplasmaausläufer (Dendriten) mit 10–20 Keratinozyten kommunizieren und eine epidermale Melanineinheit bilden.
- In den Melanosomen findet über mehrere Stoffwechselschritte die Synthese von Eumelaninen oder Pheomelaninen aus Tyrosin statt.
- Die pigmenthaltigen Melanosomen wandern in die Dendritenenden ein und geben Melanin an benachbarte epidermale Zellen ab.

Epidermis
- Stratum basale.
- Stratum spinosum.
- Stratum granulosum.
- Stratum lucidum.
- Stratum corneum.

Stratum basale
- Hochprismatische Zellen, die fest mit der Basalmembran verankert sind.
- Ort der initialen Keratinproduktion.

Stratum spinosum
- Die Zellen sind polygonal und flachen nach oben ab.
- Diese Schicht ist besonders ausgeprägt an den Pfotenballen, dem Nasenspiegel und den mukokutanen Übergangszonen.
- Intensive Keratinsynthese und Bildung von Keratinbündeln.
- Beginn der Lamellarkörperchensynthese.

Stratum granulosum
- Die Zellen dieser Schicht sind abgeflacht.
- Sichtbare Anreicherung von Profilaggrin in den Keratohyalingranula.
- Profilaggrin wandelt sich in Filaggrin um, welches die Keratinfilamente bindet.
- Lamellarkörperchen werden in den Interzellularraum abgegeben, um lipidreiche Lamellen zwischen den Zellen zu bilden.
- Degeneration von Zellorganellen und Zellkern.

Stratum lucidum
- Kompakte Schicht von abgestorbenen Keratinozyten, wie man sie nur an den Pfotenballen und auf dem Nasenspiegel findet.

Stratum corneum
- Beständige Abschilferung von abgeflachten, verhornten Zellen. Die Abschilferung wird durch die Proliferation der Basalzellen ausgeglichen.
- Die Transitzeit vom Stratum basale bis zum Stratum corneum beträgt ca. 22 Tage.
- Internes Gerüst aus Keratin/Filaggrin.
- Externe lipidreiche Hülle von Hornzellen.

Basalmembranzone
- Grenzschicht zwischen Epidermis und Dermis.
- Ausgehend von der Epidermis wird sie in Richtung Dermis wie folgt unterteilt:
  - Plasmamembran der Basalzellen: Hier sind die Basalzellen durch Hemidesmosomen verankert.
  - Lamina lucida.
  - Lamina densa.
  - Sublamina-densa: Enthält Verankerungsfibrillen.

Dermis
- Fasern.
- Grundsubstanz.
- Zellen.
- Epidermale Anhangsgebilde.

Fasern
- Die Fasern werden von Fibroblasten produziert.
- Der Anteil der Kollagenfasern beträgt 80 %.
  - Dicke Bündel von multiplen Proteinfibrillen.
  - Sie bedingen Zugfestigkeit und Elastizität.
- Retikulinfasern.
  - Feinverzweigtes Netzwerk von Fasern.
- Der Anteil der elastischen Fasern beträgt 4 %.
  - Einzelne, feinverzweigte Strukturen, die an den Kollagenbündeln angrenzen.
  - Geben Elastizität.

Grundsubstanz
- Die Grundsubstanz wird von den Fibroblasten produziert.
- Zusammengesetzt aus Glukoseaminoglykanen, die mit Proteoglykanen verbunden sind.
- Sie dient der Aufrechterhaltung der Dermisstruktur; trägt zur Wasserspeicherung, Geschmeidigkeit, zum Wachstum und zur Differenzierung bei.

Zellen
- Fibroblasten.
- Melanozyten.
- Mastzellen.

Epidermale Anhangsgebilde
Musculus arrector pili
- Glatter Muskel, der in der oberen Dermis beginnt und an einer Verdickung des Primärhaarfollikels ansetzt.
- Die Kontraktion des Muskels richtet das Haar auf (Piloerektion).
- Der Haarbalgmuskel ist cholinerg innerviert. Die Piloerektion ist assoziiert mit der „Kampf-und-Flucht"-Reaktion.
- Der Haarbalgmuskel dient der Thermoregulation und der Entleerung von Talgdrüsen.

Blutgefäße
- Drei miteinander kommunizierende Plexen von Arterien und Venen.
  - Der tiefe Plexus versorgt die Subcutis, den unteren Anteil des Haarfollikels und die apokrinen Schweißdrüsen.
  - Der mittlere Plexus versorgt den Musculus arrector pili, den mittleren Anteil des Haarfollikels und die Talgdrüsen.
  - Der oberflächliche Plexus versorgt den oberen Anteil des Haarfollikels und bildet Kapillarschlingen in der Epidermis.
- Arteriovenöse Anastomosen.
  Verbindung zwischen Arterien und Venen vorwiegend in der tiefen Dermis, die dem Blut die Umgehung des Kapillarbettes erlaubt.
  - Häufigstes Vorkommen in den Extremitäten.

Lymphgefäße
- Ausgehend von dem kapillaren Netzwerk in der oberflächlichen Dermis umgeben sie die Adnexstrukturen.

Nerven
- Sensorische Nerven.
  - Bilden ein subepidermales und intraepidermales Netz um die in der Dermis liegenden kutanen Endorgane, wie z. B. die tylotrichen Polster.
  - Netzwerk um den Haarfollikel.
- Motorische Nerven.
  - Am Musculus arrector pili ansetzend.
  - An den apokrinen Schweißdrüsen ansetzend.

Haarfollikel
- Aufgeteilt in drei Segmente:
  - Infundibulum: Oberflächlich gelegener Teil von der Hautoberfläche ausgehend bis zur Mündung des Talgdrüsenganges.
  - Isthmus: Mittlerer Abschnitt zwischen Einmündung der Talgdrüse und dem Ansatz des Musculus arrector pili.
  - Unteres Segment: Beginnt am Ansatz des Musculus arrector pili und reicht bis zur dermalen Papille.
- Ein Haarbüschel besteht in der Regel aus einem einzelnen langen Haar, umgeben von ein bis zu fünf Sekundärhaaren, die alle in einer Haaröffnung zusammentreffen.
- Jedes Primärhaar hat:
  - Einen Musculus arrector pili.
  - Eine Talgdrüse.
  - Eine (apokrine) Schweißdrüse.
- Jedes Sekundärhaar hat im allgemeinen nur eine Talgdrüse.

Musculus arrector pili
- Siehe Epidermale Anhangsgebilde.

Talgdrüse
- Vorkommen im Bereich der behaarten Haut, nicht an den Pfotenballen oder auf dem Nasenspiegel.
- Mündet über einen Ausführungsgang in Höhe der Infundibulumregion in den Haarfollikelkanal ein.
- Die Talgdrüsen sind besonders groß und zahlreich in den wenig behaarten Arealen des dorsalen Nackens und Rumpfs, der mukokutanen Übergangszone und den Zehenzwischenräumen.
- Man nimmt an, daß die Talgproduktion hormonell gesteuert wird.
  - Das fettige Sekret der Talgdrüsen dient als physikalische Barriere, hält Haut und Haar geschmeidig und bewahrt sie vor Austrocknung.
  - Chemischer Schutz: Talg und Schweiß haben antimikrobielle Eigenschaften.
  - Pheromonale Eigenschaften des Sekrets.

Schweißdrüsen

Apokrine Drüsen

- Die apokrinen Drüsen kommen im Bereich der behaarten Haut vor. An den Pfotenballen oder dem Nasenspiegel fehlen sie.
- Lokalisiert unterhalb der Talgdrüsen, führen sie über einen Ausführungsgang oberhalb der Mündung des Talgdrüsenganges in das Infundibulum des Haarfollikels.
- Die Schweißdrüsen sind groß und zahlreich in den wenig behaarten Körperarealen vorhanden.
- Gute Blutversorgung der Drüse, jedoch keine Innervation. Man nimmt an, daß die Drüsen über Neurotransmitter gesteuert werden, die aus dem Blutsystem diffundieren.
- Sekretion von apokrinem Schweiß.
  - Chemische Schutzbarriere: Sekret ist besonders angereichert mit IgA.
  - Pheromonale Eigenschaften des Sekrets.

Ekkrine Drüsen

- Die ekkrinen Drüsen kommen nur an den Pfotenballen vor. Es besteht keine Verbindung zum Haar.
- Ausgeprägte Innervation.

Struktur des Haarfollikels

- Dermale Papille.
- Haarmatrix.
- Haar.
- Innere Wurzelscheide.
- Äußere Wurzelscheide.

Dermale Haarpapille

- Ausstülpung von dermalem Bindegewebe, das von der Basalmembranzone umgeben wird.

Haarmatrix

- Kernhaltige Epithelzellen, die die Papilla umgeben und aus denen sich das Haar und die innere Wurzelscheide differenzieren.

Haar

- Mark: Innerster Teil des Haares, besteht aus longitudinal angeordneten, kubischen Zellen.
- Rinde: Verhornte, spindelförmige Zellen, die das Pigment für die Haarfarbe enthalten.
- Kutikula: Periphere Schicht von flachen, verhornten, kernlosen Zellen, die sich dachziegelartig überlappen und in Verbindung mit der Kutikula der inneren Wurzelscheide stehen.

Innere Wurzelscheide (IWS)

- Die Funktion der Scheide besteht darin, das Haar in sich zu formen.
- Sie besteht aus drei Schichten, die alle Trichohyalingranula enthalten.
- Innere Schicht: Kutikula der inneren Wurzelscheide besteht aus einer Schicht sich gegenseitig überlappender Zellen.
- Mittlere Schicht: Huxley-Schicht: Ein- bis dreischichtige Zellage kernhaltiger Zellen.
- Äußere Schicht: Henle-Schicht: Schicht von kernlosen Zellen.

Äußere Wurzelscheide (ÄWS)

- Nach unten ausgerichtete Ausstülpung der Epidermis.
- Infundibulum: Die Verhornung zeigt sich durch die Bildung von Keratohyalingranulae wie in der übrigen Epidermis.
- Isthmus: Tricholemmale Keratinisation.
- Unterhalb des Isthmus: Die äußere Wurzelscheide wird von der inneren Wurzelscheide bedeckt. Es tritt keine Verhornung auf.
- Die ÄWS wird umgeben von:
  - Basalmembranzone/„Glasmembran": Sie ist eine nach unten ausgerichtete Einstülpung der epidermalen Basalmembranzone.
  - Bindegewebige Wurzelscheide: Dichte Schicht aus Bindegewebe.

Haarzyklus

Anagen: Wachstumsphase

- Bildung einer neuen Haarzwiebel: Die Keimzellen auf dem Follikelgrund breiten sich in Richtung dermaler Papille aus und umschließen sie.
- Den Anagenfollikel kennzeichnet eine gutentwickelte, dermale Haarpapille, der von oben kappenartig die Matrix aufsitzt. Die Matrixzellen zeigen mitotische Aktivität („Ball-und-Krallen"-Bild) (Abb. 1.1).

Katagen – Übergangsphase

- Ende des Haarwachstums. Während sich das Haar in der Dermis aufwärts bewegt, bewegt sich die Papille von den Matrixzellen weg.

Telogen – Ruhephase

- Die dermale Papille ist von der Haarzwiebel getrennt (Bild des Kolbenhaares).
- Pigmentverlust der Haarzwiebel, keine mitotische Aktivität (Abb. 1.2).

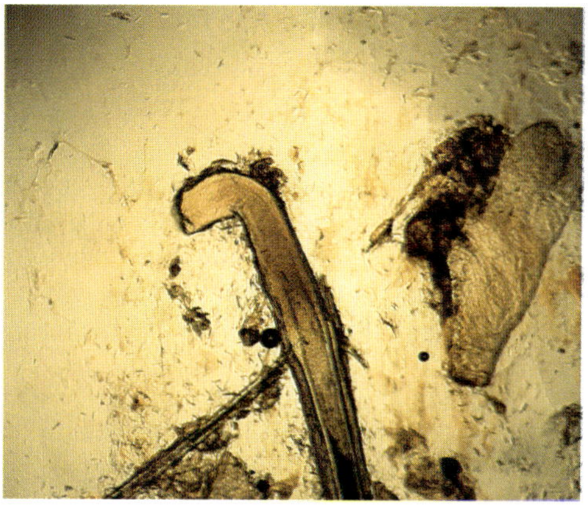

Abb. 1.1 Pigmentiertes Haar in der Anagenphase mit dem typischen „Ball-und-Krallen"-Bild.

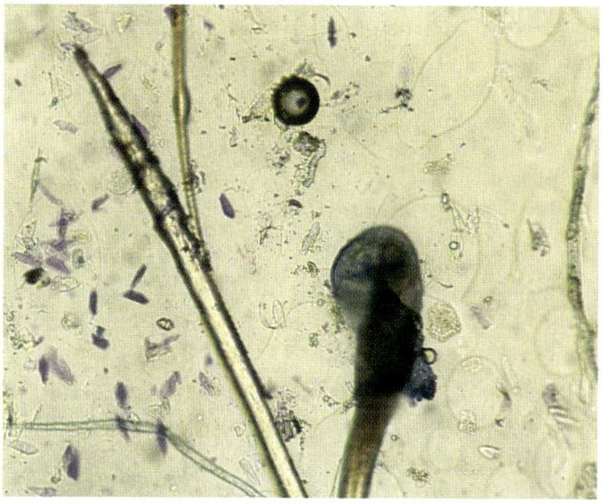

Abb. 1.2 Nichtpigmentiertes Haar der Telogenphase als sogenanntes „Kolbenhaar". Dazu im Vergleich ein Haar in der Anagenphase.

Beispiel für eine Fallbehandlung

Anamneseerhebung

Während der Anamnese ist die Zeit oft nur begrenzt. Es ist häufig nicht möglich, sich während einer gewöhnlichen Sprechstunde ein umfassendes Bild von der Erkrankung des Patienten zu machen. Besonders während einer vollen Sprechstunde ist es naheliegend, zunächst nur eine symptomatische Behandlung zu verordnen, solange diese nicht die Möglichkeit einschränkt, sich mit dem Problem zu einem späteren Zeitpunkt gründlicher auseinandersetzen zu können.

Antibiotika, Antihistaminika und eine lokale Therapie mit Shampoos komplizieren nur selten die Diagnose. Zudem kann das Ansprechen der Patienten auf eine solche Behandlung das weitere diagnostische Vorgehen bestimmen. Eine symptomatische Steroidtherapie ist nur selten indiziert, da sie häufig weitere Untersuchungen unmöglich macht.

Die Erhebung einer Anamnese sollte logisch sein. Jeder Arzt erhebt seine Anamnese auf unterschiedliche Weise. Die Richtung in der Fragestellung wird während einer Anamnese durch die Beschwerden des Tierbesitzers bestimmt.

Bei der Erhebung der Anamnese werden von den Ärzten häufig vorgefertigte Anamnesebögen benutzt. Die Autorin dieses Buches lehnt die Anwendung solcher Anamnesebögen jedoch ab, da diese nicht zu einer fallrelevanten Fragestellung beitragen. Die Anamnese kann in 6 Abschnitte unterteilt werden.

Die Beschwerde des Tierbesitzers

Es ist wichtig, die Glaubhaftigkeit des Tierbesitzers einzuschätzen. Der Tierbesitzer kann den Arzt in seiner Fragestellung in eine falsche Richtung führen, wenn er die Vorgeschichte nicht präzise darstellt. Andere Familienmitglieder, insbesondere Kinder, die in der Sprechstunde anwesend sind, verfügen oft über wertvolle Informationen. Zu diesem Zeitpunkt sollte man entscheiden, ob man es mit einer pruritischen Erkrankung, einem seborrhoischen Problem, einer pustulösen Erkrankung usw. zu tun hat, da es zur weiteren fallrelevanten Fragestellung beiträgt.

Allgemeine Hinweise

Alter, Geschlecht, Rasse, Farbe und Gewicht des Tieres geben wertvolle Hinweise zu der Art einer Erkrankung. So findet man zum Beispiel Demodex häufiger bei jungen Hunden. Bei anderen Erkankungen liegt eine bestimmte Rassendisposition vor.

Allgemeine Gesundheit

- Aktivität: Lethargie, geringe körperliche Ausdauer, z. B. bei Hypothyreose.
- Sexualverhalten: Anormales Verhalten gegenüber anderen Hunden ist assoziiert mit einem Tumor der Sertolizellen.
- Appetit: Hunger/Durst sind erhöht bei Hyperkortisolismus, aber auch unter Steroideinnahme.
- Ernährung: Art des Futters, Änderung in der Ernährung, Leckerbissen, Substitutionen spielen eine Rolle.
- Gastrointestinale Symptome: Zeichen einer Kolitis können assoziiert sein mit einer Nahrungsintoleranz.
- Urogenitale Symptome: Assoziation einer Zystitis mit Hyperkortisolismus.
- Kardiothorakale Symptome: Bradykardie wird oft bei einer Hypothyreose gesehen.
- Symptome des zentralen Nervensystems: Anfälle können bei Hyperkortisolismus auftreten.
- Lokomotorische Symptome: Eine Polyarthritis ist mit systemischem Lupus erythematodes assoziiert.
- Augenerkrankungen: Eine Konjunktivitis wird bei Allergien gesehen, während eine Keratokonjunktivitis mit der Hypothyreose in Verbindung gebracht werden kann.
- Erkrankungen der Ohren: Mitbefall bei allergischen und endokrinen Erkrankungen.
- Gewichtsverlust: Assoziation mit Neoplasien, Diabetes mellitus, chronischen systemischen Erkrankungen.

Soziale Anamnese

- Kontakt zu anderen Haustieren oder freilebenden Tieren, wie z. B. Füchsen, Igeln.
- Kontakt zum Menschen: Zeichen für eine Infektion des Besitzers insbesondere bei Pilzerkrankungen, Skabies.
- Das Umfeld des Tieres spielt eine Rolle. Lebt der Hund im Haus oder draußen? Art der Unterbringung. Besteht Zugang zum Schlafzimmer?
- Ferien-/Tierheim: Niedergeschlagenheit oder Aufleben des Tieres während der Abwesenheit von der häuslichen Umgebung.

Dermatologische Anamnese

- Wann traten die Symptome erstmalig auf?
- Welcher Teil des Körpers war zuerst befallen?
- Entwicklung der Erkrankung.
- Jahreszeitlich bedingte Erkrankung?
- Juckreiz?

Bisherige Therapie

- Welche Therapie wurde bisher verabreicht?
- Wie hat der Hund auf die bisherige Therapie reagiert?
- Flohtherapie; wann wurde sie zum letzten Mal angewandt?
- Lokaltherapie; wann wurde der Hund das letzte Mal shampooniert?

Untersuchung des Tieres

Sobald die Anamnese erhoben ist, kann man mit der Untersuchung beginnen. Eine allgemeine körperliche Untersuchung sollte in jedem Fall durchgeführt werden. Bei entsprechender Indikation ist eine ausführlichere Untersuchung einiger spezieller Organe vorzunehmen. Bei einigen systemischen Erkrankungen sind sowohl die Untersuchung der Augen als auch neuromuskuläre Untersuchungen einschließlich der Hirnnervenreflexe indiziert.

Körperliche Untersuchung

- Es ist wichtig, die körperliche Untersuchung in einem adäquaten Raum durchzuführen. Die Mitarbeit sowohl des Tierbesitzers als auch des Tieres (Sedierung des Tieres ist eventuell notwendig) ist eine Grundvoraussetzung für das Gelingen der körperlichen Untersuchung. Zudem spielt die Beleuchtung im Untersuchungsraum eine wichtige Rolle.
- Bevor man den Hund berührt, ist es wichtig, sein allgemeines Erscheinungsbild, sein Verhalten und seine körperliche Kondition einzuschätzen.
- Temperatur, Puls und Atemfrequenz sollten kontrolliert werden.
- Untersuchung der Schnauze, insbesondere des Gaumens: Cave: Farbabnormalitäten, Petechien, Läsionen wie Ulzerationen und Erosionen.
- Ohren/Augen sind bei Hauterkrankungen häufig mitbefallen.
- Palpation der peripheren Lymphknoten zum Ausschluß einer lokalisierten oder generalisierten Lymphadenopathie, wie man sie bei Neoplasien, bakteriellen oder Pilzerkrankungen findet.
- Auskultation des Thorax: Insbesondere bei Bradykardie in Verbindung mit Hypothyreose.
- Palpation des Abdomens: Ausschluß abdominaler Tumoren oder einer Hepatomegalie.
- Beurteilung der Muskelausbildung: Die Kaumuskeln können bei Dermatomyositis atrophisch sein; Bild des Blähbauches in Verbindung mit Hyperkortisolismus.
- Beurteilung des Genitalbereiches.
  - Rüde: Skrotaltumoren, Gynäkomastie bei Störungen der Sexualhormone.
  - Hündin: Vulvavergrößerung bei Störungen der Sexualhormone.

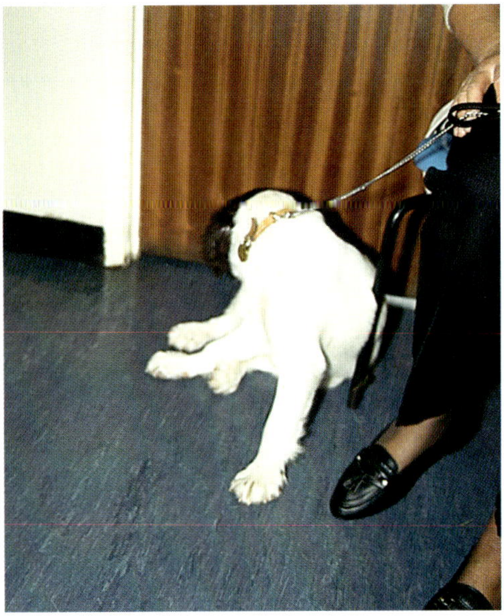

Abb. 1.3 Kratzt sich der Hund während der Konsultation?

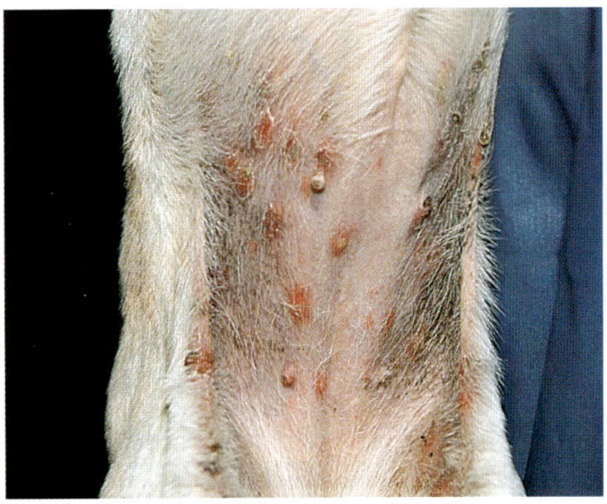

Abb. 1.4 Haut des ventralen Abdomens mit Pusteln und Papeln.

Dermatologische Untersuchung

- Die dermatologische Untersuchung erstreckt sich auf die gesamte Haut und die Schleimhäute.
- Cave: Erste dermatologische Auffälligkeiten beim Hund, nachdem dieser den Raum betreten hat.
- Kratzt sich der Hund während der Konsultation (Abb. 1.3). Ist ein Kratzreflex auslösbar?
- Schüttelt der Hund seinen Kopf?

Allgemeine Einschätzung des Tierfells

- Seborrhoe: Trocken oder fettig.
- Haarfarbe/Beschaffenheit: Ist das Fell gelichtet, gibt es einen Primärhaarverlust?
- Verteilung der Läsionen: Sind lediglich bestimmte Areale oder der gesamte Körper betroffen?

Haut

- Zu einer gründlichen Untersuchung der Haut gehört auch die Untersuchung der schwer erreichbaren Körperteile des Hundes wie z. B. der ventralen Bauchhaut (Abb. 1.4), der Innenseite des Mundes, der Ohren, der perianalen Haut, der Zehenzwischenräume und der Pfotenballen.
- Einschätzung der Hautbeschaffenheit: z. B. atrophische/unelastische Haut bei Hyperkortisolismus.
- Hauttemperatur: Kalte Haut bei Hypothyreose.
- Farbe: Blässe, Erythem, Hyperpigmentierung.
- Primär- und Sekundäreffloreszenzen: Pusteln, Papeln, Komedone.
- Areale mit Alopezie: Haarausfall oder kurzgefressene Areale am Fell?

Haar
- Ist das Haar leicht epilierbar?
- Ist das Erscheinungsbild des Haares ungewöhnlich? Sind an den Follikelöffnungen und am Haarschaft Talgabschilferungen zu sehen?

Nach einer gründlichen Anamnese sowie einer ebenso sorgfältig durchgeführten körperlichen und dermatologischen Untersuchung sollte der Arzt in der Lage sein, verschiedene Differentialdiagnosen aufzustellen. Eine Liste mit Differentialdiagnosen wird ihm die Entscheidung über das weitere diagnostische Vorgehen erleichtern. Häufig ist es nicht notwendig, jeden diagnostischen Test an dem Tier durchzuführen. Zudem sollte man den Tierbesitzer rechtzeitig über mögliche Krankheitsursachen, Prognosen und diagnostische Schritte aufklären sowie den Untersuchungsplan und die Kosten besprechen.

Diagnostische Untersuchungen

Initiale Diagnostik
- Der Naßpapiertest: Das Fell wird auf ein Stück nasses Papier ausgebürstet, um Flohfaeces, die als rote Streifen sichtbar werden, zu identifizieren. Dieser Test sollte zu den Routineuntersuchungen gehören (Abb. 1.5).
- Bei Fellausbürstungen auf trockenes Papier kann mit einem Vergrößerungsglas nach Parasiten wie z. B. Cheyletiella, Läusen gesucht werden.
- Abklatschpräparate vom Fell des Tieres auf einen Tesastreifen: Das Band wird wiederholt auf das Fell gepreßt, um Eier vom Haar und Parasiten von der Haaroberfläche abzulösen, z. B. bei Läusen, Trombidiose.
- Abklatschpräparate der Haut des Tieres auf einen Tesastreifen: Das Band wird fest auf die Haut des Alopezieareals gedrückt (wenn nötig sogar befestigt). Bei Anwendung von Spezialfärbungen dient diese Methode der Identifizierung von Oberflächenbakterien, Hefepilzen (insbesondere Malassezia, Abb. 1.6), Parasiten (insbesondere dem an der Hautoberfläche lebenden Demodex).

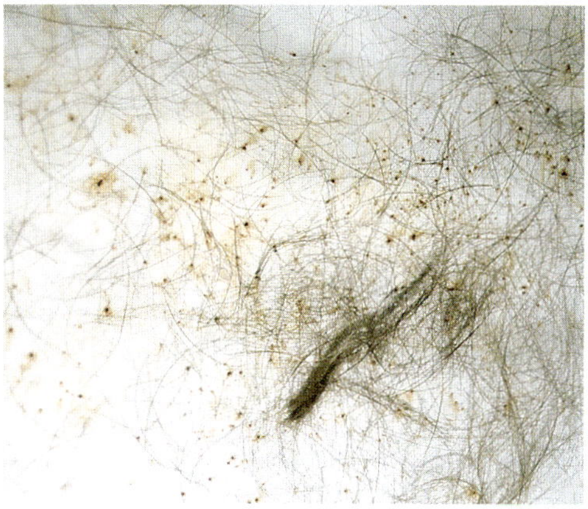

Abb 1.5 Naßpapiertest: Flohkot erscheint als rote Streifen auf dem nassen Papier.

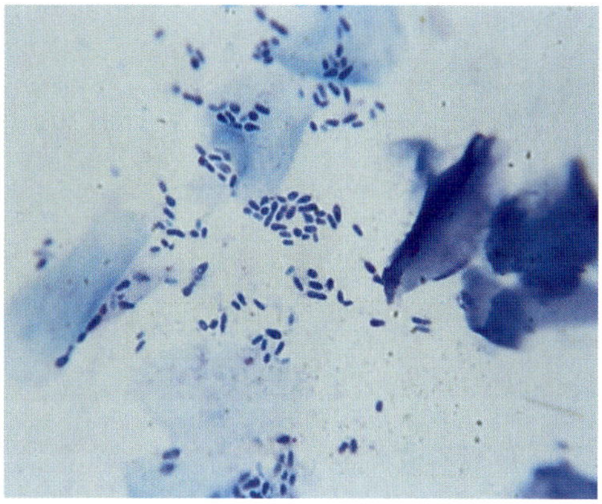

Abb. 1.6 Identifizierung des Malassezia-Pilzes unter dem Mikroskop nach Methylenblau-Färbung aufgrund seiner erdnußartigen Form.

Abb. 1.7 Tiefe Hautgeschabsel bis zur kapillären Blutung.

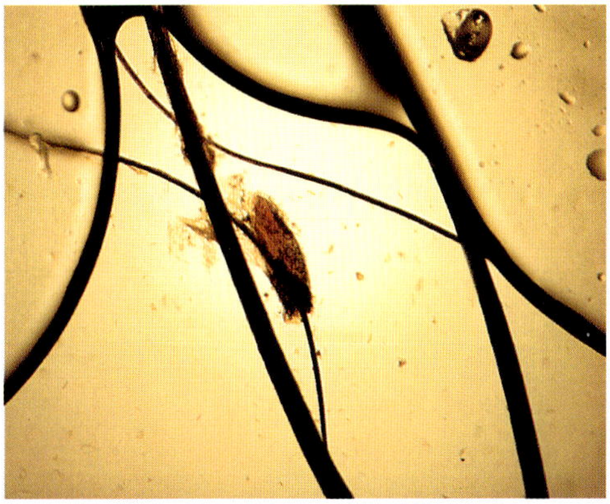

Abb. 1.8 Talgabschilferungen am Haarschaft bei Talgdrüsenentzündung.

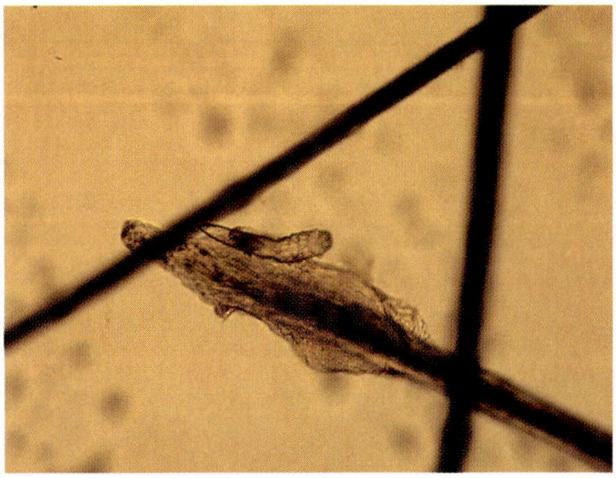

Abb. 1.9 Follikulärer Demodex an der Haarzwiebel eines aus dem Bereich von Komedonen epilierten Haares.

- Hautgeschabsel.
  - Tiefe Hautgeschabsel: Unter Benutzung eines Skalpells erfolgt eine Hautabschabung bis zur kapillären Blutung (Abb. 1.7). Das Material wird entweder in 10 % Kaliumhydroxid bzw. flüssiges Paraffin gebettet. Dabei ist es wichtig, den Ort der Abschabung sorgfältig auszuwählen. So sind z. B. die Prädilektionsstellen für Skabies die Ohrspitzen. Komedone weisen auf follikulären Demodex hin. Um die Demodexmilben aus der Haut zu erhalten, sollte bei der Abschabung die Haut zwischen den Fingern zusammengedrückt werden. In allen Fällen ist es empfehlenswert, mehrere Proben zu nehmen.
  - Oberflächliche Hautgeschabsel: Anwendung bei Cheyletiella, Dermatophyten. Die Skalpellschneide entweder in 10 % KOH oder in flüssiges Paraffin tauchen, um dann durch das Fell auf den oberflächlichen Schichten der Haut zu schaben.
- Epilation/Trichogramm.
  - Die Beurteilung der distalen Haarenden auf Beschädigung kann als Hinweis für ein selbstinduziertes Trauma angesehen werden.
  - Die Beurteilung des Haarschaftes auf Pigmentveränderungen bei farbmutierter Alopezie; follikuär gebundene Talgabschilferungen in Verbindung mit einer Talgdrüsenentzündung (Abb. 1.8) und als Hinweise auf follikuläre Dystrophie; Identifizierung von Organismen wie Demodex (epiliertes Haar der Pfoten, Abb. 1.9.) oder Pilzsporen.
  - Kolbenhaar: Telogenes Haar bei Endokrinopathien.
  - Fluoreszierendes Haar kann zum Anlegen einer Dermatophytenkultur benutzt werden.
- Abklatschpräparate von Papeln, Plaques (Lymphozyteninfiltration in den Plaques eines Lymphoms).

- Untersuchung des Pustelinhalts. So werden z. B. bei bakteriellen Infektionen Bakterien und degenerierte Neutrophile gesehen; Akanthozyten (runde, kernhaltige Keratinozyten); nichtdegenerierte weiße Blutzellen (normalerweise Neutrophile und Eosinophile) bei immunologischen Krankheiten wie dem Pemphigus (Abb. 1.10).
- Anwendung der Feinnadelaspiration bei Tumorknoten und pyogranulomatösen Erkrankungen (Abb. 1.11).
- Mit sterilen Zahnbürsten, Fellbürsten oder sterilen Teppichstücken können Haare für Pilzkulturen gewonnen werden (Abb. 1.12).
- Untersuchung des Ohrwachses.
  - Das Ausstreichen von Ohrwachs auf dem Objektträger dient der Untersuchung auf Demodex, Otodectes.
  - Nach Färbung des Wachses mit der Diff-Quick-Methode können im Ohrwachs Zellen und Mikroorganismen identifiziert werden.

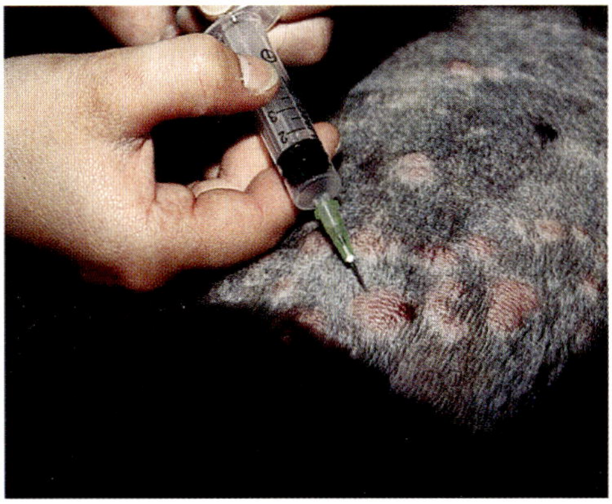

Abb. 1.11 Für eine Feinnadelbiopsie von einer knotigen Hautveränderung bei kutaner Histiozytose benötigt man eine 20–21 Gauge große Injektionsnadel und eine 5–10-ml-Spritze. Dabei wird die Nadel in den Knoten eingeführt, und man versucht, durch vorsichtiges Zurückziehen des Spritzenstempels Material aus dem Knoten zu aspirieren. Die Nadel sollte innerhalb des Knotens in verschiedene Richtungen gesetzt und dabei jedesmal erneut Material aspiriert werden, bevor man sie aus dem Knoten herauszieht. Nach Abtrennen der Nadel kann Luft in die Spritze aufgezogen werden. Nach erneuter Applikation der Nadel auf die Spritze wird jetzt das gewonnene Material auf einen Objektträger appliziert.

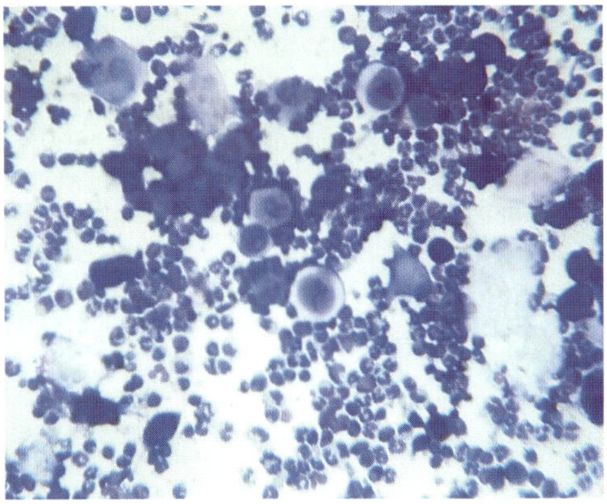

Abb. 1.10 Nichtdegenerierte Neutrophile und Akanthozyten bei Pemphigus foliaceus.

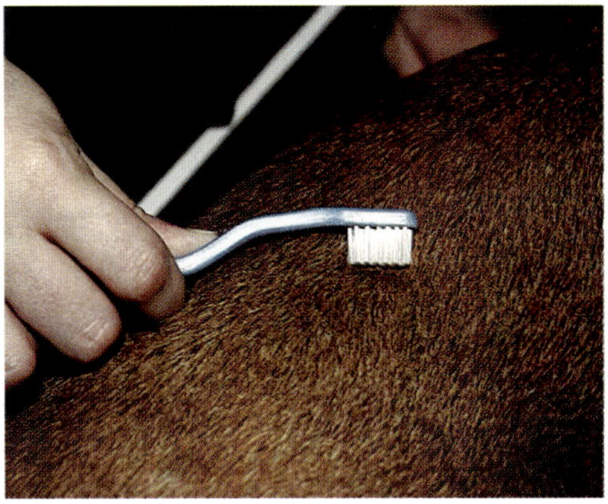

Abb. 1.12 Ausbürsten des Tierfells mit Hilfe einer Zahnbürste zum Anlegen einer Dermatophytenkultur.

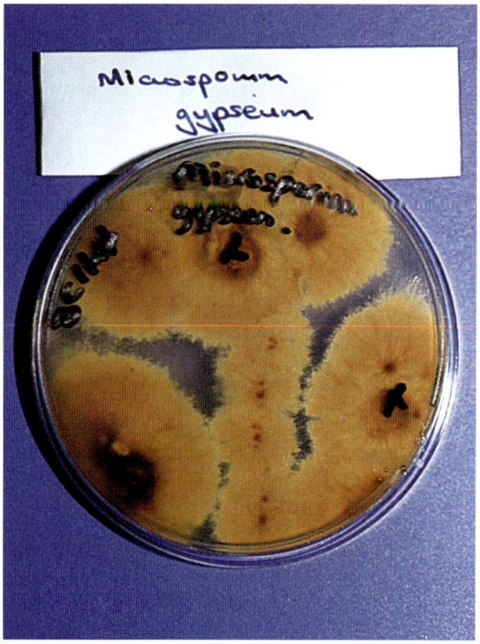

Abb. 1.13 Typische gelbe bis zimtbraune Pigmentierungsveränderungen bei *Microsporum gypseum* auf Sabouraud-Dextroseagar.

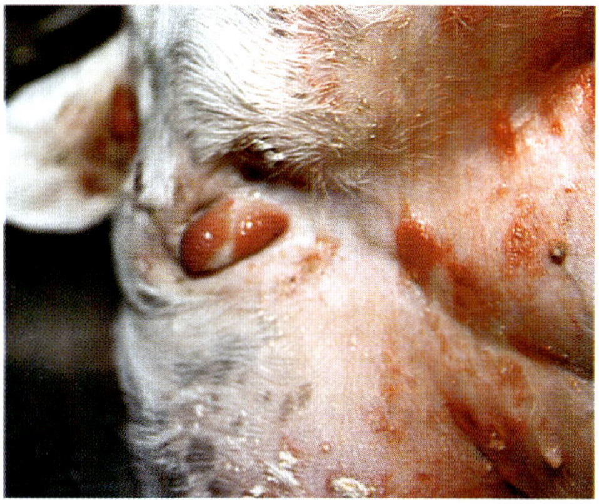

Abb. 1.14 Erythrodermie mit Schuppung, Knoten und Plaquebildung bei einem Hund mit epitheliotropem Lymphom. Eine derartig klinisch eindeutige Symptomatik macht eine Biopsie überflüssig.

Weitere diagnostische Untersuchungen

- Die Ergebnisse der initialen Untersuchungen geben darüber Aufschluß, welche weiteren diagnostischen Maßnahmen zur Abklärung des Krankheitsbildes noch notwendig sind. Zu diesem Zeitpunkt ist es angebracht, das weitere diagnostische Vorgehen noch einmal mit dem Tierbesitzer zu besprechen.

Dermatologische Untersuchungen

- Kultur.
  - Bakteriell: Anaerob/aerob; Keimdifferenzierung und Erstellung des Antibiogramms. Dabei ist es von Vorteil, das Labor bereits im Vorfeld darüber zu informieren, ob aus klinischer Sicht ungewöhnliche Erreger, wie z. B. Nocardia oder Mykobakterien, angenommen werden.
  - Pilzkultur: Üblicherweise verwendet man für die Anlage von Pilzkulturen Dermatophyten-Test-Medium (DTM). Aber es stehen auch andere Medien zur Verfügung (Abb. 1.13). Da DTM die Ausbildung von Makrokonidien hemmt und die Umkehrung der Pigmentierung der Kolonien verdecken kann, sollte man Pilze, die auf DTM gewachsen sind, zur Identifizierung auf reines Sabouraud-Dextroseagar verimpfen.
  - Untersuchung auf Hefepilze, insbesondere Malassezia: Objektträger, sterile Tupfer.
- Objektträgerkulturen können zum Anzüchten von mykotischen und bakteriellen Kulturen angewandt werden.
- Biopsien: Stanzbiopsien von einer Primäreffloreszenz oder Totalexzision eines Knotens. Die Indikation für eine Biopsie ist gegeben bei:
  - Tumorverdächtigen Veränderungen.
  - Ulzerierenden/blasenbildenden Veränderungen.
  - Hauterkrankungen, die auf eine herkömmliche Therapie nicht ansprechen.
  - Ungewöhnliche oder schwere Hautveränderungen bei gleichzeitiger systemischer Erkrankung (Abb. 1.14).
  - Zur Erstellung der Diagnose einer Krankheit, für die teure Medikamente bzw. Medikamente mit toxischen Nebenwirkungen angewandt werden.

- Allergietests: *In-vitro-/In-vivo*-Tests (Abb. 1.15).
- Therapieversuche.
  - Antiparasitäre Therapie: Bei Verdacht auf Skabiesbefall, Flohstichallergie.
  - Antibiotika: Bei pustulösen Hauterscheinungen zur Einschätzung, ob es sich um eine infektiöse oder eine sterile Erkrankung handelt.
  - Nahrungsprovokation: Bei Futtermittelunverträglichkeit, Zink-reaktiver Dermatose.
  - Medikamentenentzug: Arzneimittelexanthem.

Allgemeines

- Blutproben: Hämatologische, endokrine Untersuchungen, Routinelaborparameter.
- Funktionstests, ACTH-Stimulationstest, hoch- und niedrigdosierter Dexamethasonsuppressionstest, TSH/TRH-Stimulationstest.
- Ultraschall: Darstellung der Nebenniere, der Leberstruktur beim Erythema necrolyticum migrans.
- Röntgenologische Darstellung: Calcinosis cutis, Knochenveränderungen bei der akralen Leckdermatitis.
- Elektrokardiogramm (EKG): Kardiale Veränderungen können bei der Hyperthyreose gesehen werden.
- Elektromyogramm (EMG): Anormale Aktivitätsmuster werden bei der Dermatomyositis, endokrinen Erkrankungen beobachtet.

Sobald eine Diagnose erstellt ist, ist es wichtig, mit dem Tierbesitzer über die Prognose, die Erfolgsrate der Therapie und die Dauer der Therapie zu sprechen. Folgende Fragen sind dabei zu klären: Ist eine kurzzeitige Therapie erforderlich, oder hat der Tierbesizer eine Langzeittherapie für sein Tier zu erwarten? Was sind die Nebenwirkungen der Therapie? Was passiert, wenn die Krankheit nicht behandelt wird? Was wird die Therapie kosten? Die Entscheidungsfindung zu diesen Fragen kann oft genauso lange dauern wie die ursprüngliche Konsultation. Der Arzt sollte sich jedoch die Zeit für ein solches Gespräch nehmen, da mit dem Verständnis des Tierbesitzers für die durchgeführten diagnostischen Untersuchungen und den Schweregrad der Erkrankung eine konsequentere Behandlung der Langzeitpatienten garantiert ist.

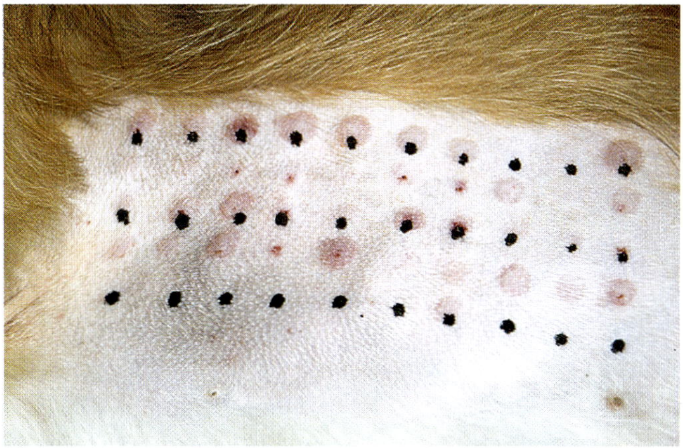

Abb. 1.15 Intradermaler Allergietest zur Testung einer Vielzahl von Umweltallergenen. Die erythematöse Quaddel ist das Zeichen für eine positive Reaktion.

Bakterielle Erkrankungen

2

- Der primäre pathogene Erreger des Hundes ist der *Staphylococcus intermedius.* Er wurde früher als *Staphylococcus aureus* Typ E und F klassifiziert. Staphylokokken sind ubitiquäre Erreger, die auf der Schleimhaut der Nase, der Analregion und dem Genitaltrakt angesiedelt sind und die bei der Körperpflege oder anderen Aktivitäten des Tieres auf die übrige Haut übertragen werden.
- In tiefen Pyodermien können Erreger wie *Pseudomonas* sp., *Actinomyces* sp., *Nocardia* sp., und *Mycobacterium* sp. isoliert werden.
- Pyodermien werden entsprechend ihrer Tiefe eingeteilt in:
  - Pyodermie der Epidermis.
  - Pyodermie des oberen Koriums (oberflächliche Pyodermie).
  - Tiefe Pyodermie (tiefes Korium).

Pyodermien der Epidermis

- Die äußerste Schicht der Epidermis ist betroffen.
- Verlaufsformen:
  - Akut nässende Dermatitis (hypertherme Areale, nässendes Ekzem).
  - Intertrigo-Komplex

Akut nässende Dermatitis

Ursachen

- Der Ort der Läsion kann einen Hinweis auf die zugrundeliegende Ursache für die Hautveränderungen geben (Abb. 2.1).
- Keine Rassendisposition.

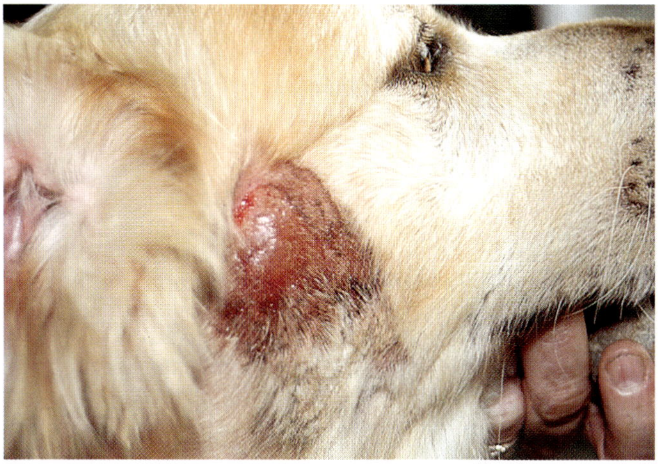

Abb. 2.1 Akut nässende Dermatitis als Begleiterscheinung einer Otitis externa. Typisches Bild mit Erythem, Exsudation und selbstinduziertem Trauma.

- Bevorzugtes Auftreten im Sommer und Herbst.
  - Allergie: Atopie, Nahrungsmittelintoleranz, Flohstichallergie (sehr wichtig).
  - Ektoparasiten.
  - Umschriebener Schmerz: Arthritis, Weichteilschmerz insbesondere der Drüsen im Analbereich, Zahnprobleme.
  - Otitis externa.
  - Verletzungen durch Bisse und Injektion.
  - Hygiene: Ungepflegtes Haarkleid, inadäquate Pflege.
  - Neurosen: Selten.

Differentialdiagnose
- Tiefe Pyodermie.
- Demodikose.
- Dermatophytose.
- Neoplasie: Mastzelltumor, Adenokarzinom der Talgdrüsen.

Diagnose
- Anamnese.
- Klinische Symptome: Satellitenläsionen weisen auf eine tiefere Infektion hin und erfordern eine aggressivere antibiotische Behandlung.
- Hautgeschabsel, Ausstrich.

Behandlung
- Aufdecken der Grundkrankheiten besonders bei rezidivierenden Problemen.
- Das Haar wird im betroffenen Areal abgeschoren (wenn notwendig unter Sedierung).

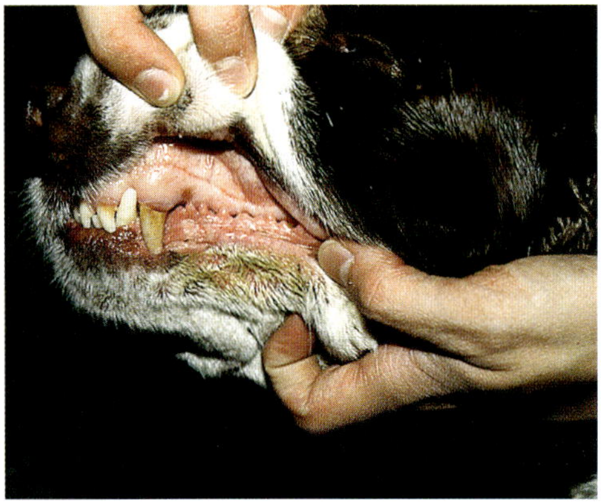

Abb. 2.2 Exsudative, unangenehm riechende, erythematöse Hautveränderung bei Intertrigo der Lippenfalte beim Spaniel.

- Anlegen einer Halsmanschette oder Ähnlichem, um den Juckreiz-Kratz-Kreislauf zu unterbrechen.

Lokaltherapie
- Reinigung mit antiseptischen Shampoos, die Ethyllaktat oder Chlorhexidin enthalten.
- Anwendung von Adstringenzien (Calamine): Keine Salben, keine Lotionen.
- Für eine kurzfristige Behandlung kommen Gele als Kombination von Antibiotika und Steroiden, wie Fucidinsäure/Betamethason, in Frage.

Systemische Therapie
- Kurzwirkende Steroide, wie Prednisolon: 1 mg/kg täglich über 7–10 Tage.

Intertrigo-Komplex (Pyodermie der Hautfalten)

- Nicht alle diese Erkrankungen sind wahre Pyodermien der Oberfläche.
- Verschiedene anatomische Lokalisationen schaffen ein Mikroklima, das es den Kommensalen ermöglicht, sich zu vermehren und Krankheiten hervorzurufen. Dazu gehören:
  - *Staphylococcus intermedius:* Erreger der eigentlichen Pyodermie der Hautfalten.
  - *Malassezia pachydermatis.*
  - *Demodex canis.*

Vorkommen
- Lippenfalte.
- Gesichtsfalte.
- Vulvafalte.
- Schwanzfalte.
- Körperfalten.
- Interdigitalfalte.
- Skrotalfalte.

Pyodermie der Lippenfalte
- Von der Pyodermie der Unterlippe sind besonders Spaniels betroffen (Abb. 2.2).
- Aufgrund des unangenehmen Geruchs wird die Pyodermie der Lippenfalte oft als Zahnproblem falsch diagnostiziert.
- Oft findet man neben den Staphylokokken auch Malassezia.

Abb. 2.3 Gesichtsfaltenintertrigo der Bulldogge.

Diagnostik
- Zytologie: Färbung eines Abklatschpräparates mit Diff-Quik.
- Tesateststreifen: Ausschluß von bakterieller/ Hefe-/Parasiteninfektion.
- Hautgeschabsel: Ausschluß von bakterieller/ Hefe-/Parasiteninfektion.
- Siehe unter Diagnostische Untersuchungen (S. 9) für weitere Verfahren.

Behandlung
- Operative Entfernung der Falten (Cheiloplastik).
- Konservative Therapie mit feuchten Umschlägen in Abhängigkeit vom Kommensalen.
  - Bakterien: Chlorhexidin, Benzoylperoxid, Ethyllaktat.
  - Bakterien/Hefe: Chlorhexidin/Miconazol.

Pyodermie der Gesichtsfalten
- Betroffen sind im besonderen brachiozephalische Rassen wie Bulldoggen (Abb. 2.3), Boxer, Pekinesen.
- Ausschluß der zugrundeliegenden Augenerkrankungen, wie z. B. Epiphora bei Distichiasis.
- Sekundäre Korneaerkrankungen können durch Reiben entstehen.
- Häufige Erreger sind Staphylokokken, Demodex und Malassezia.

Diagnostik
- Wie bei der Pyodermie der Lippenfalte.

Behandlung
- Operativ.
  - Vor dem operativen Eingriff zur Resektion der Falten insbesondere bei Ausstellungshunden sollte eine aufklärendes Gespräch mit dem Tierbesitzer geführt werden.
- Konservativ.
  - Wie bei der Pyodermie der Lippenfalte.

Pyodermie der Vulvafalten
- Perivulväre Dermatitis (Abb. 2.4).
- Verursacht durch unangenehm riechenden, anatomischen Defekt bei schwergewichtigen Tieren oder Tieren, die vor dem ersten Zyklus sterilisiert worden sind.
- Mögliche Assoziation mit Harnwegsinfekten, z. B. Zystitis, Urolithiasis.
- Die häufigsten Erreger sind Staphylokokken und Pseudomonas.

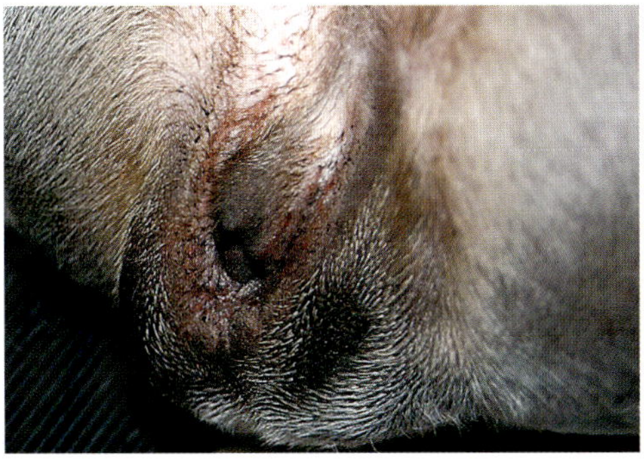

Abb. 2.4 Pyodermie der Epidermis bei Inkontinenz einer alten Hündin.

Diagnostik
- Tesastreifentest: Färbung mit Diff-Quik.
- Färbung des Abklatschpräparates mit Diff-Quik.
- Beim Nachweis von Stäbchen im Ausstrich: Anlegen einer Kultur und Sensibilitätsbestimmung.

Behandlung
- Identifizierung und Behandlung der zugrundeliegenden Erkrankungen.
- Operative Behandlung der anatomischen Defekte.
- Konservative Therapie.
- Lokalbehandlung: Feuchte Umschläge mit Chlorhexidin oder 2,5 % Azetatsäure bei Pseudomonasnachweis.
- Salben, wie Petroleum-Gel, können als äußere Schutzschicht auf die antibakterielle Lokaltherapeutika appliziert werden.

Pyodermie der Schwanzfalte
- Häufiges Vorkommen beim Korkenzieherschwanz kupierter Rassen, insbesondere bei der Bulldogge.
- Auftreten von Bakterien und Malassezia.

Diagnostik
- Wie bei der Pyodermie der Lippenfalte.

Behandlung
- Operative Entfernung.
- Konservative Behandlung: Wie bei der Pyodermie der Lippenfalte.

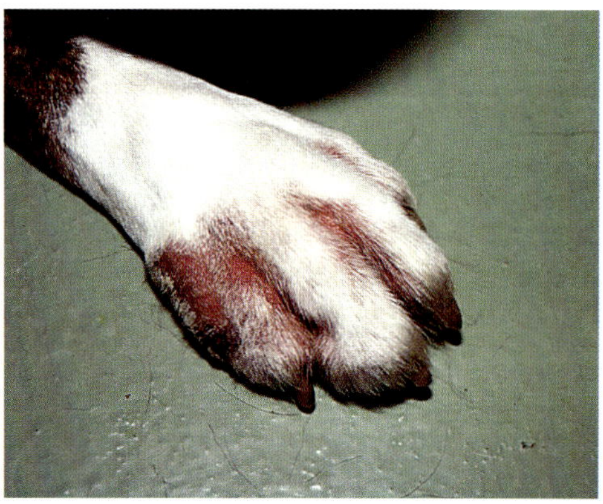

Abb. 2.5 Interdigitaler Intertrigo und Infektion mit Malassezia bei atopischem Boxer.

Pyodermie der Körperfalten
- Betroffen sind adipöse Hunde jeder Rasse.
- Besonders im Nacken von Spaniels und Shar Peis.
- Die häufigsten Erreger sind Staphylokokken und Malassezia.

Diagnostik
- Wie bei der der Pyodermie der Lippenfalte.

Behandlung
- Konservative Behandlung: Wie bei der Pyodermie der Lippenfalte.
- Gewichtsreduktion.

Pyodermie der Interdigitalfalten
- Häufiges Auftreten bei übermäßigem, allergisch bedingtem Pfotenlecken. Betroffen sind Jagdhunde, Boxer.
- Der Erreger ist normalerweise Malassezia, aber es treten auch Mischinfektionen mit Staphylokokken und Demodex auf (Abb. 2.5).

Diagnostik
- Wie bei der Pyodermie der Lippenfalte.

Behandlung
- Konservativ: Die Lokaltherapie ist abhängig von der Grundkrankheit.

Pyodermie der Skrotalfalte
- Diese Pyodermie wird sekundär durch Lecken induziert. Man findet sie unter sämtlichen männlichen Tieren aufgrund von ventralem Pruritus und übertriebener Fellpflege.
- Der Erreger ist normalerweise Malassezia.

Diagnostik
- Wie bei der Pyodermie der Lippenfalte.

Behandlung
- Wie bei der Pyodermie der Lippenfalte.

Pyodermie des oberen Koriums (Oberflächliche Pyodermie)

Definition

- Bakterielle Infektion der Epidermis und des intakten Follikels.

Verlaufsformen

- Impetigo
- Schleimhautpyodermie.
- Follikulitis.
- Dermatophilose.

Impetigo

- Subkorneale Pusteln besonders in wenig behaarten Arealen.

Ursache und Pathogenese

- Juveniler Impetigo: Durch sekundäre Staphylokokkeninfektion junger Hunde bei:
  - Parasiten.
  - Schlechter Hygiene.
  - Unzureichender Ernährung.
  - Systemischen Erkrankungen, wie z. B. Hundestaupe.
- Die bullöse Impetigoinfektion des ausgewachsenen Tieres wird durch Staphylokokken und durch gramnegative Bakterien hervorgerufen. Bei älteren Hunden ist die bullöse Impetigoinfektion eine Sekundärerkrankung bei gleichzeitigen
  - Endokrinen Erkrankungen.
  - Konsumierenden Erkrankungen, wie den Neoplasien der inneren Organe.

Klinische Symptome

- Juveniler Impetigo.
  - Kleine nichtfollikuläre Pusteln auf unbehaarter Haut (Abb. 2.6) ruptieren und bilden ein epidermales Collerette.
  - Kein Pruritus.
- Auftreten des bullösen Impetigo beim ausgewachsenen Tier.
  - Wie oben, außer daß die Pusteln groß und schlaff sind (Abb. 2.7).
  - Die Ruptur der Pusteln bedingt einen großen Epidermisverlust.

Differentialdiagnose

- Erkrankungen mit sterilen Pusteln.

Diagnostik

- Anamnese.
- Klinische Symptome.
- Im Ausstrich findet man degenerierte neutrophile Granulozyten und Bakterien.
- Kultur und Sensibilitätsbestimmung.

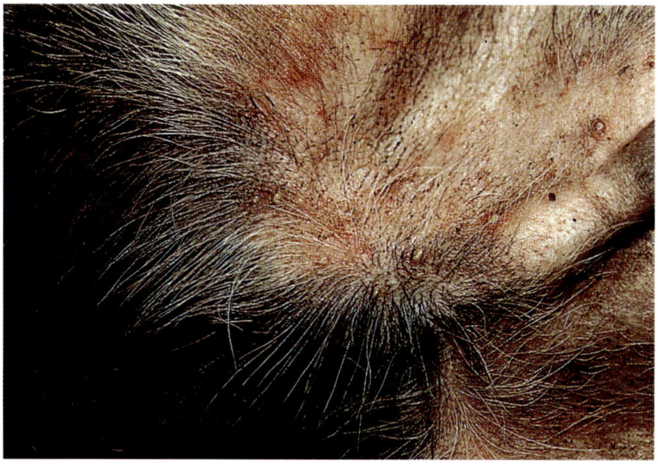

Abb. 2.6 Juveniler Impetigo eines jungen Hundes.

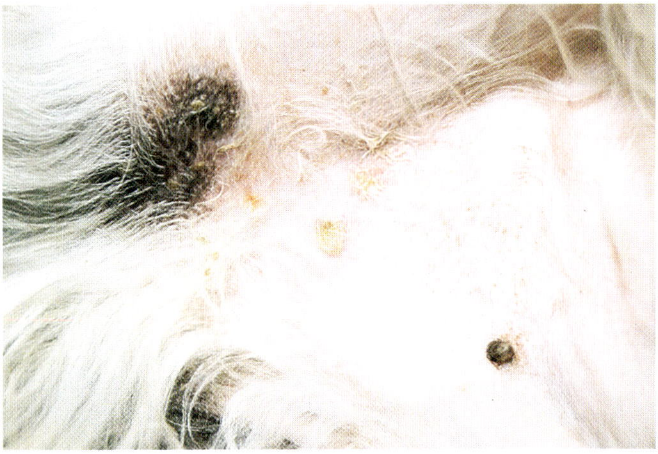

Abb. 2.7 Durch Staphylokokken verursachter Impetigo bei einem Hund mit Hypothyreose.

Behandlung

- Juveniler Impetigo
  - Spontane Selbstheilung ist möglich.
  - Identifizierung/Behandlung der zugrundeliegenden Erkrankung.
  - Antibakterielle Shampoos, die Chlorhexidin und Ethyllaktat enthalten. Anwendung zwei- bis dreimal wöchentlich bis 10 Tage nach Remission.
  - Antibiotika sind selten notwendig. Sollte keine Heilung durch eine Lokaltherapie eintreten, kann eine Antibiose über 10 bis 14 Tage erfolgen.

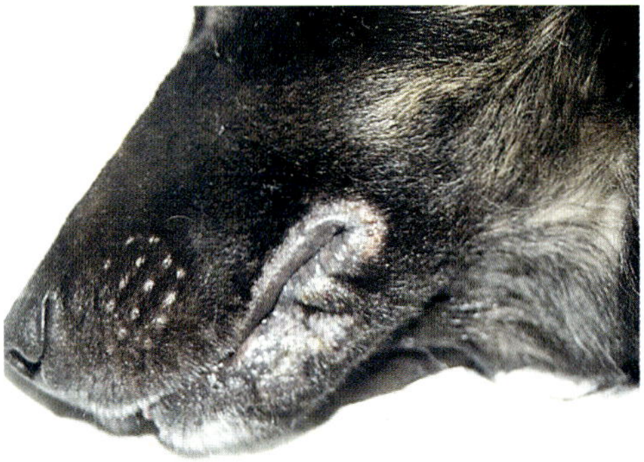

Abb. 2.8 Mukokutane Pyodermie des Deutschen Schäferhundes.

- Auftreten der bullösen Impetigoinfektion beim ausgewachsenen Tier.
  - Die Identifizierung der Grundkrankheit ist wichtig, um Rezidive zu vermeiden.
  - Anwendung von antibakteriellen Shampoos wie beim juvenilen Impetigo.
  - Eine Therapie mit Antibiotika sollte entsprechend dem Antibiogramm bis zu 10 Tage nach Remission durchgeführt werden.

Pyodermie der Schleimhäute

- Bei unbekannter Ätiologie sind normalerweise die Lippen und die periorale Haut betroffen.

Klinische Symptome

- Vorkommen in jeder Altersgruppe und beiden Geschlechtern. Der Deutsche Schäferhund oder seine Kreuzungen sind für diese Form der Pyodermie prädisponiert.
- Das klinische Bild zeigt Erythem, Schwellung mit Krustenbildung und Erosionen (Abb. 2.8).
- Die schmerzhaften Läsionen verleiten zum Reiben.

Differentialdiagnose

- Intertrigo.
- Diskoider Lupus erythematodes.
- Zink-reaktive Dermatose.
- Pemphigus foliaceus/erythematosus.
- Erythema multiforme.

Behandlung

- Scheren und Reinigen des betroffenen Areals.
- Antibakterielle Shampoos mit Benzoylperoxid.
- Die Behandlung erfolgt durch die tägliche Anwendung von Salben, wie 2 % Mupirocinsalbe für 14 Tage, dann Reduzierung auf zweimal wöchentlich.
- In schweren Fällen sind systemische Antibiotika entsprechend der Kultur und der Sensibilitätsbestimmung indiziert.
- Die Rezidive erfordern eine Langzeittherapie mit lokaler und/oder systemischer Behandlung.

Bakterielle Follikulitis

- Follikuläre Pusteln aufgrund bakterieller Infektion im intakten Haarfollikel.

Ursache und Pathogenese

- Durch Fellpflege und Selbstverstümmelung verursachte Infektion mit *Staphylococcus intermedius.*

Prädisponierende Faktoren

- Ektoparasiten, insbesondere Demodex.
- Endokrinopathien.
- Allergien.
- Seborrhoe.

Klinische Symptome

- Kurzhaarrassen: Kurze Haarbüschel weisen auf eine Alopezie hin (Abb. 2.9).
- Langhaarrassen: Der durch die Seborrhoe verursachte vermehrte Haarverlust führt letzlich zur Alopezie (Abb. 2.10).

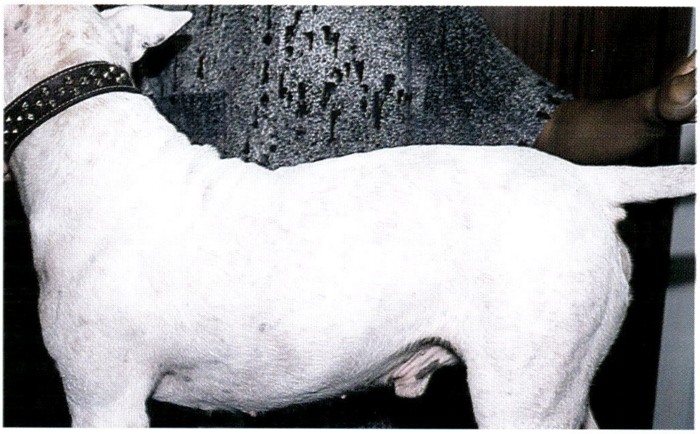

Abb. 2.9 Zu der Follikulitis bei den Kurzhaarrassen gehören charakteristische Haarbüschel auf dem gesamten Rücken und an den Flanken.

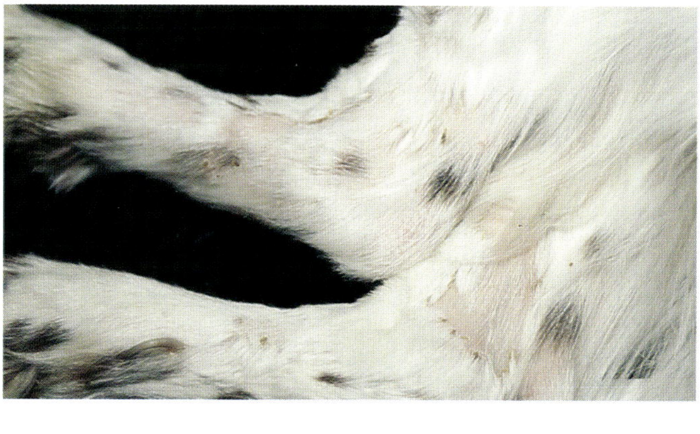

Abb. 2.10 Erythema alopecia und Haarverlust bei Staphylokokkenfollikulitis.

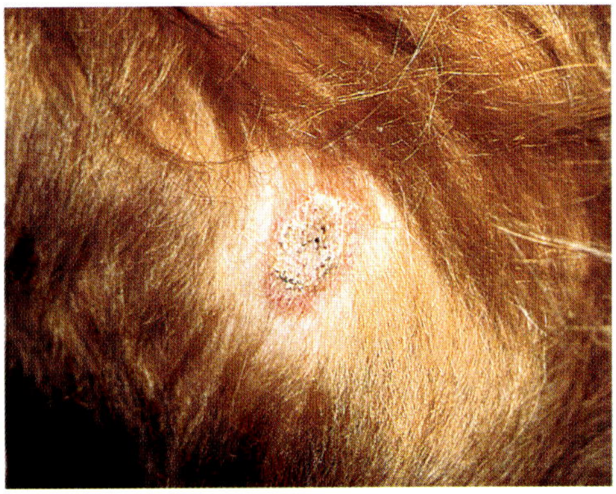

Abb. 2.11 Kokarden-Effloreszenzen als typische Hautveränderungen der Staphylokokkeninfektion.

- Zu den Primäreffloreszenzen gehören: Follikuläre Pusteln, Papeln, epidermales Collerette, Krusten, Kokarden (Abb. 2.11) und die Exkorationsalopezie mit unterschiedlich starkem Juckreiz.
- Die Ausbreitung wird von den prädisponierenden Faktoren bestimmt. Die Läsion befindet sich an der unbehaarten Haut.

Differentialdiagnose
- Andere follikuläre Erkrankungen:
  - Dermatophytose.
  - Demodikose.
  - Pemphigus foliaceus/erythematosus.

Diagnostik
- Hautgeschabsel.
- Untersuchung nach Pilzen unter dem Mikroskop und in der Kultur.
- Nachweis von degenerierten neutrophilen Granulozyten und der Phagozytose von Bakterien im Ausstrich.
- Die Biopsie muß von einer intakten Pustel genommen werden.

Behandlung
- Systemische Antibiose entsprechend der Kultur und der Sensibilität.
- Zu den Breitspektrumantibiotika gehören Clindamycin, Sulfonamide, Cephalexin (siehe Tab. 2.1 für die Dosierungsanleitung).
- Die minimale Therapielänge beträgt 21 bis 28 Tage (Therapiefortführung bis 10 Tage nach Remission).
- Lokaltherapie wie beim Impetigo.
- Sollte die Pyodermie innerhalb von 3 Monaten nach Absetzen der Behandlung erneut auftreten, ist die Suche nach prädisponierenden Faktoren (Hormonveränderungen, Allergie) indiziert.

Dermatophilose

Seltene Dermatose mit oberflächlicher Krustenbildung, hervorgerufen durch *Dermatophilus congolensis.*

Ursache und Pathogenese
- Nutztiere sind oft die Infektionsquelle.

Prädisponierende Faktoren
- Feuchtigkeit verursacht die Freisetzung von Zoosporen.
- Die kutane Penetration erfolgt nur über die verletzte Haut (Verletzung durch Ektoparasiten, Trauma).

Klinische Symptome
- Seltene Krankheit.
- Die Hautveränderungen findet man häufig am Rücken, auch im Gesicht, an den Ohren und Pfoten.
- Ursprüngliche Hautveränderungen wie Papeln und Pusteln gehen in eine Kruste über.
- „Bürsten"-Läsionen: Verkrustetes Haar in ulzerierenden purulenten Arealen.

Differentialdiagnose
- Andere pustuläre Erkrankungen wie Impetigo, Pemphigus foliaceus, Staphylokokkenfollikulitis.
- Seborrhoische Erkrankung.
- Dermatophytose.
- Zink-reaktive Dermatitis.

Diagnostik
- Anamnese.
- Klinische Symptome.
- In einem mit Diff-Quik gefärbten Abstrich von der Unterseite der Kruste befinden sich parallel angeordnete Reihen von Kokken: „Eisenbahngleis"-Bild.
- Kultur und Sensibilitätsbestimmung der Kruste und des Exsudates.
- Biopsie.

Behandlung

- Eliminierung der prädisponierenden Faktoren.
- Systemische Antibiose entsprechend dem Antibiogramm. Ampicillin, Cephalosporine, Lincomycin sind sinnvoll für eine empirische Therapie über 10–14 Tage (siehe Tab. 2.1 für Dosierungen).
- Anwendung von antiseborrhoischen Shampoos zur Entfernung der Krusten, wie z. B. Benzoylperoxid.

Tab. 2.1 Systemische Antibiose

Antibiotika	Dosierung	Indikation
Amikacin°	10 mg/kg s.c. 2 × täglich	*Pseudomonas,* andere gramnegative Stäbchen, atypische Mykobakterien
Ampicillin	20 mg/kg p. o. 2 × täglich	*Actinomyces, Nocardia* (allein oder in Kombination mit Cephalexin oder Erythromycin oder Tetracyclin), *Borrelia, Dermatophilus*
Cephalexin	25 mg/kg p. o. 2 × täglich	Staphylokokkeninfektion, anaerobe Zellulitis, *Nocardia* (mit Ampicillin), *Actinomyces, Dermatophilus*
Clavamox	12,5 mg/kg p. o. 2 × täglich	Staphylokokkeninfektion, anaerobe Zellulitis
Clindamycin	5,5 mg/kg p. o. 2 × täglich	Staphylokokkeninfektion, anaerobe Zellulitis
Doxycyclin	5 mg/kg p. o. 2 × täglich	Atypische Mykobakterien
Enrofloxacin	5–10 mg/kg p. o. 2 × täglich	Staphylokokkeninfektion, *Pseudomonas,* atypische Mykobakterien
Erythromycin	15 mg/kg 3–4 × täglich	Staphylokokkeninfektion, *Nocardia* (mit Ampicillin)
Gentamycin°	2,2 mg/kg s.c. oder i.m. 3–4 × täglich	Pseudomonas oder gramnegative Stäbchen, atypische Mykobakterien
Lincomycin	22 mg/kg p. o. 2 × täglich	Staphylokokkeninfektion, anaerobe Zellulitis, *Dermatophilus*
Oxacillin	20 mg/kg p. o. 4 × täglich	Staphylokokkeninfektion
Oxytetracyclin	27 mg/kg p. o. 2 × täglich	*Actinobacillus, Actinomyces, Nocardia* (mit Ampicillin), *Borrelia, Dermatophilus*
Penicillin	10 mg/kg i.m. 1 × täglich	*Actinomyces*
Sulfonamide	30 mg/kg p. o. 2 × täglich	Staphylokokkeninfektion, *Nocardia* (mit Ampicillin), *Borrelia, Dermatophilus*
Rifampicin*	5 mg/kg p. o. 1 × täglich	Staphylokkokkeninfektion
Streptomycin	10 mg/kg i.m. 1 × täglich	*Actinobacillus*
Tylosin	20 mg/kg 2 × täglich	Staphylokokkeninfektion, *Dermatophilus*

p. o. = orale Appilkation; i.m. = intramuskulär; s.c. = subkutan
* Hepatotoxisches Medikament, Kontrolle der Leberwerte
° Nephrotoxisches Medikament, Kontrolle der Nierenwerte

Tiefe Pyodermie

- Infektion der tiefen Dermis und oft auch der Subkutis.
- Es sind bei dieser Infektion immer Grund erkrankungen vorhanden, die identifiziert werden müssen.

Umschriebene tiefe Pyodermie

- Prädisponierende Faktoren sind:
  - Selbstinduziertes Trauma.
  - Wunden.
  - Fremdkörper (Abb. 2.12).
  - Bisse.

Generalisierte tiefe Pyodermie

- Prädisponierende Faktoren sind:
  - Ektoparasiten, insbesondere die der Demodikose.
  - Allergie.
  - Immunschwäche durch systemische Erkrankung.
  - Inadäquate Therapie mit ineffektiven Antibiotika oder Kortikosteroiden.

Verlaufsformen
- Furunkulose.
- Pyotraumatische Dermatitis.
- Nasale Follikulitis/Furunkulose.
- Hundeakne.
- Pododermatitis.
- Pyodermie des Deutschen Schäferhundes.
- Akrales Leckgranulom.
- Anaerobe Zellulitis.

Furunkulose

- Eine Furunkulose tritt auf, wenn schwerinfizierte Follikel innerhalb der Dermis rupturieren.

Ursache und Pathogenese
- Die initiale Veränderung am Follikel kann hervorgerufen sein durch:
  - Bakterien, insbesondere *Staphylococcus intermedius,* aber auch gramnegative Bakterien wie *Pseudomonas* sp.
  - Pilze.
  - Parasiten, wie z. B. Demodex.

Grundkrankheiten
- Endokrinopathien.
- Seborrhoe.
- Immunsuppression.
- Arzneimittelexanthem.
- Allergie.

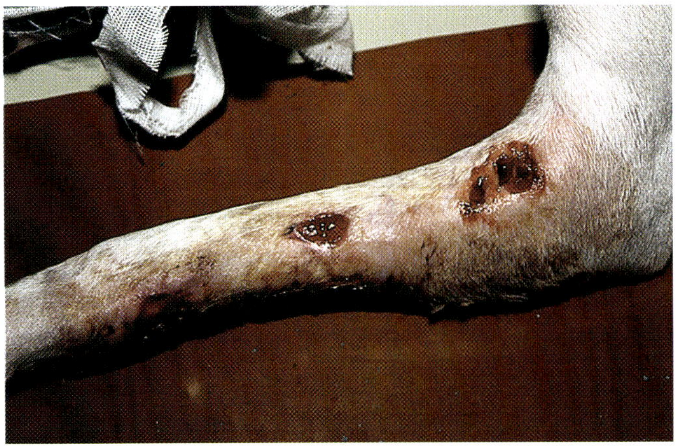

Abb. 2.12 Umschriebene tiefe Pyodermie nach Penetration eines Fremdkörpers an der vorderen Gliedmaße.

Klinische Symptome

- Hängen von der Schwere und dem Ausbreitungsgrad der Krankheit ab.
- Am häufigsten werden die Hautveränderungen über den mechanischen Druckpunkten und am Rumpf gesehen.
- Zu den frühen, schwach ausgeprägten Hautveränderungen gehören diskrete Papeln, die dann in ulzerierende Pusteln und hämorrhagische Bullae mit Krusten übergehen.
- Zu den schweren Hautveränderungen gehören rote/livide Papeln/Bullae mit Fistulation und Exsudation, begrenzt durch Krusten (Abb. 2.13).

Differentialdiagnose

- Erkrankungen mit sterilen Pusteln.
- Arzneimittelexanthem.
- Erythema multiforme.
- Neoplasie.

Diagnostik

- Klinische Symptome.
- Zytologie des Exsudates. Färbung mit Diff-Quik zur Identifizierung des Erregers.
- Hautgeschabsel.
- Pilzkulturen.
- Bakteriologie: Kultur und Sensibilität (aerob und anaerob).
- Biopsie.
- Diagnostik der Primärerkrankung.

Behandlung

- Durchführung einer Antibiose entsprechend dem Antibiogramm über mindestens 6 bis 8 Wochen und bis mindestens 2 Wochen nach Befundverbesserung.
- Die betroffenen Areale sollten, wenn notwendig unter Sedierung bzw. Narkose, geschoren und gereinigt werden. Häufig ist die Rasur großer Areale erforderlich.

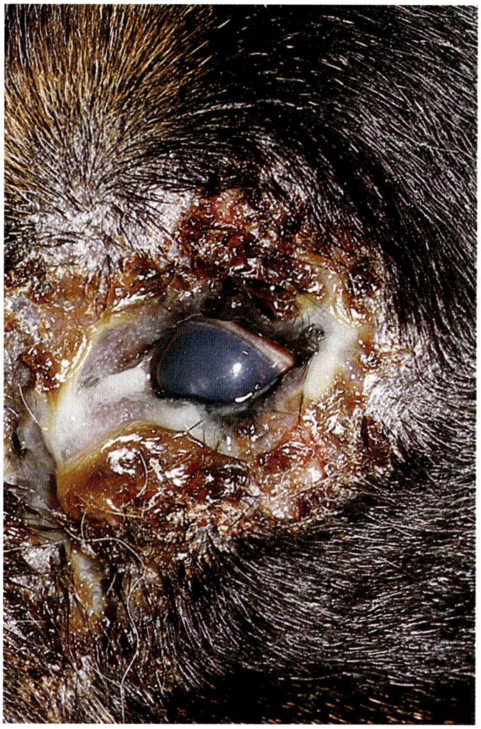

Abb. 2.13 Periokuläre Furunkulose bei Hypothyreose.

- Antiseptische Umschläge bzw. Bäder mit z. B. Ethyllaktat, Chlorhexidin (siehe Lokaltherapie für Impetigo).
- Adstringenzien zum Austrocknen der Haut.
- Eine Behandlung der Grundkrankheit ist notwendig.
- Bei begleitendem Juckreiz bietet sich die Anwendung einer Elisabethanischen Halsmanschette an, um Selbstverstümmelung zu verhindern. Sedierung mit Antihistaminika, wie z. B. Promethazin 12,5–50 mg zweimal täglich.
- Glukokortikoide sind kontraindiziert.

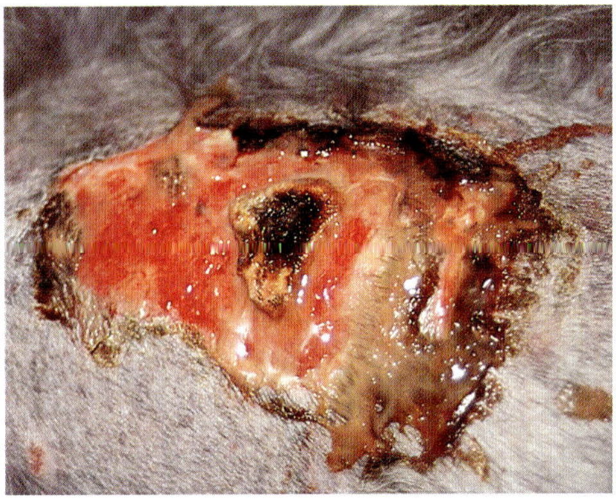

Abb. 2.14 Pyotraumatische Dermatitis bei atopischem Hund mit Hypothyreose. Auffallend sind die Satellitenläsionen zu dem tiefen Infektionsprozeß.

Pyotraumatische Dermatitis

- Klinisches Erscheinungsbild ähnlich wie bei der akut nässenden Dermatitis, es liegt jedoch ein tiefer Infektionsprozeß vor.

Ursachen und Pathogenese
- Wie bei der akut nässenden Dermatitis: Möglicherweise liegt ein Fortschreiten der Pyodermie der Epidermis vor.

Prädisponierte Rassen
- Golden Retriever, Labrador Retriever.

Klinische Symptome
- Verdickte, plaqueähnliche Haut im Nacken, an den Wangen und am Rumpf.
- Streuende Papeln und Pusteln weisen auf einen tiefen Infektionsprozeß hin (Abb. 2.14).

Differentialdiagnose
- Akut nässende Dermatitis.
- Neoplasie.

Diagnostik
- Wie bei der Furunkulose.

Behandlung
- Wie bei der Furunkulose.
- Elisabethanische Halsmanschette kann die Selbstverstümmelung reduzieren.

Follikulitis/Furunkulose der Nase

- Tiefe Infektion des Nasenrückens mit Ausbreitung bis zu den Naseneingängen.

Ursache und Pathogenese
- Wahrscheinlich geht die Follikulitis von einer Verletzung aus, wie sie z. B. beim Fährtensuchen auftreten kann.

Prädisponierte Rassen
- Deutscher Schäferhund, Englischer Bullterrier, Border Collie.

Klinische Symptome
- Akute Papeln und Pusteln, die schnell in eine Furunkulose übergehen (Abb. 2.15).
- Narbenbildung.

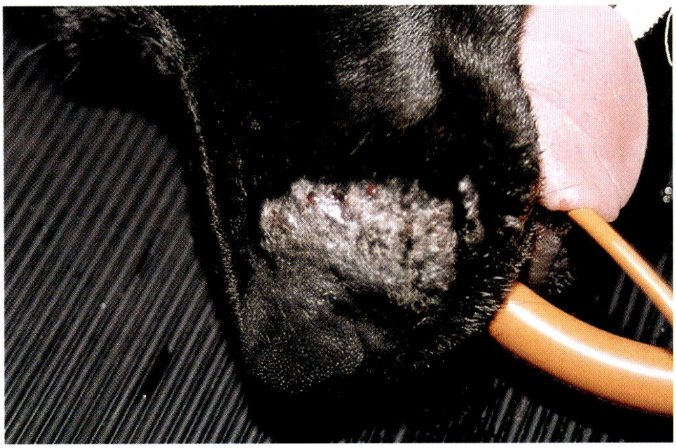

Abb. 2.15 Nasale Furunkulose bei einem Labrador mit bekannter Allergie.

Differentialdiagnose

- Pemphigus foliaceus/erythematosus.
- Diskoider Lupus erythematodes.
- Arzneimittelexanthem.
- Dermatomyositis.
- Demodikose.
- Dermatophytose, insbesondere durch *Trichophyton mentagrophytes.*
- Sterile eosinophile Follikulitis/Furunkulose der Nase.

Diagnostik

- Wie bei der Furunkulose.

Behandlung

- Wie bei der Furunkulose.
- Vorsichtige lokale Behandlung durch Bäder zur Vermeidung von Narben.

Hundeakne

- Tiefe Follikulitis/Furunkulose des Kinns und der Lippen des Hundes.

Ursache und Pathogenese

- Verletzung des Follikels. Initial liegt ein steriles Geschehen vor, später Übergang in eine sekundäre Superinfektion.
- Androgene spielen eine geringe Rolle, da die Erkrankung auch bei sterilisierten Hunden auftritt.
- Genetische Prädisposition?

Prädisponierte Rassen

- Kurzhaarrassen, insbesondere Boxer, Englische Bulldogge, Deutsche Dogge, Mastiffs.

Klinische Symptome

- Alopezie. Follikuläre Papeln gehen in eine umschriebene Furunkulose über (Abb. 2.16).

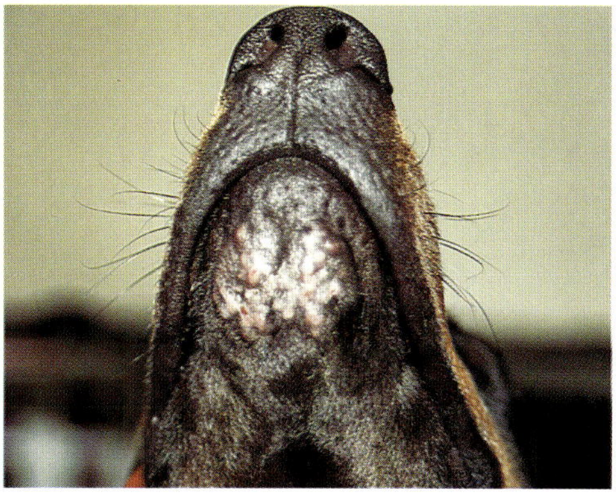

Abb. 2.16 Umschriebene Furunkulose am Kinn eines Dobermanns.

Differentialdiagnose

- Demodikose.

Diagnostik

- Klinische Symptome sind besonders ausgeprägt bei den prädisponierten Rassen.
- Biopsie.

Behandlung

- In leichten Fällen ist die tägliche Anwendung von Benzoylperoxidshampoo bis zur Besserung des Lokalbefundes empfohlen. Danach Therapie nach Bedarf.
- In schweren Fällen mit bakterieller Superinfektion, verursacht durch Keratin und Haare als Fremdkörper in der Haut, sollte eine Antibiose entsprechend des Antibiogramms über 4–6 Wochen durchgeführt werden.
- Nach Behandlung der Infektion sollte die Anwendung von topischen Steroid/Antibiotika-Kombinationen wie Fuciderm auf ein Minimum reduziert werden.

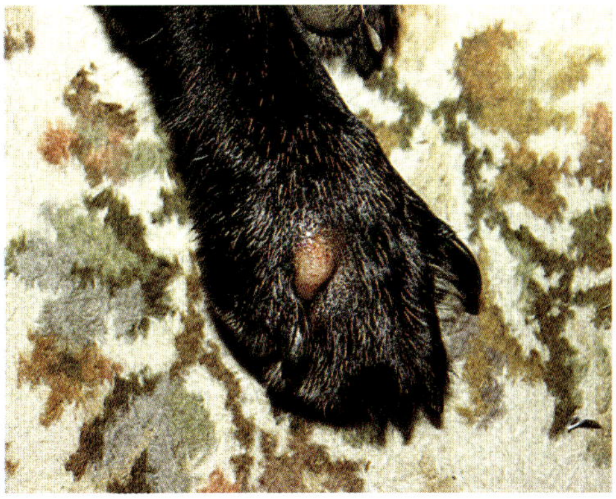

Abb. 2.17 Interdigitale Hautveränderungen aufgrund einer penetrierenden Verletzung mit Grassamen.

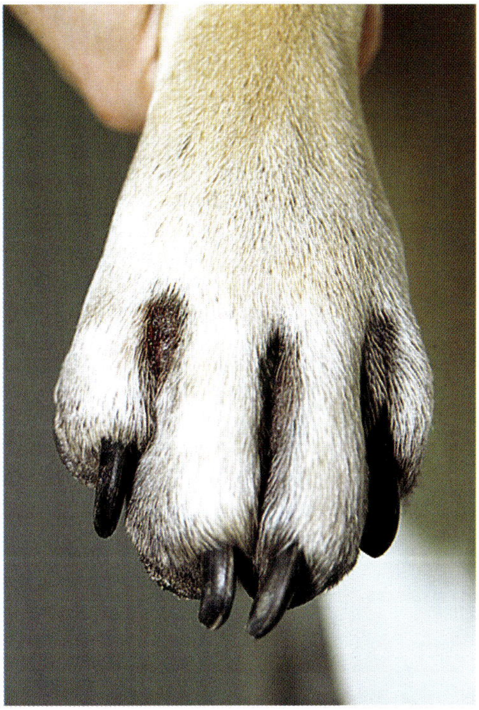

Abb. 2.18 Multiple interdigitale Hautveränderungen bei Hypothyreose der Dänischen Dogge.

Pododermatitis

- Follikulitis und Furunkulose der Pfoten und häufig des Zehenzwischenraumes.
- Oft steril.
- Bei vielen chronischen Erkrankungen tritt die Pododermatitis als Sekundärerkrankung auf.

Ursache und Pathogenese

- Keine echten Zysten.
- Multikausales Geschehen.
- Solitäre Läsionen: Oft akuter Beginn. Die Ursachen sind:
  - Fremdkörper, wie Grassamen (Abb. 2.17), Glas.
  - Trauma
  - Neoplasien: Plattenepithelkarzinom, Mastzelltumor, Plasmozytom.
- Multiple Läsionen: Oft an verschiedenen Pfoten. Die Ursachen sind:
  - Kontaktstoffe/Allergene.
  - Nahrungsmittelintoleranz.
  - Atopie.
  - Pilzinfektionen, z. B. Dermatophytose, Malassezia.
  - Parasiten, z. B. Demodex, Pelodera, Hakenwurm, Zecken, Neotrombikula.
  - Durch psychologische Störungen verursachte Hautveränderungen bei nervösen Hunden, wie z. B. beim Pudel.
  - Sterile Pyogranulome der Englischen Bulldogge, des Teckels, der Deutschen Dogge, des Boxers.
  - Neoplasie, insbesondere das Lymphom.
  - Anatomische Besonderheiten, wie z. B. beim Pekinesen, bei der Bulldogge.
  - Bakterielle Infektionen durch Immunsuppression und Endokrinopathien.

Prädisponierte Rassen

- Englische Bulldogge, Dänische Dogge, Englischer Bullterrier, Boxer, Deutscher Schäferhund, Labrador Retriever, Golden Retriever.

Klinische Symptome

- Betrifft insbesondere die Vorderpfoten.
- Erythem mit Knoten, Fisteln, hämorrhagischen Blasen (Abb. 2.18).
- Exsudation.
- Die Intensität des Juckreizes wird von der Ursache bestimmt. Der Hund hinkt häufig aufgrund der Schmerzhaftigkeit der Läsionen.

Diagnostik

- Wie bei der Furunkulose:
  - Die Zytologie hilft bei der Einschätzung der Schwere der Infektion.
  - Röntgenaufnahmen zur Erkennung von Knochenveränderungen, die die darüberliegenden Hautläsionen bedingen. Erkennung von strahlenundurchlässigen Fremdkörpern.
  - Blut-Laboruntersuchungen: Hormontests.

Behandlung

- Solitäre Läsion.
  - Untersuchung der Hautveränderungen unter Narkose. Spülung mit verdünntem Chlorhexidin.
  - Eine Antibiose ist oft nicht notwendig.
- Multiple Läsionen.
  - Behandlung der spezifischen Grunderkrankung.
  - Systemische Antibiose für 8–12 Wochen entsprechend dem Antibiogramm. Sekundärinfektionen sind häufig und sollten in allen Fällen eliminiert werden, bevor eine antiinflammatorische Therapie verschrieben wird.
- Lokalantibiotika (Mupirocin 2 %) finden Anwendung bei der Behandlung von ersten oberflächlichen Läsionen und in der Erhaltungstherapie.
- Die Behandlung des sterilen dermalen Granulomes erfolgt mit einer täglichen Gabe von 1 mg/kg Prednisolon über 10 Tage, dann jeden zweiten Tag.
- Ein Pfotenschutz (Stiefel usw.) wird bei chronischen Erkrankungen, bei denen eine schmerzbedingte unnatürliche Gewichtsverlagerung sekundäre Veränderungen an den Pfoten verursacht, empfohlen.

Pyodermie des Deutschen Schäferhundes

- Tiefe Follikulitis/Furunkulose/Zellulitis, häufig idiopathisch beim Deutschen Schäferhund mittleren Alters und bei Deutschen Schäferhundkreuzungen beider Geschlechter.

Ursachen und Pathogenese

- Es wird angenommen, daß durch eine vererbbare Immuninkompetenz des Schäferhundes Hautverletzungen oder Schwächung des Immunsystems zu einer schnellen Ausbildung einer Pyodermie führen.
- Familiäre Prädisposition.
- Die Pyodermie des Deutschen Schäferhundes ist immer ein multifaktorielles Geschehen.
  - Einige Hunde leiden an Hypothyreose.
  - Allergien, insbesondere die Flohstichallergie, gehören zu den prädisponierenden Faktoren.

Klinische Symptome

- Der Grad der Infektion bestimmt die Schwere des Pruritus.
- Typisches Verteilungsmuster der Hauterscheinungen am Rücken, Rumpf, ventralen Abdomen, selten an Beinen, Kopf, Nacken.
- Die Läsionen entsprechen einer typischen Follikulitis/Furunkulose (Abb. 2.19).

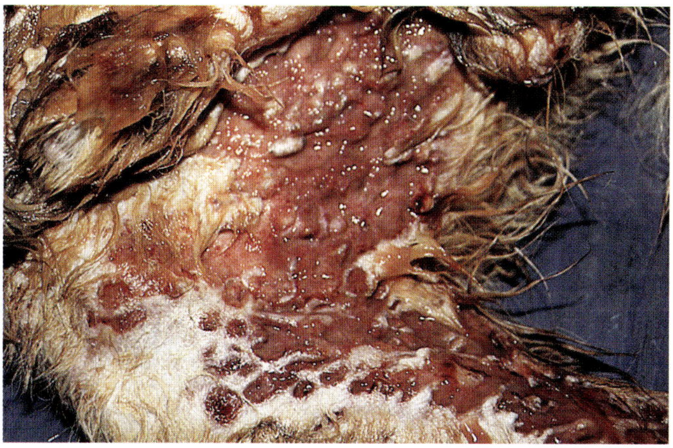

Abb. 2.19 Pyodermie des Deutschen Schäferhundes auf dem Boden einer schweren Furunkulose an der medialen Seite des Schenkels.

- Auftreten von schwerer Selbstverstümmelung durch starken Juckreiz.
- Gewichtsverlust in schweren Fällen.

Diagnostik
- Wie bei der Furunkulose.

Behandlung
- Es ist wichtig, jeden zugrundeliegenden Faktor zu identifizieren und zu behandeln.
- Antibiose und Lokaltherapie wie bei der Furunkulose.
- Die klinischen Ursachen sind unterschiedlich. In einigen Fällen war die medikamentöse Behandlung nach Eliminierung der Grundkrankheit erfolgreich.
- In schweren Fällen sind Rezidive häufig. Diese Hunde benötigen eine lebenslange Therapie.

Akrales Leckgranulom
- Zu den Untersuchungen und Grundkrankheiten siehe Kapitel 13, Psychogene Dermatosen.
- Das akrale Leckgranulom steht fast immer im Zusammenhang mit einem tiefen Infektionsprozeß.
- Die bakterielle Infektion sollte wie die umschriebene Furunkulose behandelt werden.

Anaerobierzellulitis
- Tiefe bakterielle Infektion, die sich über mehrere Gewebsschichtungen erstreckt.

Ursache und Pathogenese
- Häufig bei Penetrationswunden, Bissen und an der Eintrittsstelle eines Fremdkörpers (Abb. 2.20).
- Eine Infektion kann auch nach Operation, Trauma, Verbrennung und bei Neoplasien auftreten.

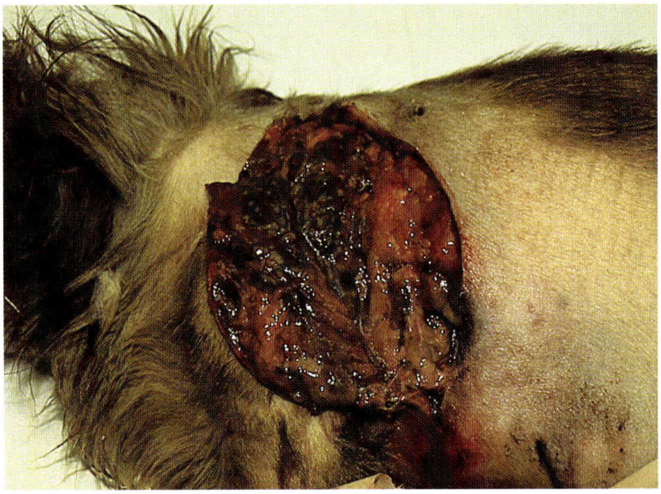

Abb. 2.20 Anaerobe Infektion an der Schulter eines Spitzes nach Bißverletzung.

Klinische Symptome
- Schlecht abgregrenzte Hautveränderung mit Ödem, Schwellung und Nekrose.
- Die Haut ist brüchig, dunkel verfärbt und läßt sich leicht abziehen.
- Starke Geruchsausbildung, oft Crepitus.
- Beteiligte Bakterien sind *Clostridium* sp. und *Bacteriodes* sp. (Abb. 2.21).

Diagnostik
- Klinische Symptome
- Zytologie des Exsudates: Degenerierte polymorphe Granulozyten, Bakterien, Stäbchen und Kokken.
- Anaerobe Kultur und Sensibilität.

Behandlung
- Abtragung der Nekrosen.
- Antibiose entsprechend des Antibiogramms bis 10 Tage nach Remission.
- Als Medikamente haben sich Clindamycin, Cephalosporine und Metronidazol bewährt.

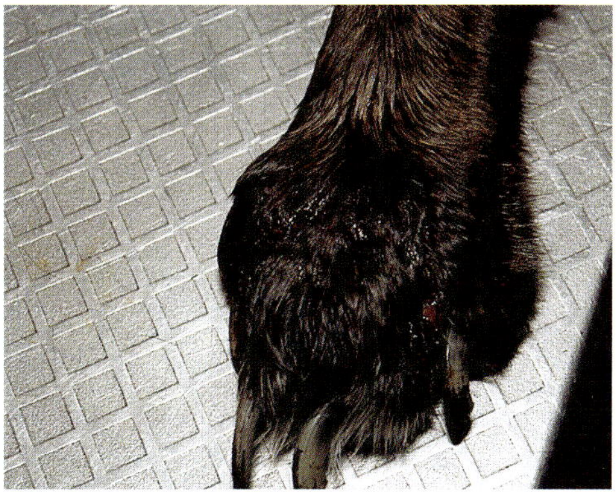

Abb. 2.21 Anaerobe Infektion mit *Bacteroides* sp. bei einem Hund mit Pododermatitis.

Seltene pyogranulomatöse bakterielle Infektionen

- Bakterielles Pseudomyzetom.
- Mykobakterielle Infektionen.
- Opportunistische mykobakterielle Infektionen.
- Aktinomykose.
- Aktinobazillose.
- Nokardiose.

Bakterielles Pseudomyzetom (Botryomykose)
- Tiefe pyogranulomatöse Infektion durch nichtfadenbildende Bakterien.

Ursache und Pathogenese
- Normalerweise Koagulase-positive Staphylokokken, aber auch *Pseudomonas* sp., *Proteus* sp., *Streptococcus* sp., *Actinobacillus* sp.
- Häufig bei Penetrationswunden, insbesondere Bissen.
- Zur Granulombildung kommt es, weil zwischen der Virulenz der Keime und der Reaktion des Wirtes ein Gleichgewicht besteht. Dem Wirt gelingt es, die Infektion zu isolieren, jedoch nicht zu eliminieren.

Klinische Symptome
- Solitäre oder multiple derbe Knoten.
- Fisteln: Das Sekret enthält Körner.
- Die Lokalität der Hautveränderung ist abhängig von der initialen Verletzung.

Differentialdiagnose
- Andere granulomatöse Infektionen, z. B. Aktinomykose, Nokardiose, Infektionen mit Mykobakterien.
- Eumykotisches Myzetom.
- Dermatophytisches Pseudomyzetom.
- Systemische Mykose.
- Sterile pyogranulomatöse Erkrankung.
- Neoplasie.

Diagnostik
- Nachweis von Neutrophilen, Makrophagen, Bakterien im Exsudat.
- Hautbiopsie mit Spezialfärbungen auf Pilze und Bakterien.

Behandlung
- Aufgrund der schlechten Penetration der Antibiotika in die Läsion ist eine operative Exzision unerläßlich.
- Postoperative Antibiose entsprechend Antibiogramm.

Mykobakterielle Infektionen

Hauttuberkulose

- Seltene mykobakterielle Infektion.

Ursache und Pathogenese

- Am häufigsten erfolgt die Übertragung vom Menschen oder durch unbehandeltes Fleisch oder Rohmilch.
- Normalerweise hervorgerufen durch *Mycobakterium tuberculosis, M. bovis.*
- Zu den seltenen Erregern gehört *M. avium* als Saprophyt mit geringer Bedeutung für die öffentliche Gesundheit.

Klinische Symptome

- Am häufigsten ist eine respiratorische bzw. gastrointestinale Symptomatik.
- Zu den Hautveränderungen gehören solitäre/multiple Ulzera, Abzesse, Plaques und Knoten besonders am Kopf, Nacken und an den Extremitäten.
- Übelriechender, gelber/grüner Eiter.
- Assoziiert mit Fieber, Lymphadenopathie.

Differentialdiagnose

- Wie bakterielles Pseudomyzetom.

Diagnostik

- Röntgenbild zum Nachweis von Lungenläsionen.
- Biopsie und Spezialfärbung auf Mykobakterien.
- Für die Kultur ist ein besonderes Medium erforderlich.
- Bacillus-Calmette-Guerin(BCG)-Zubereitung oder gereinigte Eiweißderivate finden im intradermalen Test Anwendung. Ein Erythem mit zentraler Nekrose innerhalb von 10 bis 14 Tagen nach Injektion steht für eine positive Reaktion.

Behandlung

- *M. tuberculosis* und *M. bovis:* Euthanasie aufgrund der Gefährdung der öffentlichen Gesundheit.
- *M. avium:* Eine antibiotische Therapie kann entsprechend dem Antibiogramm durchgeführt werden.

Opportunistische mykobakterielle Infektionen

- Seltene granulomatöse Erkrankung durch atypische Mykobakterien.

Ursache und Pathogenese

- Atypische Mykobakterien sind freilebende Organismen, die harmlos, jedoch fakultativ pathogen sind.
- Zu den Infektionsquellen gehören Erde und Gewässer.
- Fakultative Keime sind: *M. fortuitum, M. chelonei, M. xenopi, M. smegmatis.*

Klinische Symptome

- Innerhalb von Wochen kommt es zur Ausbildung von Hautveränderungen am Körper, normalerweise an der Stelle der Inokulation.
- Die Hautveränderung erscheint häufig als chronischer, nicht heilender Abzeß mit Fisteln.
- Schmerzempfindlichkeit ist unterschiedlich.
- Systemische Symptome sind selten.

Differentialdiagnose

- Wie beim bakteriellen Pseudomyzetom.

Diagnose

- Klinische Symptome.
- Feinnadelbiopsie einer geschlossenen Läsion.
- Für die Kultur ist ein spezielles Medium erforderlich.
- Biopsie und spezielle Färbemethoden.

Behandlung

- Die Spontanremission ist selten.
- Großräumige operative Exzision.
- Chemotherapie bei Rezidiven oder wenn eine Operation nicht möglich ist.
- Antibiose entsprechend der Sensibilität bis mindestens 4–6 Wochen nach Remission.
- Medikamentöse Therapie mit Doxycyclin, Enroflaxin.

Aktinomykose

- Pyogranulomatöse oder eitrige Erkrankung durch grampositive, anaerobe, filamentbildende *Actinomyces* wie *A. viscosus, A. odontolyticus.*

Ursache und Pathogenese

- Opportunistische Kommensale des Gastrointestinaltraktes.
- Infektion durch Kontamination einer penetrierten Wunde, besonders bei Jagdhunden.

Klinische Symptome

- Auftreten der Hautveränderung bis zu 2 Jahren nach Verletzung.
- Schmerzhafte Abzesse am gesamten Körper.
- Fisteln mit Exsudat unterschiedlicher Farbe und Konsistenz.
- Fauliger Geruch.
- In 50 % der Fälle enthält das Exsudat weiche gelbe Körner.
- Osteomyelitis, Empyem können auftreten.

Differentialdiagnose

- Wie beim bakteriellen Pseudomyzetom, speziell Nokardiose.

Diagnose

- Klinische Symptome.
- Direkter Abstrich vom Feinnadelaspirat: Gramfärbung.
- Anaerobe Kultur.
- Biopsie.

Behandlung

- Operative Entfernung.
- Sollte die operative Entfernung nicht möglich sein, werden Spülungen, Drainage der Hohlräume und eine Chemotherapie empfohlen.
- Zu den wirksamen Medikamenten gehören Penicillin, Ampicillin, Tetrazyklin.
- Die Behandlungsdauer beträgt 1 Monat über die Remission hinaus. Das Behandlungsminimum liegt bei 3–4 Monaten.
- Häufige Rezidive.

Aktinobazillose

- Pyogranulomatöse Erkrankung durch gramnegative, aerobe Stäbchenbakterien *Actinobacillus lignieresii.*

Ursache und Pathogenese

- Kommensale der Mundhöhle.
- Infektion durch Kontamination im Bereich des Gesichts und Mauls.

Klinische Symptome

- Die Hautveränderungen bilden sich über Wochen und Monate aus.
- Schmerzhafte Abzesse im Maul oder Nacken.
- Das Exsudat ist dickflüssig, weiß/grün, geruchslos.
- Das Gewebe enthält in der Regel Drusen, „gelbe Schwefelkörner".

Differentialdiagnose

- Wie beim Pseudomyzetom.

Diagnostik

- Klinische Symptome.
- Gramfärbung des Feinnadelaspirats.
- Aerobe Kultur.
- Biopsie.

Behandlung

- Chirurgische Exzision.
- Drainage, Kürettage und Chemotherapie, falls eine Exzisison nicht möglich ist.
- Medikamentöse Therapie mit Natriumjodid (0,2 ml/kg in 20 % Lösung, zweimal täglich per os), Streptomycin, Sulfonamide, Tetracyclin.
- Behandlungsdauer bis zu 1 Monat über die Remission hinaus. Das Behandlungsminimum liegt bei 3–4 Monaten.
- Häufige Rezidive.

Nokardiose

- Pyogranulomatöse und eitrige Infektion durch grampositive, teils säurefeste, filamentös verzweigende, aerobe *Nocardia* sp., besonders *N. asteroides, N. brasiliensis.*

Ursache und Pathogenese

- Erdsaprophyten.
- Infektion durch Wundkontamination, Inhalation und über Ingestion.
- Häufiges Erkranken von immunsupprimierten Tieren.

Klinische Symptome

- Hautläsionen wie bei der Aktinomykose.
- Zu den systemischen Symptomen gehören der Pyothorax und Fieber.
- Neurologische Symptome: Lähmung.

Differentialdiagnose

- Wie beim Pseudomyzetom.

Diagnose

- Klinische Symptome.
- Gramfärbung des Feinnadelaspirats.
- Aerobe Kultur.
- Biopsie.

Behandlung

- Chirurgische Drainage.
- Antibiose entsprechend des Antibiogramms.
- Zu den wirksamen Medikamenten gehören Sulfonamide, Ampicillin in Kombination mit Erythromycin oder Cephalosporin.
- Behandlungsdauer beträgt einen Monat über die Remission hinaus. Das Behandlungsminimum liegt bei 3–4 Monaten.
- Die Prognose ist vorsichtig zu stellen.

Seltene bakterielle Infektionen

Bruzellose

- Systemisch bakterielle Zoonose, hervorgerufen durch gramnegative Stäbchen, *Brucella canis.*

Ursache und Pathogenese

- Infektion tritt über verschiedene Inokulationswege durch Schleimhautkontakt auf.
- Die disseminierte Erkrankung ruft eine Epididymitis und Orchitis bei den Rüden und Abort und Unfruchtbarkeit bei den Hündinnen hervor.

Klinische Symptome

- Hautveränderungen sind selten.
- Eine Skrotaldermatitis aufgrund von Lecken kann mit Ulzeration und Nekrosen der Hoden einhergehen.

Diagnostik

- Klinische Symptome.
- Biopsie.
- Serologie.
- Kultur.

Behandlung

- Sterilisierung aller Tiere.
- Antibiose entsprechend dem Antibiogramm.
- Tetracycline haben sich erfahrungsgemäß als sinnvoll erwiesen.

Lyme-Borreliose

- Multisystemische Erkrankung, hervorgerufen durch gramnegative Spirocheten, *Borrelia burgdorferi.*

Ursache und Pathogenese

- Verbreitung durch Zecken der Art *Ixodes.*

Klinische Symptome

- Hautläsionen sind sehr selten und verschiedenartig.
- Urtikaria, Papeln, akut nässende Dermatitis wurden als Verlaufsformen beschrieben.
- Häufig Polyarthritis.

Diagnostik

- Klinische Symptome.
- Serologie: Steigende/fallende Titerdiagnostik.

Behandlung

- Antibiotika, insbesondere Tetrazyklin und Ampicillin über 10–14 Tage.

Bakterielle Hautinfektionen, assoziiert mit primären Immunschwächen

- Primäre Immundefekte führen zu erhöhter Infektanfälligkeit.
- Wenn keine anderen Ursachen gefunden werden, sollten diese Störungen als Ursache der Infektionen junger Tiere in Betracht gezogen werden.

Schwere, kombinierte Immunschwäche

- Sowohl B-Zellen als auch T-Zellen sind nicht funktionstüchtig.

Klinische Symptome

- Betroffen sind junge Welpen. Der Basset ist prädisponiert.
- Schwere bakterielle Pyodermie, Otitis, Diarrhoe und Atemwegserkrankungen.
- Eintritt des Todes vor dem 4. Lebensmonat.

Selektiver IgA-Mangel

- Mangel des Schleimhaut-Antikörpers IgA.

Klinische Symptome

- Betroffen sind Welpen. Der Shar Pei ist prädisponiert.
- Obere Rachenwegsinfektion, Otitis, Staphylokokkenpyodermie und atopische Dermatitis.
- Diese Krankheit ist nicht lebensbedrohlich.

Behandlung

- Langzeitantibiose.

Transiente Hypogammaglobulinämie

- Verzögerte Synthese von Immunglobulinen bei Welpen.

Klinische Symptome

- Bakterielle Infektion des oberen Respirationstraktes und der Haut ab 2.–3. Lebensmonat.

Behandlung

- Spontanremission ab dem 5.–6. Lebensmonat.

Zyklische Hämatopoese

- Zyklische Fluktation aller Zellanteile des Blutes.

Klinische Symptome

- Rezidivierende Neutropenie alle 8–12 Tage für 2–4 Tage.
- Gray Collies sind prädisponiert.
- Rezidivierende Gastrointestinal- und Hautinfektionen.
- Hämorrhagien in Verbindung mit Thrombozytopenie.
- Die Lebenserwartung liegt bei ungefähr 3 Jahren.

Behandlung

- Unterstützende Antibiose: Bakterizide Medikamente.

Syndrom der Granulozytopathie

- Mangel des Leukozytenadhäsionsmoleküls.

Klinische Symptome

- Betroffen sind Welpen. Der Irish Setter ist für dieses Syndrom prädisponiert.
- Rezidivierende bakterielle Dermatitis, Gingivitis, Osteomyelitis.

Behandlung

- Unterstützende Antibiose: Bakterizide Medikamente.

C3-Mangel

- Mangel am Faktor des Komplementsystems, der für die bakterielle Abwehr verantwortlich ist.

Klinische Symptome

- Betroffen sind Welpen. Der Brittany Spaniel gehört zu den prädisponierten Rassen.
- Rezidivierende gramnegative Bakterieninfektionen und Infektionen mit Clostridien.

Behandlung

- Unterstützende Antibiose: Bakterizide Medikamente, wenn möglich.

Pilzerkrankungen

3

- Eine Mykose (Pl. Mykosen) ist eine Erkrankung durch Pilze.
- Eine Mykose kann identifiziert werden entsprechend der Tiefe der Infektion:
  - Oberflächlich.
  - Subkutan (intermediär).
  - Systemisch (tief).

Oberflächliche Mykosen

- Pilzinfektionen der oberflächlichen Schichten der Haut, Haare und Krallen.
  - Dermatophytose.
  - Candidiasis.
  - Erkrankung durch Malassezia.

Dermatophytose

Ursache und Pathogenese

- Normalerweise hervorgerufen durch *Microsporum canis, Microsporum gypseum, Trichophyton mentagrophytes.*
- Zoonose (Abb. 3.1).
- Übertragung durch:
  - Infiziertes Tier (Haar, Schuppe).
  - Verseuchte Umwelt.
  - Putzmittel, Streu.
- Infektionsquelle:
  - *M. canis* ist ein zoophiler Dermatophyt. Reservoir: Normalerweise Katzen.
  - *T. mentagrophytes* ist ein zoophiler Dermatophyt. Reservoir: Nagetiere.
  - *M. gypseum* ist ein geophiler Dermatophyt. Reservoir: Erde.
  - *T. erinacei* ist ein zoophiler Dermatophyt. Reservoir: Igel.
  - *M. persicolor* ist ein zoophiler Dermatophyt. Reservoir: kleine Nagetiere.

Prädisponierende Faktoren

- Die zellvermittelte Immunität ist als Abwehrmechanismus wichtig.
- Prädisponierende Faktoren:
  - Verzögerte Ausbildung lokaler Hautabwehrmechanismen bei Jungtieren.
  - Virale Infektionen.
  - Neoplasien.
  - Schlechte Ernährung.
  - Antientzündliche und immunsupprimierende Medikamente.
  - Schwangerschaft/Laktation.

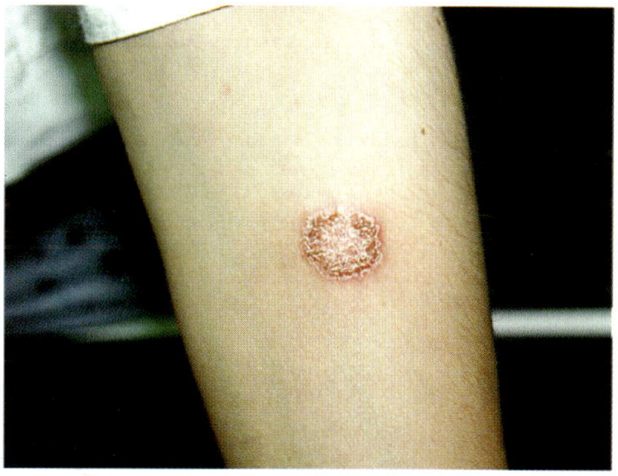

Abb. 3.1 Pilzerkrankung durch *Microsporum canis* an der Haut eines Tierbesitzers.

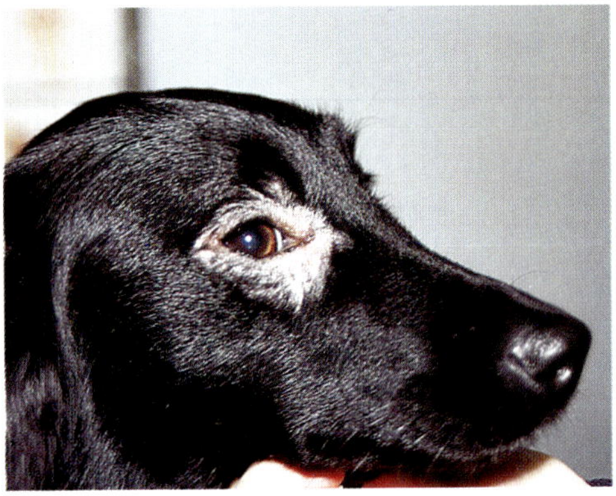

Abb. 3.2 Typische periokuläre Krusten und Schuppung bei Befall des Collies mit *Microsporum canis.*

Klinische Symptome

- Das klinische Erscheinungsbild ist sehr unterschiedlich und wird bestimmt vom Pilztyp und der Abwehrlage des Wirts.
- Die klassische Hautläsion ist ein kreisrunder Haarausfall, „zigarettenpapierartige" Schuppung an den Ohren und Extremitäten (Abb. 3.2).
- Trichophyteninfektion: Follikulitis und Furunkulose an einer Extremität (Abb. 3.3).
- Nach Abheilen der Hauterscheinungen bleibt eine vernarbende Alopezie zurück (Abb. 3.4).
- Die Infektion mit *M. persicolor* zeigt sich als generalisierte Seborrhoe und papulopustuläre Krusten im Gesicht (Abb. 3.5).

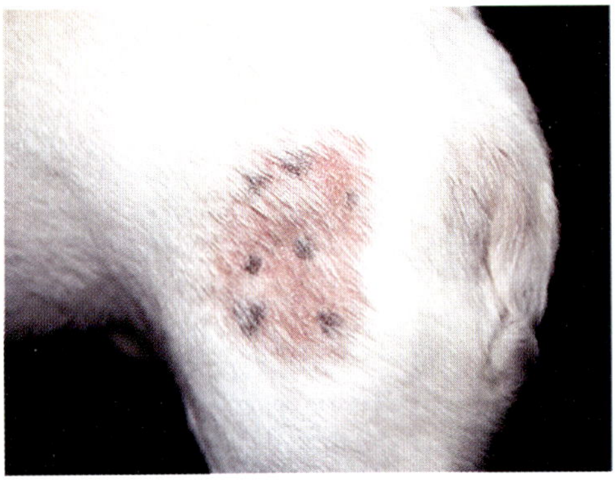

Abb. 3.3 Durch *Trichophyton mentagrophytes* verursachte Follikulitis an der hinteren Flanke eines Jack Russell Terriers.

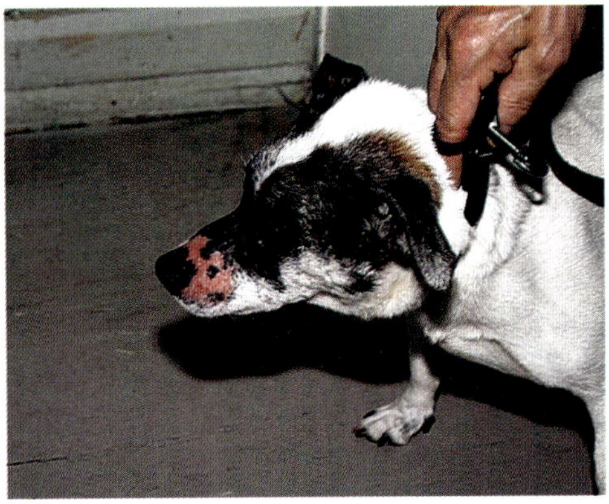

Abb. 3.4 Narben auf der Nase eines Jack Russell Terriers nach *Trichophyton mentagrophytes*-Infektion.

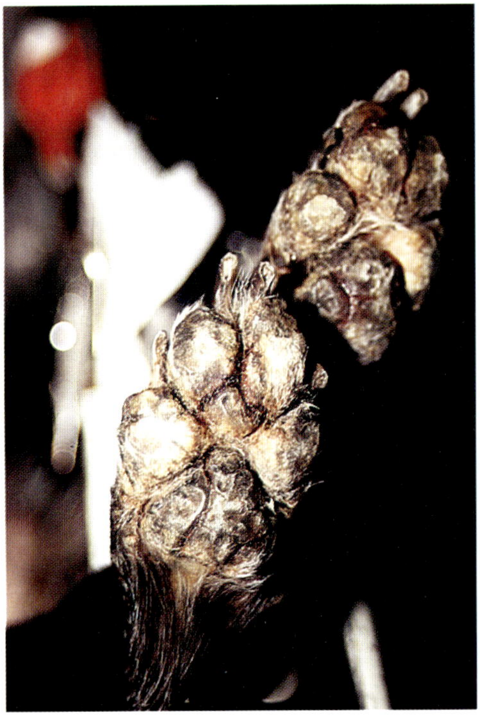

Abb. 3.5 Oberflächliche Infektion der Pfotenballen eines Hundes mit *Mycosporum persicolor* bei bekannter hepatokutaner Erkrankung.

- Ein Kerion ist eine umschriebene, exsudative, knotige Hautveränderung (Abb. 3.6).
- Onychomykose: *Trichophyton* sp. ruft gewöhnlich an einem oder mehreren Zehen eine Paronychie und Onychodystrophie hervor (Abb. 3.7).

Differentialdiagnose

Verkrustende follikuläre Läsionen

- Staphylokokkenfollikulitis.
- Demodikose.
- Pemphigus foliaceus.

Kerion

- Akrales Lecksyndrom.
- Neoplasie: Insbesondere Plattenepithelkarzinom, Mastzelltumor.

Diagnose

- Wood-Lampe (Abb. 3.8): Apfelgrüne Fluoreszenz, hervorgerufen durch Dermatophyten auf dem Schaft eines epilierten Haares.
  - Die apfelgrüne Fluoreszenz tritt nur in 50 % der mit *M. canis* befallenen Fälle auf.
  - Falsch-negatives Ergebnis: Die Wood-Lampe ist nicht vorgewärmt. Die Fluoreszenzfähigkeit wird durch Lokaltherapie mit z. B. Jod gestört.
  - Falsch-positives Ergebnis: Bei bakterieller Infektion (keine apfelgrüne Fluoreszenz), Lokaltherapie.

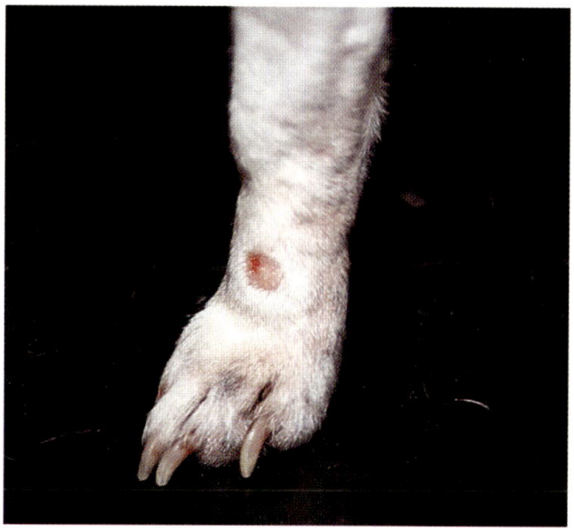

Abb. 3.6 Kerion über der Vorderfußwurzel eines Hundes.

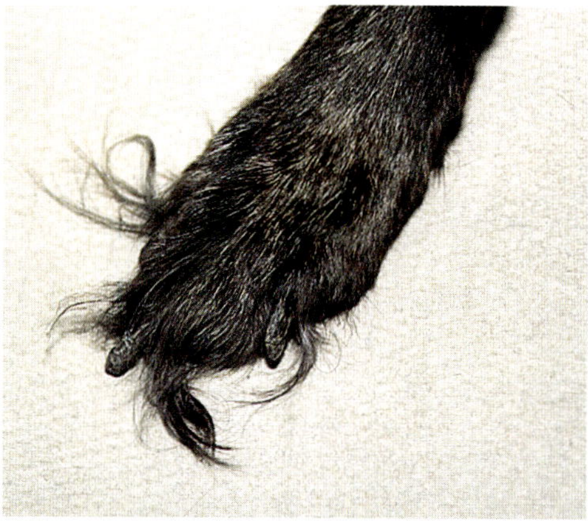

Abb. 3.7 Onychomykose bei einem Collie.

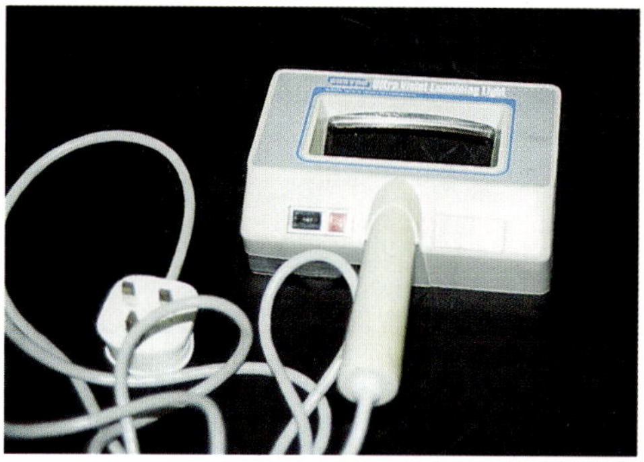

Abb. 3.8 Die Wood-Lampe sollte vor der Benutzung vorgewärmt werden.

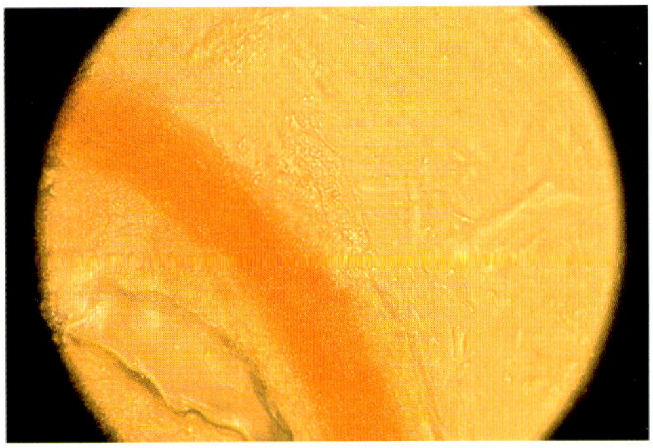

Abb. 3.9 Arthrosporen des *Microsporum canis* auf epiliertem Haar.

- Unter dem Mikroskop findet man auf einem in 10 % Kaliumhydroxid oder in Mineralöl getränkten Haar Zeichen von Arthrosporen (Abb. 3.9).
- Pilzkultur.
  - MacKenzie-Methode. Es wird mit einer sterilen Zahnbürste das Fell ausgebürstet und diese anschließend in ein Kulturmedium getaucht (Abb. 3.10, 3.11). Die geeigneten Medien sind Dermatophytentestmedium (DTM) oder Sabouraud-Dextroseagar.
  - Falsch-negative Ergebnisse auf DTM: Einige isolierte Pilze rufen keine Farbveränderungen hervor.
  - Falsch-positive Ergebnisse auf DTM: Saprophytische Pilze rufen eine Farbveränderung hervor (Abb. 3.12).
- Biopsie mit Spezialfärbung (Abb. 3.13).

Behandlung

Lokalbehandlung

- Scheren der umschriebenen Hautveränderungen.
- Zweimal täglich Auftragen einer Creme oder Lotion bis zu 6 cm in den gesunden Bereich hinein.

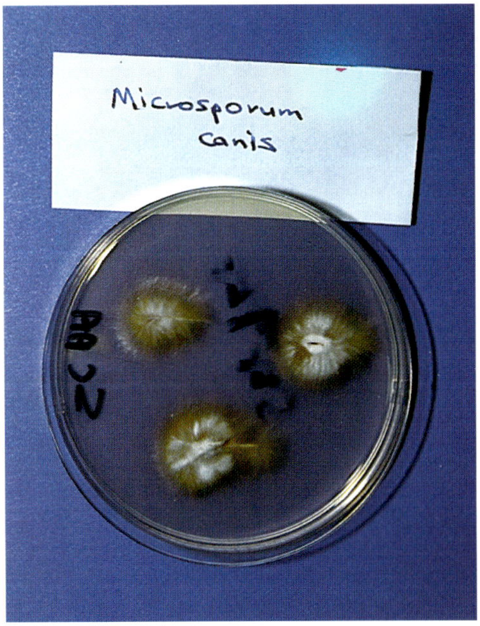

Abb. 3.10 Weiße, watteähnliche Kolonien des *Mycosporum canis* auf Sabouraud-Dextroseagar.

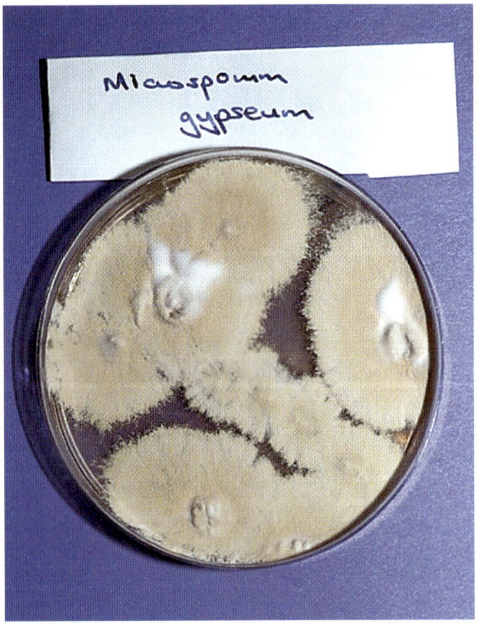

Abb. 3.11 Typische leder- bis zimtbraune Farbe einer flachen Kolonie des *Mikrosporum gypseum*.

- Bei generalisierten Läsionen sollte der gesamte Körper geschoren werden (wahrscheinlich ist dieses Vorgehen nicht notwendig, wenn das Tier adäquat shampooniert werden kann).
- Zweimaliges Shampoonieren pro Woche.
- Entsprechende Produkte enthalten Providon-Jod, Chlorhexidin, Miconazol, Enilconazol.
- Alle Behandlungen sollten nach negativer Pilzkultur für zwei Wochen fortgesetzt werden.

Systemische Behandlung
- Eine systemische Behandlung ist bei generalisierten Dermatophytosen und jeder Hautläsion, die nach 3–4 Wochen Lokalbehandlung keine Besserung zeigt, indiziert.
- Alle systemischen Medikamente zur Behandlung der Dermatophytose sind potentiell teratogen.
- 25–60 mg/kg Griseofulvin ein- bis zweimal täglich in Öl ist das Mittel der Wahl.
- Ketoconazol: 10 mg/kg ein-/zweimal täglich in saurer Lösung (z. B. Tomatensaft). Ketoconazol ist hepatotoxisch und beeinflußt die Kortison- und Sexualhormonkonzentration.
- Itraconazol: 10–20 mg/kg täglich oder jeden zweiten Tag. Itrakonazol ist gut verträglich bei Hunden und verursacht nur selten Nebenwirkungen.
- Alle drei Formen der Therapie können gastrointestinale Störungen hervorrufen. Die Therapie sollte dann unterbrochen werden. Die Behandlung kann anschließend mit 50 % der Originaldosierung erneut begonnen und langsam erhöht werden.

Abb. 3.12 Falsch-positive Farbveränderungen bei saprophytischem Pilz. Cave: Die Kolonien sind schwarz.

- Fortsetzung der Behandlung nach negativer Kultur für weitere 2 Wochen.
  - Das bedeutet insgesamt eine Behandlung von 6–20 Wochen bei generalisierter Dermatophytose.
  - Das bedeutet insgesamt eine Behandlung von 6–12 Monaten bei Onychomykose.

Sanierung des häuslichen Umfeldes (inklusive aller Reinigungsutensilien)
- Staubsaugen.
- Flüssiginfektion mit Natriumhypochlorit (1: 10-Lösung als Haushaltslösung) bzw. Enilconazol.
- Enilconazolvernebler.

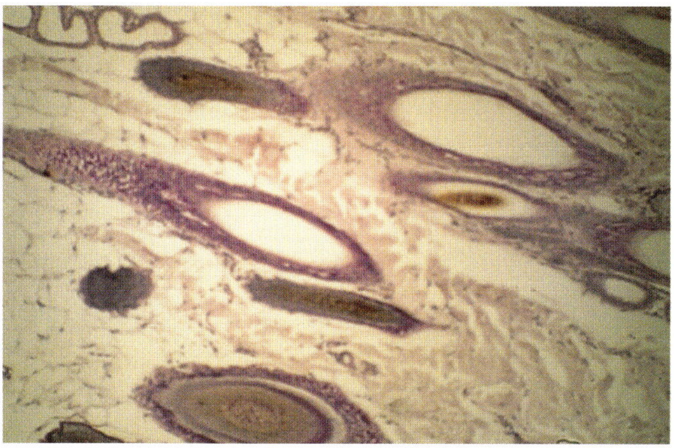

Abb. 3.13 PAS-Färbung eines histopathologischen Schnitts zur Identifizierung von Pilzelementen.

Candidiasis

Ursache und Pathogenese

- Hervorgerufen durch *Candida* sp., insbesondere *Candida albicans, Candida parapsilosis.*
- Opportunistische Infektion, die durch Integritätsverlust der Haut und Schleimhäute nach Trauma, Verbrennung, Langzeitantibiose verursacht wird.

Prädisponierende Faktoren

- Immunsuppression durch:
  - Erkrankung, wie z. B. Diabetes mellitus, Hyperkortisolimus, Neoplasie.
  - Medikamententherapie, z. B. Glukokortikoide.

Klinische Symptome

- Läsionen werden auf Hautregionen gefunden, die der Feuchtigkeit ausgesetzt sind, und auf Schleimhäuten, z. B. Ohr, Mundhöhle, Intertrigo-Regionen (Abb. 3.14).
- Muköse Schleimhäute: Bösartige Ulzerationen, die mit dicken grauen/weißen Plaques bedeckt sind.
- Haut: Nässende erythematöse Plaques und Ulzerationen.

Abb. 3.14 Mukokutane Candidiasis in der periokulären Region bei einem Hund mit Hyperkortisolismus.

Differentialdiagnose

Im Bereich der Schleimhäute

- Pemphigus vulgaris.
- Bullöses Pemphigoid.
- Erythema multiforme.
- Leishmaniose.
- Systemischer Lupus erythematodes.
- Erythem necrolyticum migrans.

Im Bereich der Haut

- Pyotraumatische Dermatitis.
- Intertrigo.

Diagnose

- Klinische Symptome.
- Auf dem Abstrich oder auf dem Tesateststreifen finden sich typische Sproßpilze.
- Kultur: Sabouraud-Dextroseagar.
- Biopsie.

Behandlung

- Behandlung der zugrundeliegenden Ursachen.

Schleimhautläsionen

- Systemische Behandlung mit Ketoconazol: 10 mg/kg einmal täglich; Itraconazol: 10–20 mg/kg jeden zweiten Tag.

Haut

- Umschriebene Hautveränderungen.
- Scheren und Verabreichung von Lokaltherapie dreimal täglich.
- Entsprechende Medikamente enthalten Nystatin, Miconazol, Clotrimazol, Kaliumpermanganat.
- Generalisierte Hautveränderungen.
- Behandlung wie bei Schleimhäuten.

Erkrankung durch Malassezia

Ursache und Pathogenese

- Hervorgerufen durch den Kommensale *Malassezia pachydermatis.*
- Das Eindringen des Erregers in die oberen Epidermisschichten wird durch Veränderungen des oberflächlichen Mikroklimas begünstigt. Begünstigende Faktoren sind:
  - Erhöhte Talg-/Zerumenbildung.
  - Mazeration der Haut (Intertrigokomplex).
  - Verletzung.

Prädisponierende Faktoren

- Allergie.
- Bakterielle Infektion.
- Endokrine Erkrankungen.
- Innere Erkrankungen des Fettstoffwechsels.
- Ebenso wirkt die Therapie aller oben genannten Erkrankungen, insbesondere die Anwendung von Glukokortikoiden bei der Allergie als begünstigender Faktor für den Befall mit Malassezia.

Klinische Symptome

- Keine Alters- oder Geschlechtsdisposition.
- Zu den prädisponierten Rassen gehören West Highland White Terrier, Basset, Pudel, Cokkerspaniel, Jack Russell Terrier.
- Saisonales Auftreten der Hauterscheinungen wird von den zugrundeliegenden Faktoren bestimmt.
- Die Hautläsionen werden am häufigsten an den Ohren, Lippenfalten, Zehenzwischenräumen (Abb. 3.15), an der ventralen Halsregion, in den Zehenzwischenräumen (Abb. 3.16), in der medialen Schenkelregion, in den Achseln (Abb. 3.17) und in der Perianalregion gefunden.
- Starker Juckreiz.

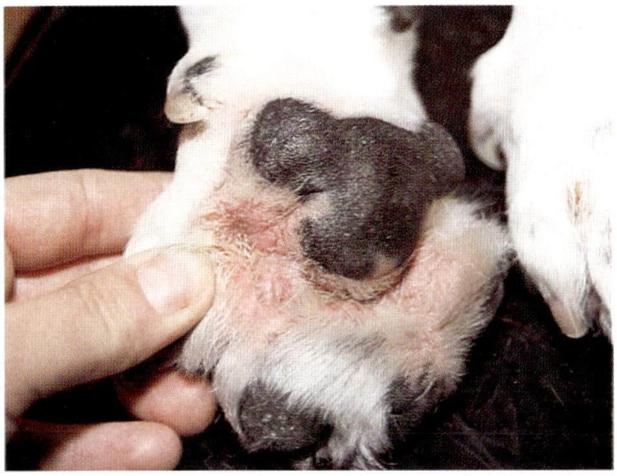

Abb. 3.15 Interdigitaler Malassezia-Befall bei einem West Highland White Terrier.

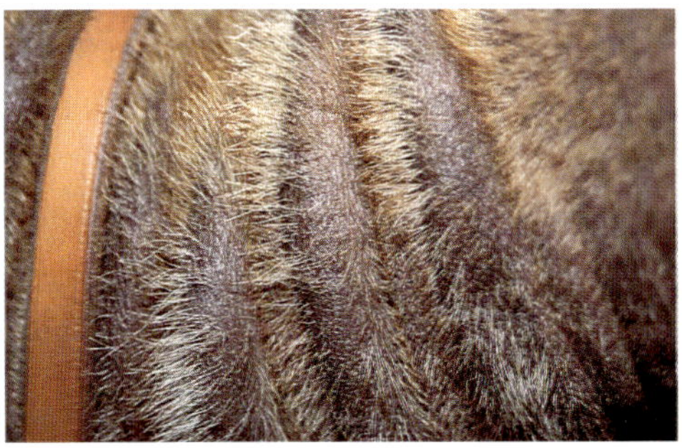

Abb. 3.16 Malassezia in den Körperhautfalten beim Shar Pei.

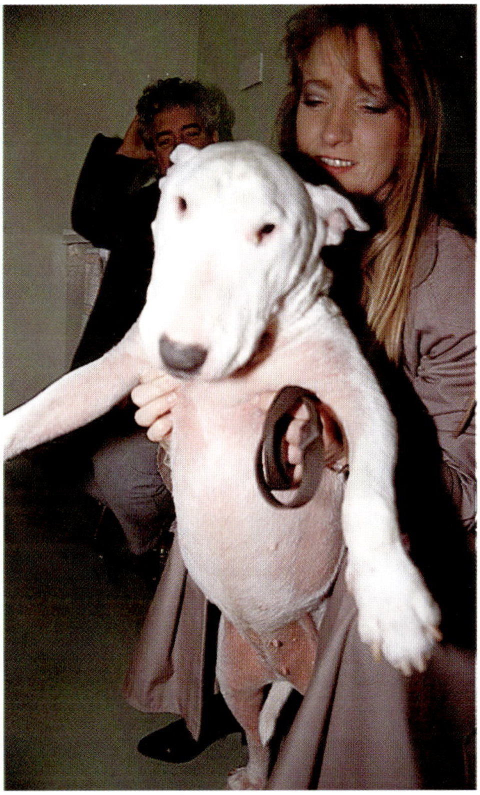

Abb. 3.17 Generalisierter Befall des ventralen Abdomens mit Malassezia bei einem Englischen Bullterrier.

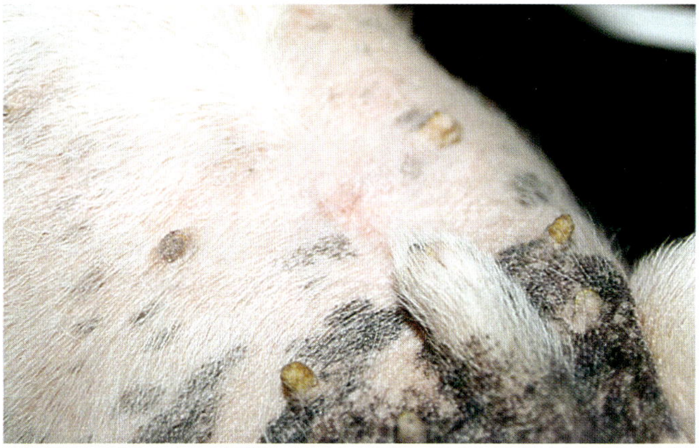

Abb. 3.18 Seborrhoe mit Plaques und Erythem am ventralen Abdomen eines West Highland White Terriers.

- Schlecht riechende, erythematöse, fettig schuppende Plaques und Makulae (Abb. 3.18).

Differentialdiagnose
- Allergie (Nahrung, Atopie, Flöhe).
- Staphylokokkenfollikulitis.
- Demodikose.
- Skabies.
- Neoplasie (epitheliotropes Lymphom).
- Diese Erkrankungen können alle mit einer Malassezia-Dermatitis einhergehen.

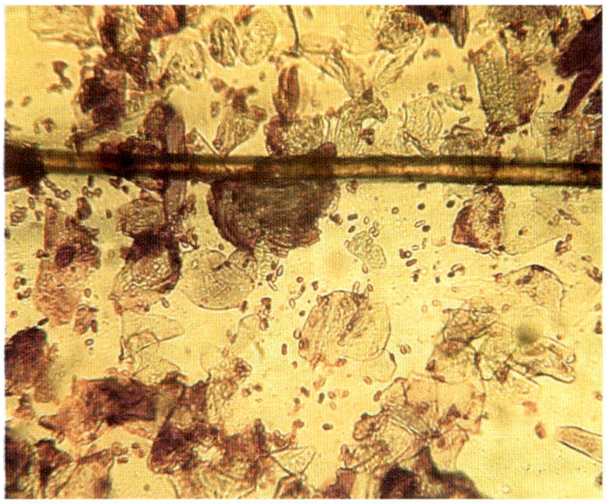

Abb. 3.19 Mit Diff-Quik gefärbter Tesafilmabriß zeigt den typischen violettfarbenen, erdnußförmigen Hefepilz.

Diagnose
- Klinische Symptome.
- Zytologie der Hautgeschabsel; direkte Abstriche. Im Tesastreifenabstrich, der mit Diff-Quik gefärbt wird, zeigen sich typische Sproßpilze (dunkelblaue bis violettfarbene, erdnußförmige Organismen, Abb. 3.19).
- Kultur: Kontaktplatten.
- Biopsie.

Behandlung
- Eine Therapie der prädisponierenden Faktoren ist notwendig.

Lokalbehandlung
- Zweimal wöchentlich Lokalbehandlung der umschriebenen bzw. generalisierten Läsion bis zur Remission, dann Erhaltungstherapie alle 10–14 Tage.
- Shampoo: Miconazol/Chlorhexidin, Selensulfid, anschließend Spülung mit Enilconazol.
- Cremes/Lotionen enthalten Miconazol, Enilconazol, Clotrimazol.

Systemische Behandlung
- Ketoconazol: 5–10 mg/kg zweimal täglich für 7 Wochen bis zur klinischen Besserung (bezüglich der Nebenwirkungen siehe Dermatophytose).
- Itraconazol: 5 mg/kg einmal täglich.
- Sollten die prädisponierenden Faktoren nicht identifizierbar oder behandelbar sein, dann ist eine entsprechende Langzeittherapie indiziert.

Subkutane Mykose

- Pilzinfektion der Haut durch Saprophyten nach Verletzung.
  - Eumykotisches Myzetom.
  - Phaeohyphomykose.
  - Pythiose.
  - Zygomykose.
  - Sporotrichose.

Eumykotisches Myzetom

Ursache und Pathogenese

- Seltene Erkrankung in Europa und den USA. Wundverschmutzung durch Saprophyten der Erde, insbesondere *Pseudoallescheria boydii.*

Klinische Symptome

- Die Hautveränderungen sind normalerweise einzelne Knoten an den Extremitäten.
- Symptomtrias.
  - Knotige Schwellung
  - Drainierende Fisteln.
  - Drusen.
- Pigmentierter Pilz: Schwarzkornmyzetom, z. B. *Curvularia geniculata.*
- Nichtpigmentierter Pilz: Weißkornmyzetom, z. B. *Pseudoallescheria boydii.*

Differentialdiagnose

- Sterile Granulome.
- Infektiöse Granulome durch Bakterien, Pilze.
- Fremdkörpergranulom.
- Neoplasie.

Diagnose

- Klinische Symptome.
- Aspirationszytologie, direkte Abstriche bzw. Untersuchung der Drusen zur Pilzidentifizierung.
- Anlegen einer Kultur aus Drusenmaterial bzw. Biopsiematerials auf Sabouraud-Dextroseagar.
- In der Biopsie sind die Pilze als Drusen sichtbar.

Behandlung

- Großzügige Inzision. Oft ist die Amputation der Extremität notwendig.
- Schlechtes Ansprechen auf eine medikamentöse Therapie mit Ketoconazol, Itraconazol: 5–10 mg/kg täglich.

Phaeohyphomykose

Ursache und Pathogenese

- Kontamination der Wunde durch saprophytische Pilze, die in der Erde und organischen Materialien zu finden sind.
- Keine Drusen. Der Pilz bildet jedoch pigmentierte Hyphen.

Klinische Symptome

- Solitäre Knoten insbesondere an den Extremitäten.
- Generalisierte ulzerierende Knoten.
- In der Regel keine systemische Ausbreitung.

Differentialdiagnose

- Wie eumykotisches Myzetom.

Diagnose

- Klinische Symptome.
- In der Aspirationszytologie oder im direkten Abstrich können mitunter pigmentierte Pilze gesehen werden.
- Anlegen einer Kultur von Biopsiematerial vorzugsweise auf Sabouraud-Dextroseagar.
- Biopsie.

Behandlung

- Großflächige Exzision. Rezidive sind häufig.
- Eine Chemotherapie bringt nicht immer eindeutige Ergebnisse.
- Mögliche Therapieerfolge mit Ketoconazol ± Flucytosin oder Amphotericin B ± Flucytosin.

Pythiose

Ursache und Pathogenese

- Pilzerkrankung der tropischen und subtropischen Gebiete.
- Dabei kommt es durch den Aufenthalt in stehenden Gewässern zu einer Infektion einer bereits verletzten Haut mit den in Wasser lebenden Arten von *Pythium* sp.

Klinische Symptome

- Solitäre oder multiple Läsionen an den Extremitäten und im Gesicht.
- Große Rassen wie der Deutsche Schäferhund sind besonders anfällig.
- Die Hauterscheinungen sind ulzerierende Knoten mit Fisteln.
- Der Juckreiz ist unterschiedlich stark ausgeprägt.
- Disseminierte Infektionen sind selten.

Differentialdiagnose

- Wie beim eumykotischen Myzetom und der akralen Leckdermatitis.

Diagnose

- Klinische Symptome.
- In der Aspirationszytologie bzw. im direkten Abstrich werden selten Pilzanteile gefunden.
- Anlegen einer Kultur, bevorzugt vom Biopsiematerial, auf Blutagar oder Sabouraud-Dextroseagar.
- Biopsie: Die Hyphen benötigen eine Spezialfärbung.

Behandlung

- Die Behandlung ist die großflächige chirurgische Exzision. Es können Rezidive auftreten. Häufig ist die Amputation einer Gliedmaße notwendig.
- Schlechte Reaktion auf Chemotherapie.

Zygomykose

- Zwei Erregerarten rufen diese Erkrankung hervor:
  - Mukorale, wie z. B. *Rhizopus* spp.
  - Entomorphthorale, wie z. B. *Conidiobolus* spp.

Ursache und Pathogenese

- Ubiquitäre Erdsaprophyten, die auf der Haut und im Fell vorkommen, verursachen Wundinfektion.

Klinische Symptome

- Gastrointestinale Störungen.
- Die Hauterscheinungen sind ulzerierende Knoten mit Fistelbildung an den Extremitäten.

Differentialdiagnose

- Wie eumykotisches Myzetom.

Diagnose

- Klinische Symptome.
- Im Aspirationszytologie bzw. im direkten Abstrich sind Pilzanteile nachweisbar.
- Anlegen einer Kultur von Biopsiematerial auf Sabouraud-Dextroseagar.
- Nachweis von Pilzanteilen in der Biopsie.

Behandlung

- Chirurgische Exzision oder Größenreduzierungstherapie und Kombination mit einer Chemotherapie mit Amphotericin B, Kaliumjodid oder Benzimidazol.

Sporotrichose

Ursache und Pathogense

- Die Sporotrichiose ist eine seltene Krankheit, die durch den ubiquitären Erdsaprophyten *Sporothrix schenckii* hervorgerufen wird.
- Infektion von Wunden nach penetrierenden Verletzungen durch Splitter oder Dornen.
- Zoonose.

Klinische Symptome

- Kutane Form: Viele ulzerierende Knoten und Plaques besonders am Kopf, an der Ohrmuschel und am Rumpf. Keine systemischen Symptome.
- Kutane, lymphatische Form: Solitäre Knoten an den Gliedmaßen mit aszendierender Lymphadenitis und regionaler Lymhadenopathie.

Differentialdiagnose

- Wie eumykotisches Myzetom.

Diagnose

- Klinische Symptome.
- In der Aspirationszytologie oder im direkten Abstrich ist der Erreger schwer zu finden. Er ist erkennbar an der typischen ovalen Zigarrenform.
- Anlegen einer Kultur sowohl vom Exsudat als auch von der Biopsie auf Sabouraud-Dextroseagar.
- In der Biopsie werden Pilzanteile nur selten gefunden.
- Der Antikörper-Fluoreszenz-Test ist empfehlenswert.

Behandlung

- Kaliumjodid (unter Beachtung der Symptome eines Jodismus), Ketoconazol oder Itraconazol.
- Alle Behandlungen sollten 30 Tage über eine Remission hinaus durchgeführt werden.
- Glukokortikoide sind in allen Fällen kontraindiziert. Sogar nach eingetretener Heilung kann ihre Anwendung zu Rezidiven führen.

Systemische Mykosen

- Pilzinfektionen innerer Organe durch Erdsaprophyten.
- Übertragung erfolgt normalerweise durch Inhalation. Eine direkte kutane Inokulation ist selten. Die Ausbreitung der Erreger erfolgt gewöhnlich hämatogen.
  - Blastomykose.
  - Kokzidienmykose.
  - Kryptokokkose.
  - Histoplasmose.
  - Aspergillose.
  - Protothekose.

Blastomykose

Ursache und Pathogenese

- Seltene Errankung durch Infektion mit *Blastomyces dermatitidis* an Orten mit sandigen Böden und Wassernähe.
- Zoonose.

Klinische Symptome.

- Systemische Erkrankung mit respiratorischer, okulärer und lokomotorischer Symptomatik.
- 40 % der Fälle zeigen Hautbeteiligung mit ulzerierenden, drainierenden Knoten und Plaques.
- Die multiplen Hauterscheinungen treten am gesamten Körper auf, bevorzugt jedoch im Gesicht und im Krallenbett.

Diagnose

- Klinische Symptome.
- In der Aspirationszytologie oder im direkten Abstrich findet man ovale, breit aufgesetzte Sproßpilze mit dicker Zellwand.
- Das Anlegen einer Kultur ist nicht zu empfehlen.
- In der Biopsie sind die Pilzanteile leicht sichtbar.

Behandlung

- Kombination von Ketoconazol/Itraconazol im Wechsel mit Amphotericin B.

Kokzidienmykose

Ursache und Pathogenese

- Seltene Erkrankung durch Infektion mit *Coccidioides immitis* in der Nähe von sandigen, alkalischen Böden.
- Zoonose.

Klinische Symptome

- Systemische Erkrankung mit respiratorischer, okulärer und lokomotorischer Symptomatik und Pyrexie.
- Hautläsionen: Zahlreiche ulzerierende Papeln, Knoten oberhalb infizierter Knochen.

Diagnose

- Klinische Symptome.
- In der Aspirationszytologie oder im direkten Abstrich werden nur selten Pilzanteile gefunden.
- Die Kultur hat keinen diagnostischen Wert.
- Die Biopsie wird nur selten in der Diagnostik benutzt. Die Diagnose erfolgt durch Nachweis der großen Sphärulen mit zahlreichen Endosporen.

Behandlung

- Gewöhnlich ist eine Behandlung mit Ketoconazol bis zu einem Jahr notwendig.

Kryptokokkose

Ursache und Pathogenese

- Seltene Erkrankung durch Infektion mit *Cryptococcus neoformans.* Der Erreger läßt sich in Erde nachweisen, die durch Taubenkot verunreinigt ist.
- Immunsupprimierte Tiere sind besonders gefährdet.

Klinische Symptome

- Bei einer systemischen Erkrankung ist das zentrale Nervensystem betroffen, und es treten okuläre Symptome auf.
- 20 % der betroffenen Fälle zeigen Hautläsionen in Form von ulzerierenden Papeln, Knoten an der Nase und am Nagelbett.

Diagnose

- Klinische Symptome.
- In der Aspirationszytologie oder im direkten Abstrich findet man zahlreiche runde/ellipsenförmige, hefepilzähnliche Organismen, schmalbasige Sproßzellen mit einer Kapsel, die als klarer Hof erscheint.
- Das Anlegen einer Kultur wird nicht empfohlen.
- Biopsie: Spezialfärbung der Kapsel.
- Serologie: Latex-Agglutinationstest.

Behandlung

- Operative Entfernung der solitären Läsion.
- Chemotherapie mit Ketoconazol, Itraconazol oder Ketoconazol mit Flukytosin bei generalisierter Erkrankung.
- Glukokortikoide sind kontraindiziert.

Histoplasmose

Ursache und Pathogenese

- Die Histoplasmose ist eine seltene Erkrankung durch die Infektion mit *Histoplasma capsulatum.* Sie tritt besonders in feuchter Umgebung auf. Der Pilz wächst häufig in von Vogel- und Fledermauskot verunreinigter Erde.

Klinische Symptome

- Systemische Erkrankung: Respiratorische, gastrointestinale, okuläre Symptome. Pyrexie.
- Zu den zahlreiche Hautläsionen gehören ulzerierende Papeln und Knoten am gesamten Körper.

Diagnose

- Klinische Symptome.
- Aspirationszytologie oder direkter Abstrich zeigen zahlreiche runde, hefepilzähnliche Strukturen mit schmalem Hof.
- Das Anlegen einer Kultur wird nicht empfohlen.
- In der Biopsie findet man zahlreiche intrazelluläre Organismen.
- Die Serologie ist nicht verläßlich.

Behandlung

- Ketoconazol ist Mittel der Wahl.
- In schweren Fällen gibt man Ketoconazol in Kombination mit Amphotericin B.

Aspergillose

Ursache und Pathogenese

- Die Aspergillose ist eine seltene Erkrankung, die durch die Infektion mit *Aspergillus* sp., insbesondere *A. fumigatus,* hervorgerufen wird.
- Der Pilz kommt ubiquitär in der Natur und auf normaler Haut, im Fell und auf der Schleimhaut vor.
- Ein opportunistischer Befall der Schleimhaut oder Haut ist möglich.

Klinische Symptome

- Kutane/Schleimhautaspergillose ist gewöhnlich eine Erkrankung der Nasenschleimhäute. Sie geht einher mit hämorrhagischem Ausfluß aus der Nase, sekundärer Ulzeration, Verkrustung und Depigmentierung der Nasenausgänge.
- Die disseminierte Aspergillose zeigt sich als Schleimhautulzeration bzw. an der übrigen Haut als Ulzeration und Knoten.

Differentialdiagnose

Kutane Läsionen der Aspergillose der Nase.

- Diskoider Lupus erythematodes.
- Pemphigus foliaceus/erythematosus.
- Neoplasie, insbesondere epitheliotropes Lymphom.
- Arzneimittelexanthem.

Diagnose

- Klinische Symptome.
- Selten findet man Pilzanteile in der Aspirationszytologie oder im direkten Abstrich.
- Kultur auf Sabouraud-Dextroseagar: Schwierige Interpretation aufgrund falsch-positiver und falsch-negativer Ergebnisse.
- Biopsie: Zahlreiche Fadenpilze.
- Serologie: ELISA (enzyme-linked immunosorbent assay).

Behandlung

- Die Behandlung sollte bis zu 3–4 Wochen über die Remission hinaus durchgeführt werden. Oft werden bis zu 8 Wochen benötigt.
- Kutane/Nasenläsionen: Mit der Anwendung von Thiabendazol, Ketoconazol, Itraconazol, Fluconazol wird eine 50-%-Heilungsrate erreicht.

- Aspergillose der Nase: Spülung mit Enilconazol.
- Bei disseminiertem Befall ist die Behandlung erfolglos.

Protothekose

Ursache und Pathogenese

- Seltene Erkrankung durch die Infektion mit *Prototheca* sp., insbesondere *P. wickerhamii.*
- Saprophytische Alge in Abwässern und stehenden Gewässern.
- Opportunistischer Erreger kontaminierter Wunden. Eine disseminierte Erkrankung wird nur bei einer Immunsuppression gefunden.

Klinische Symptome

- Systemische Erkrankung: Gastrointestinale Symptome, insbesondere Kolitis; okuläre Symptome und Symptome des zentralen Nervensystems.
- Hautveränderungen sind selten. Sie treten in Form von Papeln und Knoten oberhalb von mechanischen Druckpunkten und an der mukokutanen Übergangszone auf.

Diagnose

- Klinische Symptome.
- In der Aspirationszytologie oder im direkten Abstrich findet man zahlreiche interzelluläre Sphärulen, die Endosporen enthalten.
- Kultur vom Biopsiematerial auf Sabouraud-Dextroseagar oder Blutagar.
- In der Biopsie sind viele Pilzanteile sichtbar.
- Fluoreszenz-Antikörper-Bestimmung an formalinfixiertem Gewebe.

Behandlung

- Chirurgische Exzision der Hautveränderungen.
- Chemotherapie mit Amphotericin B mit Ketoconazol 3–4 Wochen über die klinische Heilung hinaus.

Tab. 3.1 Systemische antifungale Therapie

Medikament	Dosierung	Indikation
Amphotericin B	0,5 mg/kg jeden zweiten Tag i.v. in 5 % Dextrose und Wasser	Systemische Mykose, *Blastomyces, Histoplasma, Cryptococcus*
Fluconazol	2,5–5,0 mg/kg p. o. 2 × täglich	*Aspergillus, Candida,* systemische Mykose
Flucytosin	60 mg/kg p. o. 3 × täglich	*Candida, Cryptococcus, Aspergillus,* Phaeohyphomykose
Griseofulvin	20–60 mg/kg p. o. 2 × täglich in Öl	Dermatophyten
Itraconazol	5–10 mg/kg 1x täglich	Dermatophyte, *Candida, Malessezia, Aspergillus,* subkutane und systemische Mykose
Ketoconazol	5–10 mg/kg p. o. 1 × oder 2 × täglich	Wie Itraconazol
Kaliumjodid	40 mg/kg p. o. 2 × täglich mit Futter	Sporotrichiose
Thiabendazol	10–20 mg/kg p. o. 2 × täglich	*Aspergillus*

p. o. = orale Applikation

Erkrankungen durch Viren, Rickettsien und Protozoen

4

Virale Erkrankung

- Hundestaupe.
- Dermatitis pustulosa contagiosa (Orf).
- Pseudowut (Aujeszky-Krankheit).
- Viruspapillomatose des Hundes.

Hundestaupe

- Eine systemische Erkrankung des Hundes, hervorgerufen durch den Paramyxovirus.

Klinische Symptome

- Respiratorische (Abb. 4.1), gastrointestinale und neurologische Zeichen.
- Hautveränderungen.
- Impetigo bei jungen Welpen.
- Hyperkeratosen der Nase und der Pfotenballen.

Differentialdiagnose

Symptome an den Pfotenballen und an der Nase

- Pemphigus foliaceus ohne systemische Symptome.
- Lupus erythematodes ohne systemische Symptome.
- Arzneimittelexanthem ohne systemische Symptome.
- Erythem necrolyticum migrans. Häufig sind systemische Symptome vorhanden.
- Zinkmangel. Häufig sind systemische Symptome vorhanden.

Diagnose

- In der Anamnese werden keine Vakzinationen angegeben.
- Klinische Symptome.
- Serologie: Anti-CDV-Antikörper.
- Identifikation von Virusantigenen in Hautgeschabseln und Körperflüssigkeiten.
- Untersuchung der Zerebrospinalflüssigkeit.

Behandlung

- Systemische Behandlung

Abb. 4.1 Eitriger Ausfluß aus dem Auge eines Hundes mit Hundestaupe.

Dermatitis pustulosa contagiosa (Orf)
- Seltene Dermatitis des Hundes, hervorgerufen durch den Parapoxvirus.
- Zoonose.

Ursache und Pathogenese
- Häufige Erkrankung bei Schafen und Ziegen, welche die allgemeine Infektionsquelle sind.
- Virus befindet sich in infiziertem Schorf und Krusten.
- Infektion des Hundes erfolgt durch das Fressen von Kadavern.

Klinische Symptom
- Die Effloreszenzen bestehen aus Arealen mit akut nässender Dermatitis, Ulzerationen und Krusten.
- Die Prädilektionsstellen sind im Gesicht und am Mund.

Differentialdiagnose
- Andere Ursachen einer akut nässenden Dermatitis.

Diagnose
- In der Anamnese wird der Kontakt mit Schafen/Ziegen erwähnt.
- Elektronenmikroskopische Untersuchung des Schorfes.
- Biopsie.

Behandlung
- Symptomatisch: Die Erkrankung heilt meistens von selbst ab.
- Lokale Antibiotikabehandlung bei Sekundärinfektion.
- Glukokortikoide sind kontraindiziert.

Pseudowut (Aujeszky-Krankheit)
- Erkrankung mit starkem Juckreiz, die durch Alpha-Herpesviren hervorgerufen wird und mit dem Tod des Tieres endet.

Ursache und Pathogenese
- Schweine sind das Erregerreservoir.
- Die Erkrankung der Hunde erfolgt durch den Kontakt mit infizierten Tieren oder durch das Fressen von Kadavern.

Klinische Symptome
- Exzessive Speichelbildung, Ruhelosigkeit, neurologische Zeichen.
- Bei ungefähr 50 % der Fälle besteht ein intensiver Juckreiz der oberen Körperhälfte, insbesondere des Kopfes.

Differentialdiagnose
- Befall mit Ektoparasiten, insbesondere Skabies.
- Allergien, z. B. Atopie, Futtermittelallergien.

Diagnose
- In der Anamnese wird der Kontakt mit infizierten Tieren erwähnt.
- Klinische Symptome.
- Virusisolation.

Behandlung
- Identifizierung der Infektionsquelle.
- Behandlung des Hundes bleibt meistens ohne Erfolg.

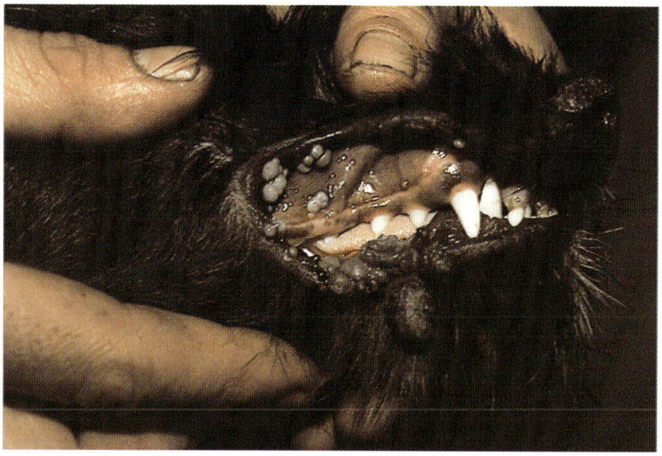

Abb. 4.2 Papillome in der Mundhöhle eines Welpen.

Viruspapillomatose des Hundes

- Hautveränderungen durch Papillomavirus aus der Familie der Papovaviren.

Ursache und Pathogenese

- Bestimmte Papillomaviren rufen unterschiedliche Hautveränderungen hervor.
- Die Mehrheit der Läsionen heilt ab, sobald eine zellvermittelte Immunantwort eintritt.

Klinische Symptome

- Orale Papillome
  - Papillome der Mundhöhle (Abb. 4.2), der Konjunktiven und des Nasenausganges.
  - Besonders betroffen sind immunsupprimierte Tiere und Welpen.
- Exophytisches Hautpapillom.
  - Normalerweise liegen die Hautläsionen über dem Hautniveau, sind gestielt und papilliform (Abb. 4.3).
- Invertiertes Papillom.
  - Endophytischer Tumor mit einem Durchmesser von 1–2 cm und kraterähnlicher Invagination.
- Venerisches Papillomavirus.
  - Tumor des unteren Genitaltraktes.
- Papillome der Fußsohle.
  - Hunde im Alter von 1–2 Jahre haben hornähnliche Veränderungen an mehreren Pfotenballen.
- Die Hautveränderungen sind unbeständig.
- Multiple pigmentierte, epidermale Nävi.
  - Betroffen sind junge, ausgewachsene Hunde im Alter von 3–4 Jahren.
- Normalerweise mehrere pigmentierte Hautveränderungen am gesamten Körper.
- Mops und Miniaturschnauzer sind für die Viruspapillomatose genetisch prädisponiert.

Diagnose

- Klinisches Erscheinungsbild.
- Biopsie: Histopathologie, Elektronenmikroskop.

Abb. 4.3 Kutane Papillome im Gesicht eines Boxerwelpen.

Hauterkrankungen durch Rickettsien

Rocky-Mountain-Fleckfieber

- Nekrotisierende Vaskulitis, hervorgerufen durch *Rickettsia rickettsii,* die durch Zecken übertragen werden. Das Rocky-Mountain-Fleckfieber kommt nur auf dem nordamerikanischen Kontinent vor.
- Zoonose.

Klinische Symptome

- Systemische Symptome: Fieber, Anorexie, Lethargie, neurologische Zeichen.
- Hautveränderungen: Erythem, Ödem, Petechien, Ulzerationen und Nekrose der Schleimhäute und der Extremitäten.

Differentialdiagnose

- Andere Gründe der Vaskulitis.
- Arzneimittelexanthem.

Diagnose

- Klinische Symptome.
- Serologie.
- Biopsie.
  - Histologische Veränderungen.
  - Direkte Immunofluoreszenz für *Rickettsia rickettsii*-Antigen.

Behandlung

- Antibiose über 1–2 Wochen und unterstützende Pflegemaßnahmen.
- Tetracyclin: 22 mg/kg, 4mal täglich.
- Chloramphenicol: 20 mg/kg, 4mal täglich.

Erkrankungen durch Protozoen

- Karyosporose.
- Neosporose.
- Sarkozystose.
- Babesiose.
- Leishmaniose.

Karyosporose

- Knotenförmige Hautläsionen, hervorgerufen durch Kokzidien der Spezies *Caryospora.*

Ursache und Pathogenese

- Seltene Erkrankung.
- Der Entwicklungszyklus der *Caryospora* durchläuft Nagetiere, Kriechtiere und Greifvögel.
- Die Übertragung des Erregers erfolgt über Ingestion eines infizierten Tieres.

Klinische Symptome

- Systemischer Befall: Diarrhoe.
- Hautläsionen: Knoten und Plaques am Rumpf.

Diagnose

- Klinische Symptome.
- Biopsie.
  - Nachweis von Protozoen während der Sektion.
  - Immunhistochemie als Positivkontrolle.

Behandlung

- Sulfonamide, Clindamycin.

Neosporose

- Ulzerierende Hauterkrankung, hervorgerufen durch *Neospora caninum.*

Ursache und Pathogenese

- Es wird besonders bei jungen Hunden eine transplazentäre Infektion angenommnen.

Klinische Symptome

- Systemische Symptome: Neurologische und muskuläre Störungen, insbesondere Paralyse der Hinterbeine.
- Kutane Symptome: Juckreiz, ulzerierende Läsionen am Perineum, an den Augenlidern, am Nacken und am Thorax.

Diagnose

- Klinische Symptome.
- Biopsie.
  - Nachweis der Organismen während der Sektion.
  - Immunhistochemie als Positivkontrolle.

Behandlung

- Sulfonamide: Sulfadiazin/Trimethoprin, Clindamycin.

Sarkozystose

- Die Sarkozystose ist eine durch den Parasiten *Sarcocystis canis* hervorgerufene Vaskulitis.

Ursachen und Pathogenese

- Gewöhnlich nicht pathologisch.
- Als Hautläsionen treten als multifokale Abszesse auf.

Diagnose

- Klinische Symptome.
- Biopsie: Nachweis der Protozoen während der Sektion.

Behandlung

- Sulfonamide.

Babesiose

- Die Babesiose wird durch intrazelluläre Parasiten der roten Blutkörperchen, die nach einem Befall mit Ixodiden (Schildzecken) auftreten können, verursacht.

Ursache und Pathogenese

- *Babesia canis* ist die häufigste Ursache für die Babesiose. Der Erreger ist weltweit verbreitet.
- Saisonales Auftreten im Frühling und Herbst entsprechend den Entwicklungsstadien (Blutaufnahme) der Zecken.
- Der Erreger ruft intravaskuläre und extravaskuläre Hämolyse, Thrombozytopenie, disseminierte intravaskuläre Koagulation hervor.

Klinische Symptome

- Systemische Symptome.
  - Pyrexie, Anämie, Ikterus, gastrointestinale, renale, respiratorische, neuromuskuläre Symptome.
- Hautläsionen.
  - Ödeme, Petechien, Nekrose der distalen Extremitäten und Ohrspitzen.

Diagnose

- Klinische Symptome nach Zeckenexposition.
- Im peripheren Blutausstrich, wie z. B. von der Ohrmuschel, sind Parasiten nachweisbar.

Behandlung

- Symptomatische Behandlung.
- Antiparasitäre Behandlung.
  - Phenamidine: 15 mg/kg subkutan.
  - Imidocarb: 3 mg/kg intramuskulär.

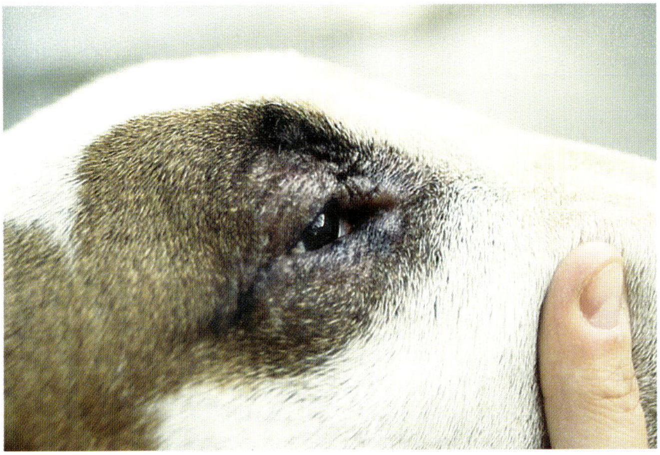

Abb. 4.4 Periokuläre Schuppung bei Leishmaniose.

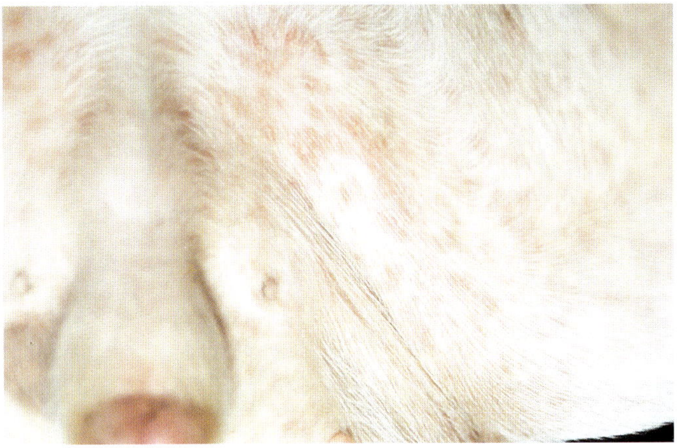

Abb. 4.5 Pusteln am ventralen Abdomen bei einem Hund mit Leishmaniose.

Leishmaniose

- Dermatitis hervorgerufen durch *Leishmania* spp.
- Vorkommen: Mittelmeerländer, Zentralamerika, Teile Afrikas, Mittlerer Osten und bei nach Großbritannien importierten Hunden.
- Zoonose.

Ursache und Behandlung

- Die Übertragung der Krankheit erfolgt durch die blutsaugende Sandfliege *Phlebotomus* spp.
- Im Mittelmeergebiet spielt die Infektion mit *L. donovani* die wichtigste Rolle.
- Die Inkubationszeit beträgt Wochen bis Jahre.
- Normalerweise sind Welpen betroffen.

Klinische Symptome

- Viszerale Zeichen: Gewichtsverlust, Pyrexie, Hepatosplenomegalie, Lähmung.
- 90 % der Hunde mit viszeralen Zeichen haben Hautveränderungen.
  - Exfoliative Dermatitis: Feine Schuppung an den Extremitäten, am Kopf (Abb. 4.4) und an der Ohrmuschel sowie begleitende nasodigitale Hyperkeratosen.
  - Ulzerierende Dermatitis, besonders über den mechanischen Druckstellen, an den mukokutanen Übergangszonen, an den Pfotenballen und an der Ohrmuschel.
  - Onychogryphose/Paronychie.
  - Sterile pustuläre Dermatitis: Pusteln am ventralen Abdomen (Abb. 4.5).
  - Hautknoten.

Differentialdiagnose

- Aufgrund des vielseitigen klinischen Erscheinungsbildes kann die Leishmaniose das Bild fast aller anderen Hauterkrankungen annehmen.

Diagnose

- Anamnese insbesondere bei nach Großbritannien importierten Hunden.
- Klinische Symptome.
- Serologie: Anti-Leishmania-Antikörper.
- Die Diagnose ist gesichert, wenn es gelingt, den Erreger in Aspirations- bzw. Biopsieproben von Lymphknoten oder vom Knochenmark nachzuweisen.
- Biopsie.
  - Erregeridentifizierung in ca. 50 % der Fälle.
  - Die Immunhistochemie kann als Positivkontrolle angewandt werden.

Behandlung

- Schlechte Prognose. Häufige Rezidive. Die Euthanasie sollte in Betracht gezogen werden.
- Medikamente.
  - Meglumin-Antimonat: 100 mg/kg intravenös oder subkutan täglich für 3–4 Wochen.
  - Natrium-Stiboglukonat: 30–50 mg/kg intravenös oder subkutan einmal täglich für 3–4 Wochen.
  - Pentamidin: 4 mg/kg intramuskulär jeden zweiten Tag für 15 Tage.

Parasitologie der Haut

5

Arthropoden

Milben

- *Otodectes cynotis.*
- Cheyletiella.
- Demodikose.
- Skabies des Hundes.
- Trombidiose.
- *Dermanyssus gallinae.*

Otodectes cynotis

- Eine Milbe aus der Familie der Psoroptidae, die keine Gänge bildet und an der Oberfläche der Haut, insbesondere der Ohren, lebt.

Klinische Symptome

- Otitis externa.
  - Kaffeesatzähnliches, zeruminöses Sekret im äußeren Gehörgang (Abb. 5.1).
  - Unterschiedlich starke Ausprägung des Juckreizes.
- Ektopische Besiedlung.
  - Vorkommen am Nacken, Rumpf und Schwanz bei asymptomatischem Befall oder in Verbindung mit Juckreiz.

Differentialdiagnose

- Andere Ursachen einer Otitis externa.
- Ektopische Besiedlung.
  - Ektoparasitische Erkrankung wie die Flohstichallergie.
  - Allergische Erkrankungen.

Besondere Merkmale

- Siehe Bild einer Milbe in Abb. 5.2 und Abb. 5.3.
- Ovale Milbe mit vier Beinpaaren, die alle außer dem rudimentären vierten Beinpaar der weiblichen Milbe über den Rand des Körpers hinausragen.
- Beim Männchen tragen alle vier Beinpaare Haftlappen auf kurzen, ungegliederten Stielen; beim Weibchen nur die beiden vorderen.
- Der Anus liegt terminal.

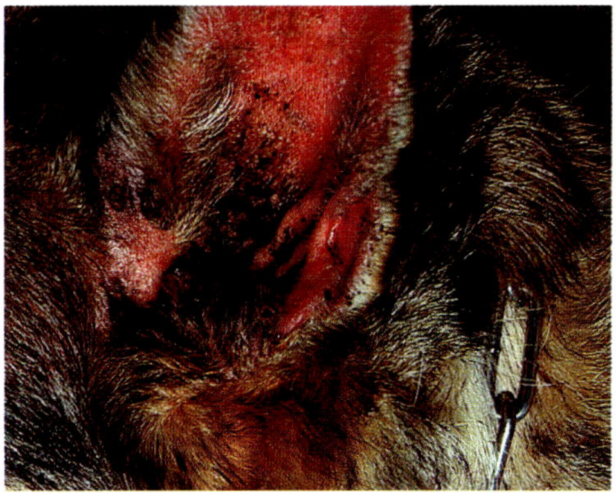

Abb. 5.1 Zeruminöser Ausfluß aus dem Gehörgang eines Deutschen Schäferhundes.

Abb. 5.2 Männliche *Otodectes cynotis* bei der Annäherung an eine Deutonymphe.

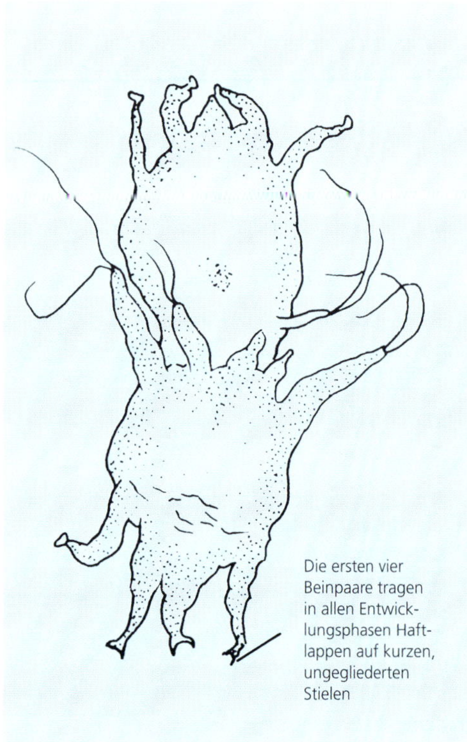

Abb. 5.3 Vereinfachte Darstellung des *Otodectes cynotis*.

Entwicklungszyklus: Wirtsspezifisch

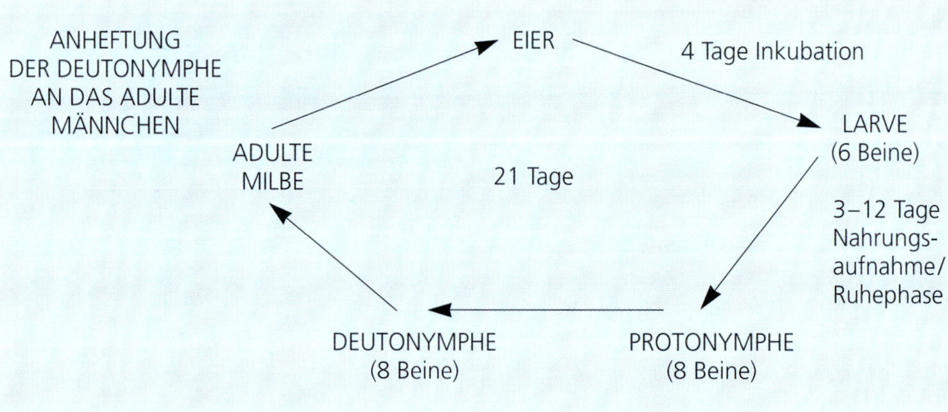

Die Milben können für kurze Zeit im Freien überleben.

Diagnose

- Klinische Symptome.
- Mikroskopische Identifizierung der Milben.
- Bei der ektopischen Besiedlung sind Hautgeschabsel und der Tesateststreifen diagnostisch wertvoll.

Behandlung

- Lokalbehandlung.
  - Ohrentropfen gegen Milben: Auroto, Canaural, Oterna.
  - Insektizide Körpersprays bzw. -puder.
- Gegen eine Entzündung wirkt Prednisolon in einer Dosierung von 1 mg/kg über 7 bis 10 Tage.

Cheyletiella

- Häufige Erkrankung, hervorgerufen durch *Cheyletiella* spp.
- Die Parasiten leben an der Hautoberfläche. Sie bilden keine Gänge. Die Erkrankung wird auch als „walking dandruff" bezeichnet.
- Zoonose: Beim Menschen treten juckende Papeln an exponierten Arealen auf.

Ursache und Pathogenese

- Große Milben. Die Milbenspezies *C. yasguri* kommt ausschließlich beim Hund vor, während *C. blakei* auch bei der Katze und *C. parasitovorax* auch beim Kaninchen vorkommen können.
- Die Kontagiosität ist sehr hoch.

Klinische Symptome

- Besonders sind junge und immunsupprimierte Tiere betroffen.
- Das klinische Erscheinungsbild ist sehr unterschiedlich.
- Eine dorsale Schuppung mit zunehmendem Juckreiz führt letztlich zu Selbstverstümmelung (Abb. 5.4).

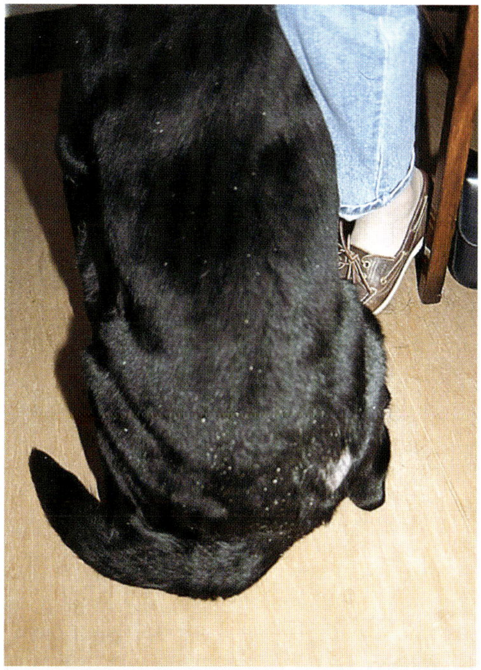

Abb. 5.4 Dorsale Schuppung bei einem Labrador mit Cheyletiella.

Differentialdiagnose

- Bei bestehendem Juckreiz:
  - Flohstichallergie.
  - *Sarcoptes scabies.*
  - *Otodectes cynotis.*
  - Pedikulose.
  - Allergie.

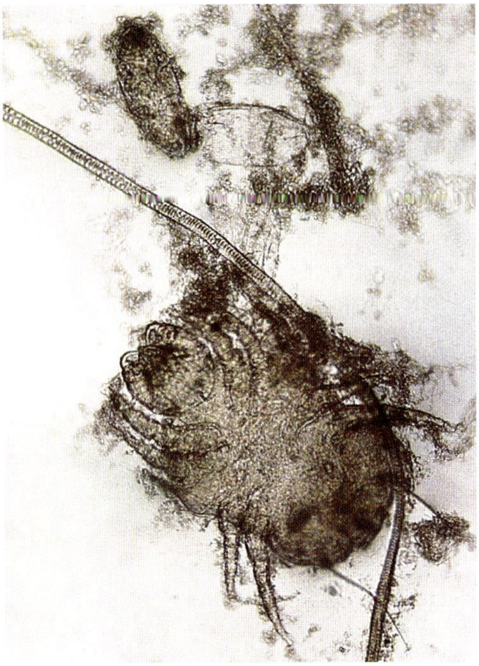

Abb. 5.5 Cheyletiella-Milbe.

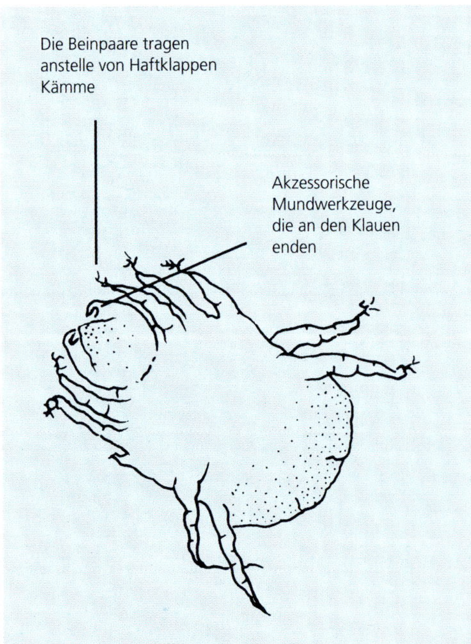

Abb. 5.6 Vereinfachte Darstellung einer Cheyletiella-Milbe.

Besondere Merkmale

- Siehe Bild der Milbe Abb. 5.5 und 5.6.
- Große Milbe: Sattelform.
- Die Milben besitzen vier Beinpaare, die anstelle von Klauen Kämme tragen.
- Die akzessorischen Mundwerkzeuge enden in Haken.
- Sinnesorgan an Genu I.
  - Herzförmig bei *C. yasguri.*
  - Kegelförmig bei *C. blakei.*
  - Kugelförmig bei *C. parasitovorax.*
- Die Eier werden mit dünnen Fäden an den Haaren fixiert.

Entwicklungszyklus: Wirtsspezifisch

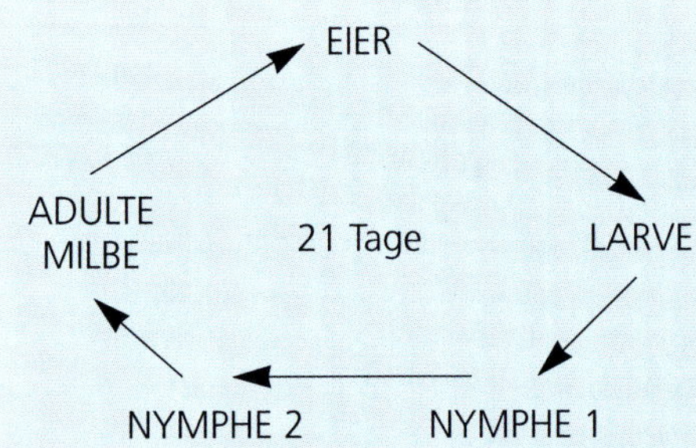

Kann für kurze Zeit außerhalb des Wirts leben – Weibchen bis zu 10 Tagen.

Diagnose

- Klinische Symptome.
- Identifizierung des Parasiten:
  - Mit einem Vergrößerungsglas kann die Milbe nach Ausbürsten des Fells direkt identifiziert werden.
  - Oberflächliche Hautgeschabsel werden in Mineralöl oder Kaliumhydroxid (10 %) getränkt.
  - Mikroskopische Untersuchung eines Abklatschpräparates mit Tesastreifen.
  - Untersuchung der Hundefaeces auf Milbeneier.
- Diagnostischer Ausschluß durch Therapieversuch.

Behandlung

- Behandlung aller im Kontakt befindlichen und befallenen Tiere.

- Anitparasitische Shampoos:
  - Selensulfid 1 %.
  - Permethrin 1 %.
  - Die Therapien sollten im Abstand von 10 Tagen dreimal wiederholt werden.
- Behandlung des Umfeldes mit insektiziden Sprays:
  - Permethrin/Kyromazin.
  - Pyrethrin/Methopren.

Demodikose (Demodexräude, Rote Räude)

- Häufige Erkrankung des Hundes mit abnorm hoher Anzahl von Demodexmilben.
- Demodex gehört zu der physiologischen Fauna der Hundehaut. Vorkommen als:
  - Milben, die die Follikel besiedeln: *Demodex canis* (Abb. 5.12 und 5.13).
  - Milben, die an der Oberfläche der Haut leben: Noch nicht benannter Demodex. Er wird häufig als *Demodex cornei* bezeichnet (Abb. 5.14 und 5.15).
  - Es soll auch noch eine dritte Form des Demodex existieren.

Ursache und Pathogenese

- Die Übertragung der Milben erfolgt von der Mutter auf die Welpen in den ersten 2–3 Tagen nach der Geburt.
- Die Ausbreitung der Milben beruht auf einer immunologischen Störung.
- Bei den befallenen Hunden kommt es zu einer hereditären Störung des T-Zellsystems, die unterschiedlich ausgeprägt ist. Die Depression der T-Lymphozyten wird durch den Parasiten induziert und ist proportional zur Anzahl der Milben.
- Eine gleichzeitig auftretende Pyodermie trägt zur Immunsuppression bei.

Prädisponierte Rassen

- Reinrassige Hunde erkranken häufiger. Besonders betroffen sind Shar Pei, West Highland White Terrier, Englische Bulldogge, Scottish Terrier, Old English Sheepdog, Deutscher Schäferhund.

Formen der Demodikose

Die lokalisierte (schuppende) Form

- Auf der Haut sind weniger als fünf squamöse Flecken zu finden.
- Die Pododemodikose betrifft jeweils nur eine Pfote.
- Demodexotitis.

Die generalisierte Form

- Bei der Junghundform findet man mehr als fünf squamöse Flecken.
- Die Pododemodikose betrifft zwei oder mehrere Pfoten.
- Es ist auch eine Erwachsenenform bekannt.

Klinische Symptome

Die lokalisierte Form

- Hautveränderungen.
  - Beginn mit dem 3.–6. Monat.
  - Befall von weniger als fünf Hautarealen. Erythem, Alopezie mit feiner Schuppung.
  - Der Juckreiz ist unterschiedlich stark ausgeprägt.
  - Häufig sind Gesicht und die periokuläre Region betroffen (Abb. 5.7).

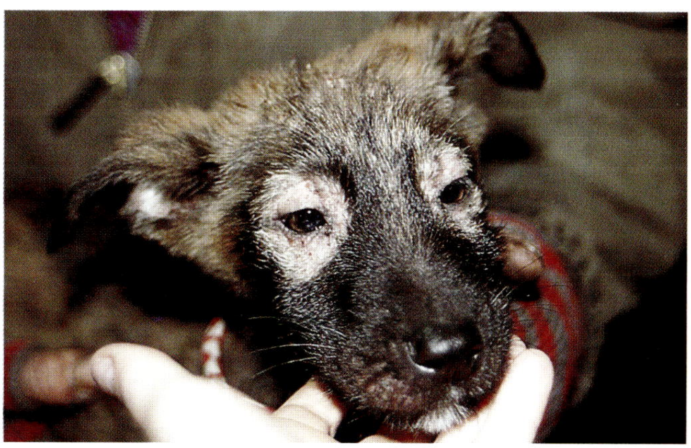

Abb. 5.7 Lokalisierte Demodikose mit periokulärer Schuppung.

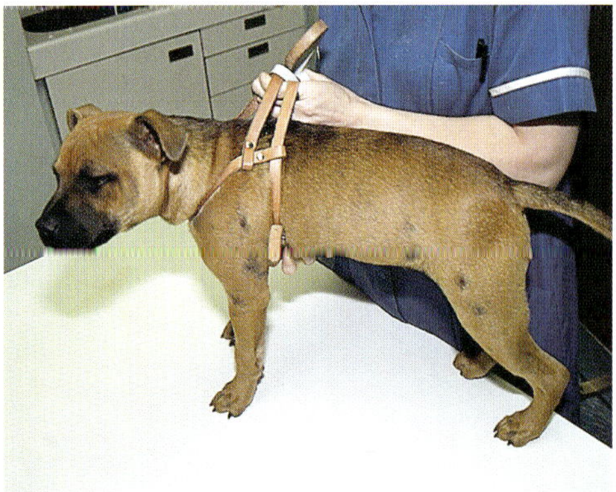

Abb. 5.8 Generalisierte Schuppung und zahlreiche Alopezieareale am Stamm und an den Gliedmaßen bei Demodikose.

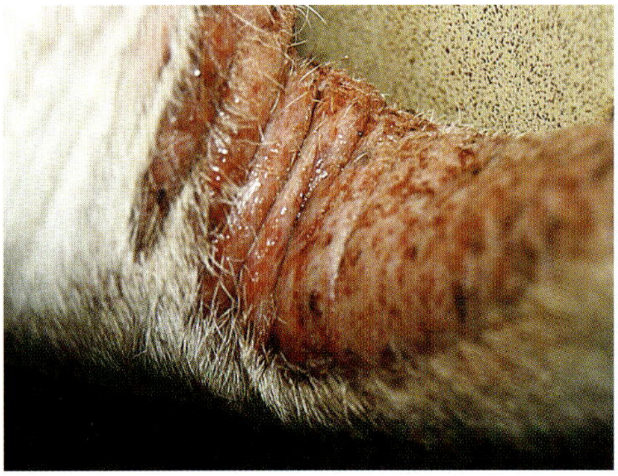

Abb. 5.9 Mehrere infizierte, hämorrhagische Hautveränderungen bei Demodikose eines Englischen Bullterriers.

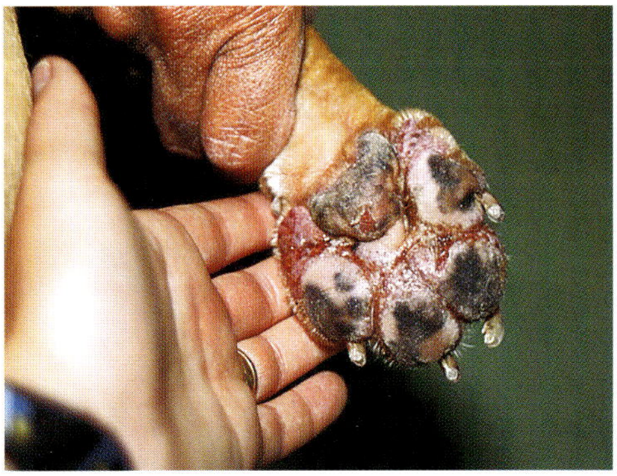

Abb. 5.10 Chronische Pododemodikose bei einem Staffordshire Bull Terrier.

- Pododemodikose.
  - Demodikose der Pfoten. Kann als alleinige Erkrankung auftreten oder als Teil einer generalisierten Erkrankung.
  - Eine sekundär auftretende Pyodermie verursacht Ödem und Schmerzen.
- Demodexotitis.
  - Kann als alleinige Erkrankung auftreten oder als Teil eines generalisierten Bildes.
  - Erythematöse, zeruminöse Otitis mit unterschiedlich stark ausgeprägtem Juckreiz.

Die generalisierte Form

- Junghundform.
  - Krankheitsbeginn im Alter von 3–18 Monaten.
  - Oft als Folge der Ausbreitung einer lokalisierten Erkrankung aufgrund fehlender Spontanremission oder nach Anwendung von Glukokortikoiden.
  - Zahlreiche Hautveränderungen am Kopf, an den Extremitäten und am Rumpf (Abb. 5.8).
  - Erytheme, Alopezie und Schuppung mit Komedonen gehen oft in krustig-hämorrhagische Hautveränderungen über (Abb. 5.9).
  - *Staphylococcus intermedius, Proteus mirabilis* und *Pseudomonas aeruginosa* verursachen eine sekundäre Pyodermie.
  - Die Infektion führt zu Follikulitis, Furunkulose und generalisierter Lymphadenopathie.
- Pododemodikose.
  - Wie bei der lokalisierten Form. Es ist jedoch mehr als ein Fuß beteiligt (Abb. 5.10).
  - Großwüchsige Rassen wie der Old English Sheepdog sind betroffen.
  - Häufig schlechtes therapeutisches Ansprechen.

- Erwachsenenform.
  - Seltene Krankheit.
  - Beginn der Krankheit nicht vor dem 4. Lebensjahr.
  - Hautveränderungen und ihre Ausbreitung wie bei der Junghundform (Abb. 5.11).
  - Bei Patienten mit Demodikose im Erwachsenenalter wird häufig eine innere Erkrankung oder eine maligne Neoplasie festgestellt bzw. wurde eine immunsuppressive Behandlung durchgeführt.
  - Diese zugrundeliegenden Ursachen treten oftmals erst zwei Jahre nach den ersten Hauterscheinungen auf.
  - Die Prognose wird bestimmt von dem rechtzeitigen Erkennen der zugrundeliegenden Ursachen.

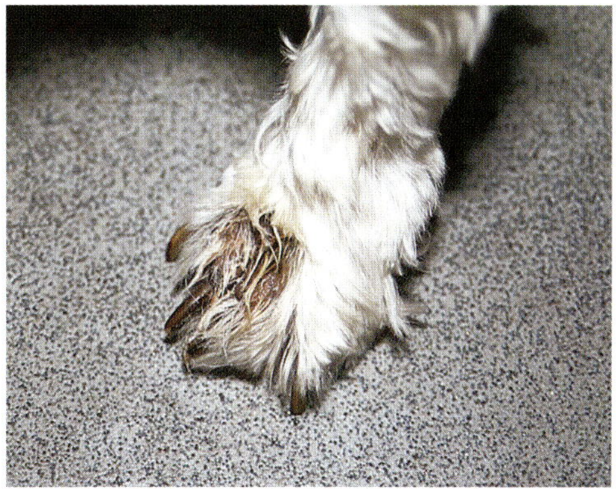

Abb. 5.11 Beginn einer Pododemodikose bei Hypothyreose eines adulten West Highland White Terriers.

Differentialdiagnose
Lokalisierter Demodex
- Dermatophytose.
- Hundeakne.
- Allergie, insbesondere die Atopie.

Generalisierter Demodex
- Pyodermie.
- Dermatophytose.
- Pemphigusgruppe.
- Arzneimittelexanthem.
- Seborrhoe.
- Dermatomyositis.

Besondere Merkmale des Demodex canis
- Bild einer Milbe in Abb. 5.12, 5.13, 5.16 und 5.17 (vgl. *D. corneii,* Abb. 5.14 und 5.15).
- Lange, zigarrenförmige Milbe.
- Ausgewachsene Milben und Nymphen haben acht Beine, die Larven nur sechs.
- Die Eier sind spindelförmig.

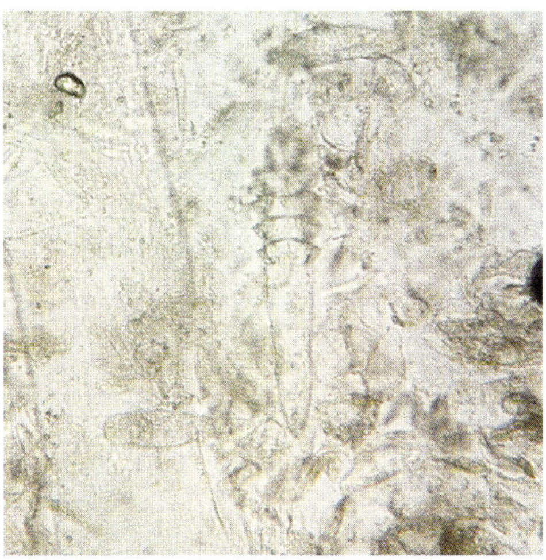

Abb. 5.12 Fotografie einer ausgewachsenen *Demodex canis*-Milbe.

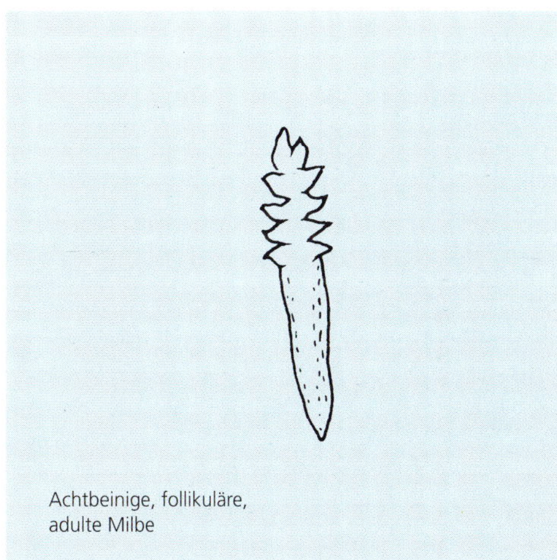

Abb. 5.13 Vereinfachte Darstellung einer ausgewachsenen *Demodex canis*-Milbe.

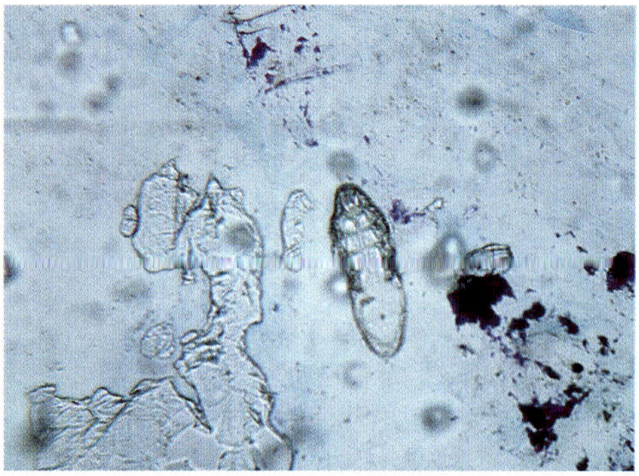

Abb. 5.14 Fotografie einer ausgewachsenen *D. corneii*-Milbe.

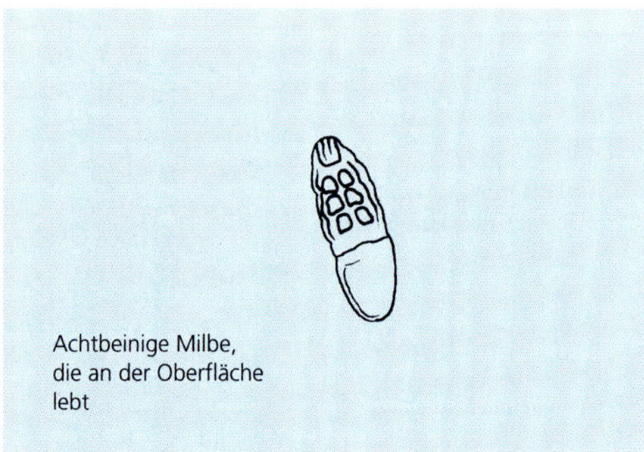

Abb. 5.15 Vereinfachte Darstellung einer ausgewachsenen *D. corneii*-Milbe.

Entwicklungszyklus: Wirtsspezifisch

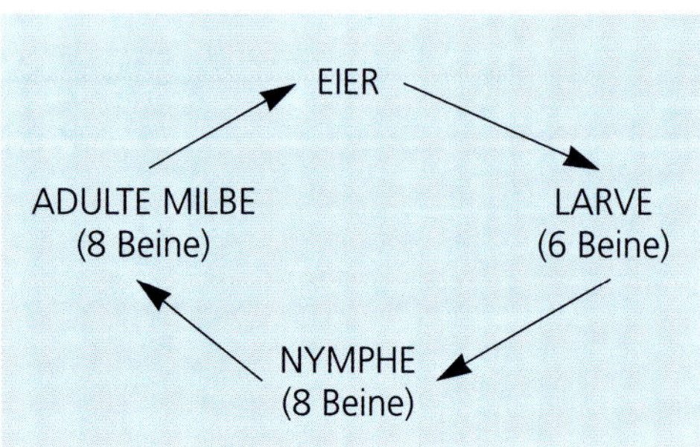

Diagnose

- Hautgeschabsel.
  - Es sollten tiefe Hautabschabungen aus den Bereichen mit Komedonen genommen werden.
  - Vor der Hautabschabung sollte die betroffene Haut gequetscht werden, um die Milben aus den Haarfollikeln herauszudrücken.
  - Es ist unerläßlich, bei jedem Hund mit einer Pyodermie oder einer Seborrhoe eine Hautabschabung durchzuführen.
- Tesastreifentest.
  - Zur Identifizierung von oberflächlichen, nichtfollikulären Milben.
- Epilation einzelner Haare.
  - Bei der Pododemodikose werden auf diese Weise follikuläre Milben identifiziert, die sich am epilierten Haar befinden.
- Histopathologie.
  - Die Histopathologie ist die diagnostische Methode beim Shar Pei.
  - Auch bei fibrotischen, interdigitalen Hautveränderungen ist die Biopsie die einzige Methode zum Ausschluß von Demodex.
- Bei Demodexotitis sollte eine Untersuchung des Ohrwachses durchgeführt werden.
- Ausschluß einer inneren Erkrankung.
  - Blutentnahmen und endokrine Funktionstests.
  - Röntgenologische Untersuchungen, Ultraschall.

Behandlung

Die lokalisierte Form

- Die meisten Fälle zeigen eine Spontanremission nach 6–8 Wochen, solange therapeutisch keine Glukokortikoide eingesetzt werden.
- Behandelte und unbehandelte Fälle heilen gleich schnell ab.
- Zur Lokaltherapie eignet sich eine milde, antiparasitische Behandlung mit Selensulfid und Follikelspülungen mit Benzoylperoxid.
- Verlaufskontrollen zur Sicherung des Therapieerfolges.

- Breiten sich die Hautveränderungen aus und nimmt die Anzahl der Milben zu, sollte eine Therapie gegen eine generalisierte Demodikose eingeleitet werden.
- Die Therapie der Otitis ist die tägliche Anwendung von Amitraz in einer 1 : 9-Mineralöllösung.

Die generalisierte Form

- Diese Erkrankungsform ist nur schwer zu behandeln. Genaue Aufklärung und Mitarbeit des Tierbesitzers sind erforderlich.
- Eine gründliche Untersuchung des Hundes ist bei der Erwachsenenform der Demodikose notwendig.
- Steroide sind kontraindiziert.

Antiparasitische Therapie

5 % Amitraz (Aludex, Hoechst)

- Vorgehen.
  - Der Hund wird am ganzen Körper geschoren. Das Haar sollte während der gesamten Therapie kurz gehalten werden.
  - Für die Rasur ist in einigen Fällen eine Sedierung des Tieres notwendig.
  - Der ganze Hund wird mit antiseborrhoischen Shampoos gewaschen, um die Krusten und Schuppen zu entfernen, z. B. mit schwefel- oder salizylsäurehaltigen Produkten. Amitraz wird in einer wäßrigen Verdünnung von 1 : 100 auf den gesamten Körper aufgetragen.
  - Das Auftragen von Amitraz muß unbedingt mit Schutzbrille und Schutzhandschuhen in einem gut belüfteten Raum erfolgen.
  - Anschließend wird der Hund trockengeföhnt.
  - Die Amitrazbehandlung wird jede Woche wiederholt, bis man in zwei aufeinanderfolgenden Hautgeschabseln im Abstand von 2 Wochen keine lebenden Demodexmilben mehr findet (6–12 Wochen).

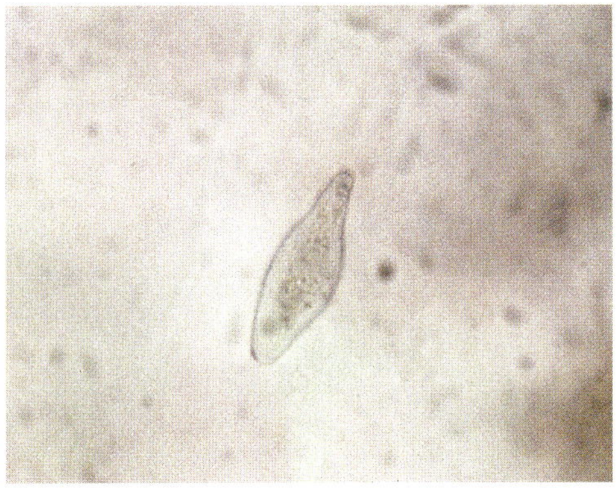

Abb. 5.16 Fotografie eines *D. canis*-Eies.

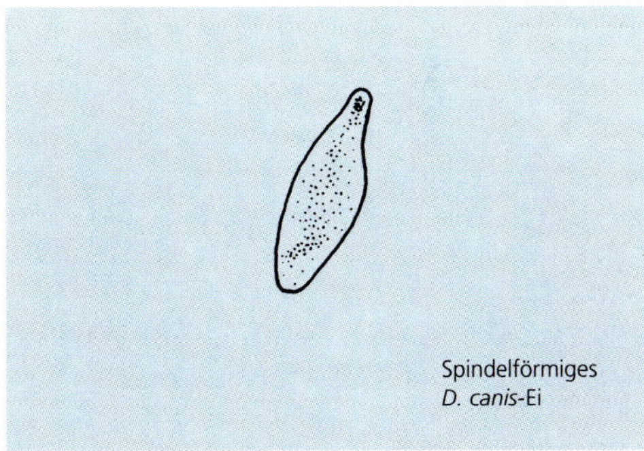

Abb. 5.17 Vereinfachte Darstellung eines *D. canis*-Eies.

- Nebenwirkungen beim Hund.
  - Amitraz wirkt vorübergehend sedierend, bis zu 12–24 Stunden. Außerdem treten Juckreiz, allergische Reaktion (selten), Schwächeanfälle, Ataxie (selten) auf.
- Kontrolluntersuchungen.
  - Die Hautgeschabsel sollten in Mineralöl getaucht, und die Anzahl der toten und lebenden Milben sollte bestimmt werden.
  - Die Heilung vollzieht sich im Gesicht und an den Pfoten am langsamsten. Hier sollten bei den Kontrolluntersuchungen immer Hautabschabungen vorgenommen werden.

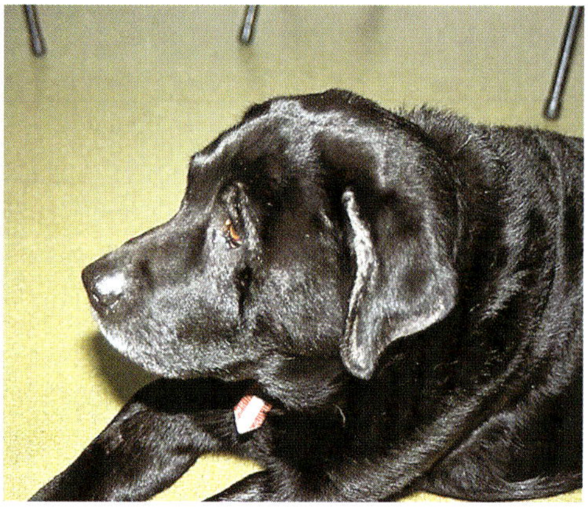

Abb. 5.18 Typische Krusten entlang des Ohrrandes bei Skabiesbefall eines Labradors.

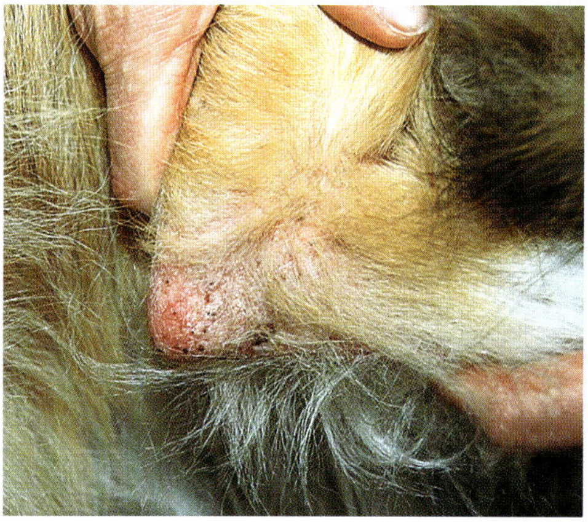

Abb. 5.19 Erythem und Krusten am Ellenbogen eines Hundes mit Skabies.

Ivermectin

- Ivermectin ist für Kleintiere als Medikament nicht zugelassen. An eine Behandlung mit Ivermectin sollte dann gedacht werden, wenn die Behandlung mit Amitraz nicht erfolgreich war.
- Anwendung von Ivermectin ist bei Collies und verwandten Rassen kontraindiziert.
- Ivermectin hat sich in einer täglichen Dosierung von 0,6 mg/kg per os bis 30 Tage nach Remission (60–200 Tage) als sinnvoll erwiesen.
- Es sollte mit einer Dosis von 0,1 mg/kg täglich begonnen werden und anschließend über 7 Tage auf 0,6 mg/kg gesteigert werden.
- Es werden Kontrolluntersuchungen bis 12 Monate nach Beendigung der Behandlung empfohlen.

Begleitende Therapie

- Antibakterielle Therapie: Durchführung einer Antibiose entsprechend dem Antibiogramm über mindestens 6 Wochen.
- Vitamin E soll als Immunstimulator wirken. Die Therapieergebnisse waren jedoch unterschiedlich.

Hundeskabies (Sarkopterräude)

- Die Skabies des Hundes ist eine nichtsaisonale, übertragbare Hautinfektion durch den Ektoparasiten *Sarcoptes scabiei* var. *canis.*
- Zoonose-Reaktionen zeigen sich am Menschen in Form von Papeln an den Armen und am Rumpf. Die Veränderungen bilden sich spontan zurück, sofern kein erneuter Kontakt mit einem infizierten Tier besteht.

Ursache und Pathogenese

- Die Hundeskabies kann auf Katzen, Füchse und den Menschen übergehen.
- Der Fuchs ist eine häufige Infektionsquelle für den Hund.

Klinische Symptome

- Die Milben bevorzugen die wenig behaarten Areale.
- Die Hautveränderungen werden typischerweise an den Ohren (Abb. 5.18), Ellenbogen (Abb. 5.19), am ventralen Abdomen und an den Sprunggelenken beobachtet.

- In fortgeschrittenen Fällen ist der gesamte Körper befallen.
- Glukokortikoide stillen den Juckreiz nur wenig.
- Die typischen Hautveränderungen sind verkrustete Papeln und generalisierte Schuppung.
- Aufgrund des intensiven Juckreizes kommt es zu Exkoriationen (Abb. 5.20).
- Bei lange bestehender Erkrankung kommt es oftmals zu Hyperpigmentierungen und Lichenifikation.

Differentialdiagnose

- Allergie (Kontaktallergie, Atopie, Futtermittelunverträglichkeit).
- Malassezia-Dermatitis.
- Cheyletiella-Dermatitis.
- Pelodera-Dermatitis.
- Pedikulose.

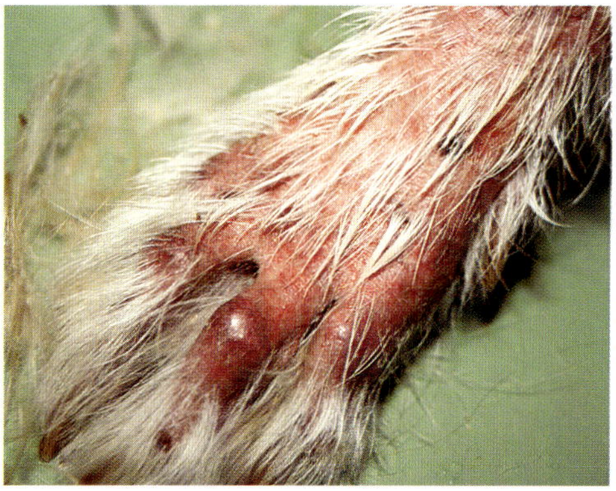

Abb. 5.20 Schwere Selbstverstümmelung an den Pfoten eines Hundes mit Skabies.

Besondere Merkmale

- Siehe Bild der Milbe (Abb. 5.21 und 5.22).
- Ovale Milbe, runde Eier.
- An den ersten beiden Beinpaaren befinden sich Haftscheiben auf langen, ungegliederten Stielen.
- Die hinteren beiden Beinpaare überragen den Rand des Körpers nicht.
- Der Anus liegt terminal.

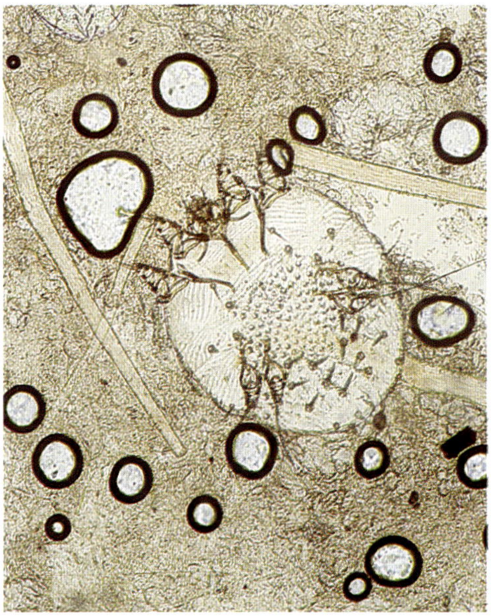

Abb. 5.21 Fotografie einer *Sarcoptes scabiei*-Milbe.

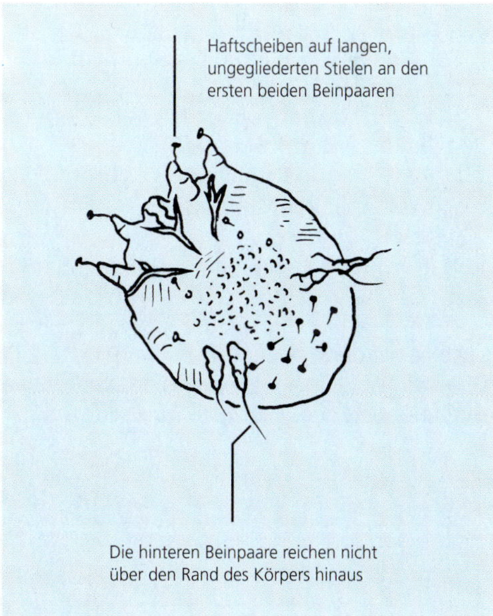

Abb. 5.22 Vereinfachte Darstellung einer *S. scabiei*-Milbe.

Entwicklungszyklus

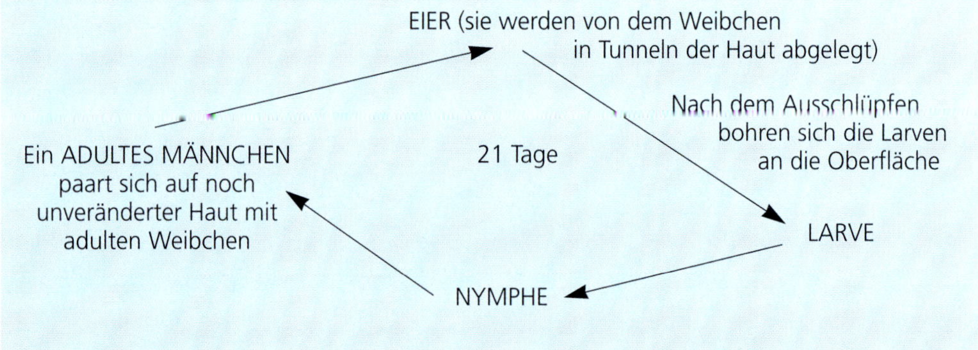

Außerhalb des Wirtes überlebt die Milbe nicht länger als 7 Tage.

Diagnose

- In der Anamnese wird ein nichtsaisonaler Juckreiz beschrieben, der trotz antientzündlicher Behandlung mit Steroiden persistiert.
- Klinische Symptome.
- In 70–90 % der Fälle findet man den sogenannten Ohrmuschel-Pfoten-Reflex: Durch das Reiben der Ohrmuschel wird ein Kratzreflex des Hinterbeines ausgelöst.
- Tiefe Hautgeschabsel aus nichtexkorierten Prädilektionsstellen, wie z. B. aus dem äußeren Rand des Ohres, von den Ellenbogen, Sprunggelenken (vor der Hautabschabung sollte das Fell geschoren werden).
- Milben, Eier und Kotklumpen sind oft nur schwer zu finden, sind jedoch diagnostisch wertvoll.
- In der Biopsie findet man nur selten Milben.
- Bei einem Ansprechen auf eine antiskabiöse Therapie kann retrospektiv die Diagnose gestellt werden.
- In einigen Länder stehen serologische Untersuchungen der Diagnostik zu Verfügung.

Behandlung

Behandlung des Tieres

- 11,6 % Phosmet.
  - Das Fell sollte geschoren werden.
  - Dazu ist in einigen Fällen die Sedierung des Tieres notwendig.
  - Der Hund sollte in antiseborrhoischen Shampoos gebadet werden, z. B. Kerect, Sebomild.
  - Es empfiehlt sich eine zweimalige Anwendung von Vet-Kem im Abstand von 2 Wochen.
- 5 % Amitraz.
  - Auftragen einer 1 : 200-Lösung auf den gesamten Körper.
  - Der Therapieplan entspricht dem von Demodex bei sechsmaliger Anwendung pro Woche.
- Ivermectin.
  - Dieses Medikament ist nicht für Kleintiere zugelassen.
  - Die Anwendung erfolgt oral oder subkutan in einer Dosierung von 0,2–0,4 mg/kg im Abstand von 10–14 Tagen bis zur Remission. Eine Erscheinungsfreiheit sollte erfahrungsgemäß nach zwei bis drei Anwendungen eintreten.
  - Die Anwendung von Ivermectin ist kontraindiziert bei Collies und verwandten Rassen.
- Milbenmycinoxim.
  - Die effektive Dosis liegt bei 0,2 mg/kg per os am 0., 7. und 14. Tag der Behandlung.

- Fipronil.
  - Dieses Medikament hat bei einigen Studien mit jungen Hunden Erfolg gezeigt.

Behandlung der Umgebung des Hundes
- Permethrin/Kyromazin.
- Pyrethrin/Methopren.

Glukokortikoide
- 7–10 Tage therapeutische Anwendung von Glukortikoiden in einer antientzündlichen Dosierung (Prednisolon: 1,0 mg/kg morgens) bei bekannter Diagnose.

Trombidiose
- Saisonale, juckende Hauterkrankung, die in der Erntezeit durch die Milbe *Neotrombicula (Trombicula) autumnalis* und die in den USA vorkommende Milbe *Walchia americana* hervorgerufen wird.

Ursache und Pathogenese
- Die Larve ernährt sich parasitisch durch Saugen an Tieren.
- Vorkommen im Spätsommer und Frühherbst insbesondere in kalkhaltiger Erde, Wäldern und auf Feldern.

Klinische Symptome
- Die Larve befällt die bodennahen Körperteile, die Pfoten und die Ohren.
- Auffallend ist die intensive rote Farbe (Paprikafarbe) der stecknadelkopfgroßen Milbe auf der Haut.
- Juckreiz an den Pfoten.
- Die Larven rufen bei den Tieren papulokrustöse Hautveränderungen hervor.

Differentialdiagnose
- Allergie: Insbesondere Atopie, Kontaktallergie.
- Pelodera-Dermatitis.

Besondere Merkmale
- Siehe Bild einer Milbe (Abb. 5.23 und Abb. 5.24).
- Die Larve hat die typische Form eines Parasiten. Sie besitzt sechs Beine und zeichnet sich durch eine intensive rote Farbe aus. Sie ist stecknadelkopfgroß.

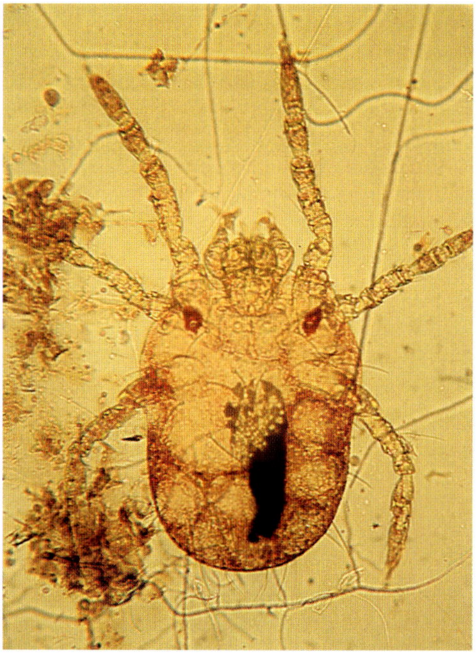

Abb. 5.23 Fotografie einer *Trombicula autumnalis*-Larve.

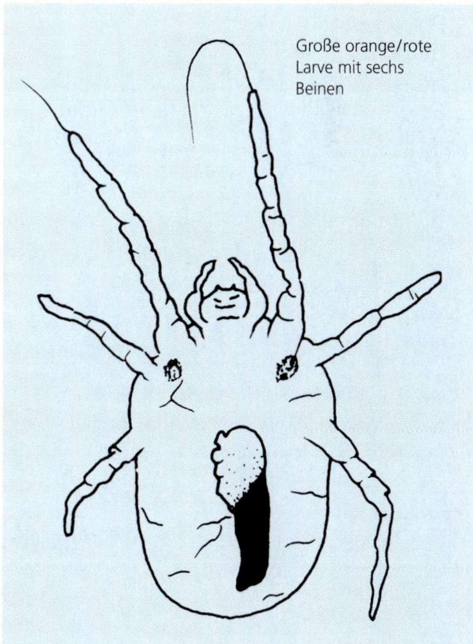

Abb. 5.24 Vereinfachte Darstellung *Trombicula autumnalis*-Larve.

Entwicklungszyklus

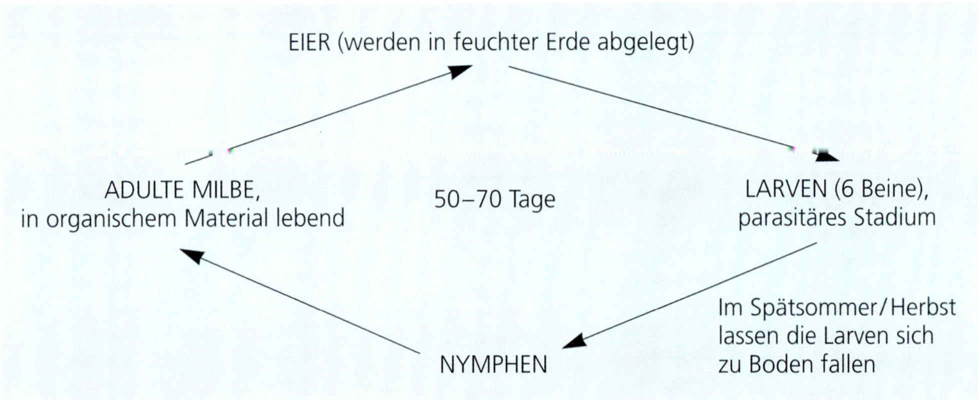

Diagnose

- Die Larven können mit dem bloßen Auge als intensive orange/rote Punkte gesehen werden.
- Untersuchung der Hautgeschabsel in Mineralöl.

Behandlung

- Antiparasitische Bäder und Sprays (siehe Cheyletiella).
- Fipronil.
- Glukokortikoide in antientzündlicher Dosierung, 1 mg/kg Prednisolon täglich über 2 bis 3 Tage.

Dermanyssus gallinae

- Diese Milbe befällt Geflügel, aber auch den Hund, und ruft nichtsaisonalen Juckreiz hervor.

Ursache und Pathogenese

- Die Milbe ist ein Ektoparasit, der keinen speziellen Wirt hat und sowohl Hunde, Katzen, den Menschen als auch Vögel befällt.
- Die erwachsene Milbe hält sich in den Nestern und in den Ritzen der Käfige und Stallungen auf.
- Die Tiere werden durch eine mit der Milbe verseuchte Umwelt infiziert.

Klinische Symptome

- Erythem, papulokrustöses Exanthem am Rükken und an den Extremitäten.

Differentialdiagnose

- Trombidiose.
- Flohstichallergie.
- Kontaktallergie.
- Cheyletialla.

Besondere Merkmale

- Siehe Bild der Milbe in Abb. 5.25 und 5.26.
- Eierlegende, weiße/graue/schwarze Milbe bis zu 1,0 mm groß.
- Die Milbe ist im vollgesogenen Zustand rot.
- Das vordere Beinpaar ist peitschenähnlich.
- Der Anus sitzt auf dem hinteren Anteil einer Anusplatte.

Abb. 5.25 Fotografie einer *Dermanyssus gallinae*-Milbe (mit Genehmigung von F. Beugnet).

Entwicklungszyklus

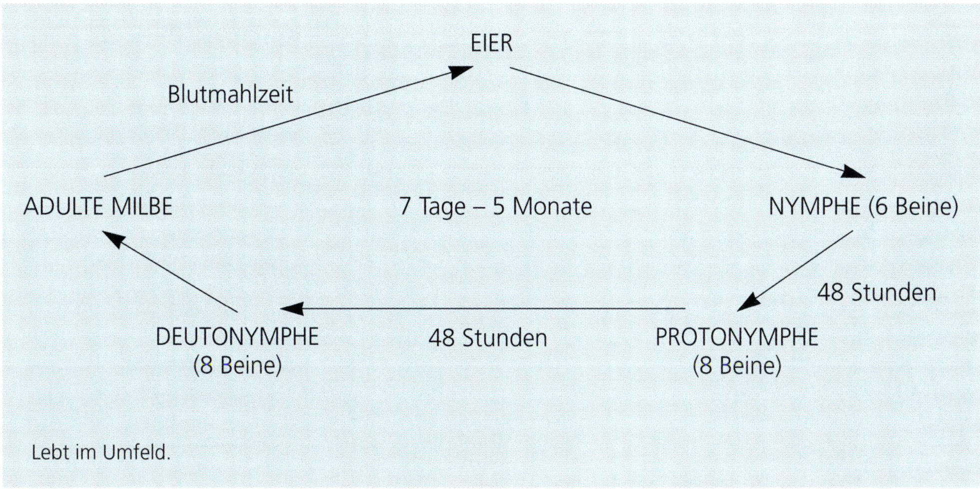

Diagnose

- In der Anamnese besteht der Verdacht auf den Kontakt mit infizierten Vögeln.
- In den Hautgeschabseln können die typischen roten Milben gesehen werden.

Behandlung

- Die Milben des Hundes können mit antiparasitischen Shampoos und Sprays ähnlich wie bei der Cheyletiella-Milbe behandelt werden.
- Behandlung des Umfeldes.
  - Permethrin/Kyromazin.
  - Pyrethrin/Methopren.
  - *Dermanyssus gallinae* kann therapieresistent gegenüber Pyrethroiden sein.

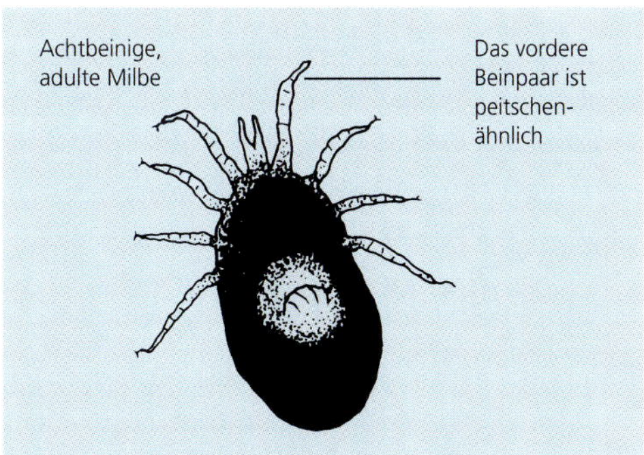

Abb. 5.26 Vereinfachte Darstellung einer *Dermanyssus gallinae*-Milbe.

Zecken

- Argasiden: Weiche Zecken.
- Ixodid: Harte Zecken.

Argasiden-Zecke

- Ohrzecke: *Otobius megnini.*
- Sie bevorzugen wärmere Klimazonen.
- Sie verursachen eine akute Otitis externa.

Ixodid-Zecke

- Großer Parasit von ungefähr 0,5 cm Größe.
- Zu den verbreiteten Zecken dieser Art gehören in Großbritannien *Ixodes ricinus, Ixodes hexagonus* (Igelzecke).
- Es ist keine Rassen-, Geschlechts- oder Altersdisposition bekannt.

Klinische Symptome

- Asymptomatisch.
- Lokale Irritation und Überempfindlichkeit, Ausbildung eines Leckgranuloms.
- Die Zecken können Überträger von bakteriellen, viralen Erkrankungen bzw. Erkrankungen durch Rickettsien und Protozoen sein.

Diagnose

- Klinische Symptome.
- Identifizierung des Parasiten.

Entwicklungszyklus

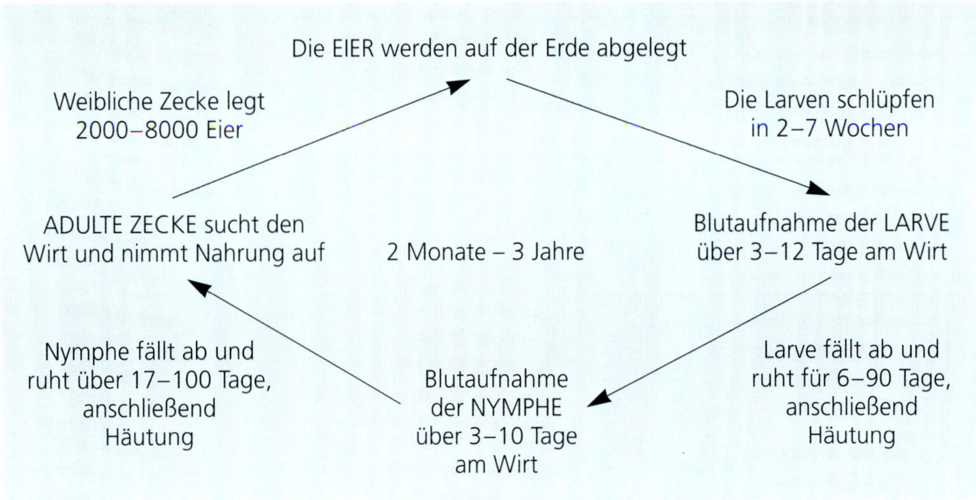

Behandlung

- Zecken.
  - Vorsichtige Entfernung der Zecke mit Hilfe eines in Alkohol getränkten Tupfers und einer Moskitoklemme.
  - Zeckenhalsband.
  - Insektizide Sprays: Fipronil, Dichlorvos + Fenthion.
  - „Spot on“: Permethrin.
- Granulome werden durch eine operative Exzision entfernt.

Insekten

- Flöhe.
- Pedikulose.
- Fliegendermatitis.
- Myiasis.
- Befall mit Cuterebridae.
- Hymenoptera.

Flöhe

- Die häufigste Ursache für Hautveränderungen des Hundes.
- 92 % der betroffenen Hunde sind von *Ctenocephalides felis* befallen.
- Zu den weiteren Floharten am Hund gehören:
  1. *Ctenocephalides canis* (Hundefloh).
  2. *Echidnophaga gallinacea* (Hühnerkammfloh).
  3. *Spilopsyllus cuniculi* (Kaninchenfloh).
  4. *Pulex irritans* (Menschenfloh).
  5. *Archaeopsylla erinacei* (Igelfloh).

Flohstichallergie

- Diese juckende Erkrankung wird sehr häufig bei Hunden gefunden, die eine Überempfindlichkeit gegenüber Flohspeichel zeigen.
- Flohspeichel enthält 15 potentielle Allergene.
- Diese Allergene sind alle Antigene und keine Haptene.
- Nichtallergisch veranlagte Tiere reagieren nur mit minimalen Hautveränderungen.
- Zu den Reaktionen der allergisch veranlagten Tiere gehören:
  - Allergische Reaktion Typ I vom Soforttyp.
  - Allergische Reaktion Typ IV vom verzögerten Typ.
  - Kutane basophile allergische Reaktion.
- Bis zu 80 % der atopischen Hunde haben wahrscheinlich eine Flohstichallergie.

Klinische Symptome

- Häufiger Befall im 3.–5. Lebensjahr.
- Die akute Allergie zeigt juckende, papulokrustöse Hautveränderungen mit Erythem und Areale mit akut nässender Dermatitis.
- Bei chronischer Allergie findet man auf dem Rücken, im lumbosakralen Bereich (Abb. 5.27), an den kaudomedialen Schenkeln und am ventralen Abdomen Alopezie, Lichenifikation und Hyperpigmentierung.
- Im dorsolumbalen Bereich werden gelegentlich juckende, fibronöse Knoten gesehen (Abb. 5.28).
- Ohren, Pfoten und Gesicht sind nicht betroffen.

Differentialdiagnose

- Futtermittelunverträglichkeit, Atopie.
- Pedikulose.
- Cheyletiella-Dermatitis.
- Malassezia-Dermatitis.

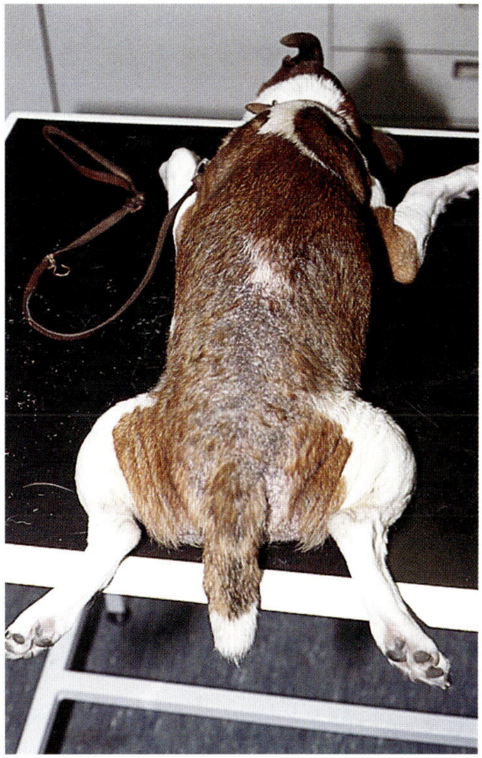

Abb. 5.27 Flohstichallergie des Hundes mit dorsaler Lichenifikation, Hyperpigmentierung und sekundärer Alopezie.

Abb. 5.28 Fibropruritische Knoten auf dem Rücken eines Retrievers.

Abb. 5.29 Fotografie des *Ctenocephalides felis*.

Besondere Merkmale

- Siehe Bild eines Flohs (Abb. 5.29, 5.30 und 5.31).
- Der Floh ist ein kleines, braunes, flügelloses Insekt mit seitlich abgeflachtem Körper.
- Verlängerter Kopf.
- Es sind sowohl Pronatal- als auch Genal-Stachel-Kämme vorhanden. Acht bis neun Genal-Stachel-Kämme. Der erste und zweite Genal-Stachel-Kamm sind gleich lang.

Abb. 5.30 Kopf des *Ctenocephalides felis*.

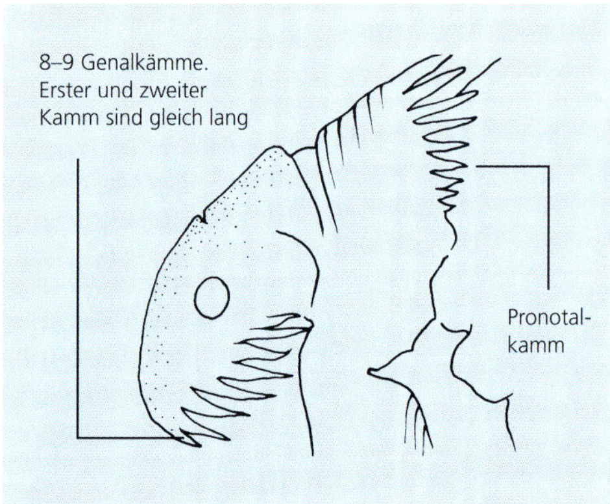

Abb. 5.31 Vereinfachte Darstellung des *Ctenocephalides felis*.

Entwicklungszyklus

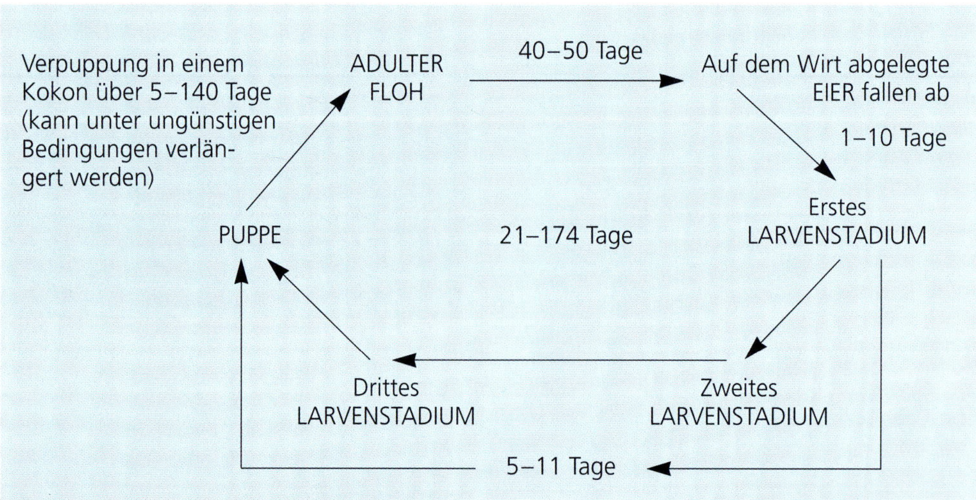

Diagnose
- Klinische Symptome.
- Identifizierung des Flohs selbst oder seines Kots.
- Auf dem Naßpapiertest hebt sich der Flohkot als roter Streifen ab.
- Am Menschen finden sich die juckenden, papulösen Hautveränderungen an den Beinen (Abb. 5.32).
- Intradermale Testung mit Flohallergenen.
- Ausschlußdiagnostik durch Flohtherapie.

Behandlung
Flohbekämpfung
- Das Ausmaß der Behandlung sollte sich an der Art und der Anzahl der betroffenen Tiere und nach der Fähigkeit des Tierbesitzers richten, mit bestimmten Substanzen vorschriftsmäßig umzugehen.
- Es ist notwendig, den Tierbesitzer über den Entwicklungszyklus eines Flohs aufzuklären.
- Sanierung des Umfeldes.
  - In den gemäßigten Klimazonen ist die Sanierung der Innenräume am wichtigsten.
  - Gründliches Staubsaugen und Entsorgung des Staubsaugerbeutels.
  - Anwendung von insektiziden Pudern bzw. Sprays.
  - Trocknende Wirkstoffe: Sodiumborat.
  - Methopren, Fenoxycarb und Kyromazin sind Insekten-Wachstumsregulatoren.
  - Mittel gegen ausgewachsene Flöhe sind Dichlorvos, Permethrin.
  - Systemische Behandlung der Hunde mit Tabletten und Injektionen.
  - Lufenuron-Tabletten gehören ebenfalls zu den Insekten-Wachstumsregulatoren.
- Sanierung am Wirtstier.
  - Sprays: Dichlorvos/Fenitrothion; Fipronil.
  - Spot on: Fipronil, Imidacloprid, Permethrin.
  - Flohhalsbänder, Shampoos, Puder sind nur begrenzt einsetzbar.

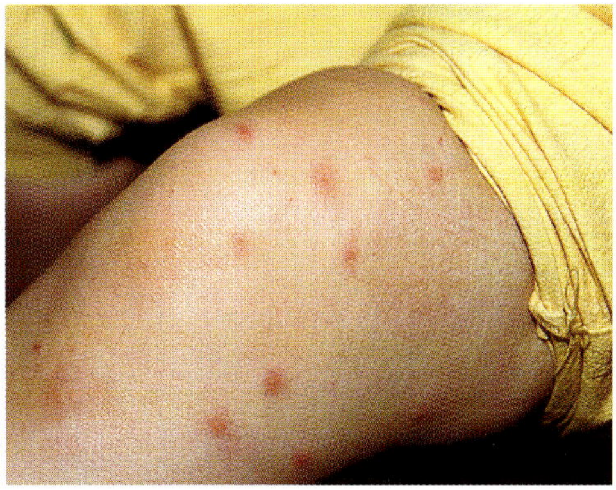

Abb. 5.32 Juckende Papeln am Bein des Tierbesitzers.

Antientzündliche Behandlung
- Glukokortikoide.
- Prednisolon: 1 mg/kg in täglicher Anwendung über 7–10 Tage. Dann langsames Ausschleichen bis zur geringstmöglichen Dosis.
- Bei einem strengen Flohkontrollprogramm ist lediglich eine kurze Therapie mit Glukokortikoiden notwendig.
- Antihistaminika sind nur begrenzt einsetzbar.

Hyposensibilisierung
- Der Erfolg ist fraglich.

Pedikulose
- Seltene juckende Hauterkrankung, die durch Läuse hervorgerufen wird.

Ursache und Pathogenese
- Zwei Untergruppen.
  - Mallophaga: Beißende Laus: *Trichodectes canis, Heterodoxus spiniger* (nur in warmen Klimazonen).
  - Anoplura: Saugende Laus: *Linognathus setosus.*
- Die beißende Laus ruft stärkere Hautirritationen hervor.
- Die Pedikulose ist eine Erkrankung, die vermehrt im Winter auftritt. Die Laus stirbt normalerweise bei hohen Körpertemperaturen ab.

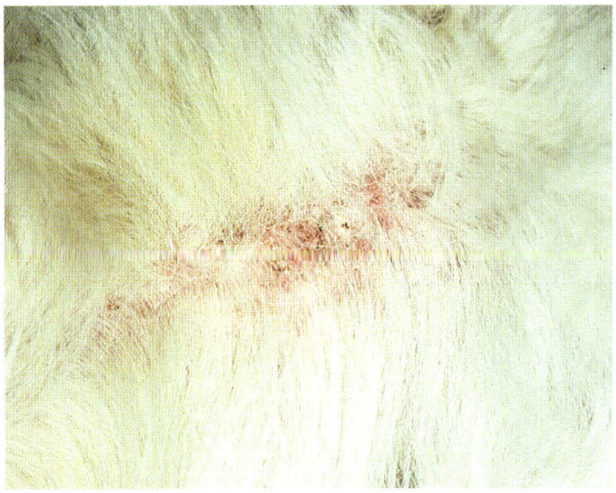

Abb. 5.33 Papeln und Erythem an der Flanke eines Hundes, der mit Läusen befallen ist.

Klinische Symptome
- Die Läuse sammeln sich an den Körperöffnungen, an den Ohrspitzen und unter verfilzten Haarpartien.
- Die saugende Laus ruft Anämie und Schwächezustände hervor.
- Der Juckreiz ist unterschiedlich. Der Befall kann asymptomatisch sein oder das Erscheinungsbild einer Seborrhoe haben.
- Die papulösen Hautveränderungen können bei besonders empfindlichen Tieren durch Kratzen in schwere Exkoriationen übergehen (Abb. 5.33).

Prädisponierende Faktoren
- Schlechte Hygiene, zu hohe Besatzdichte und mangelhafte Ernährung der jungen Hunde.
- Systemische Erkrankungen bei alten Tieren.

Differentialdiagnose
- Flohstichallergie.
- Cheyletiella-Dermatitis.
- Hundeskabies.
- Allergie, Atopie, Futtermittelunverträglichkeit.

Besondere Merkmale
- Siehe Bild einer beißenden Laus in Abb. 5.34 und 5.35.
- Kleine, dorsoventral abgeflachte, flügellose Insekten von 2–3 mm Länge.

Abb. 5.34 Fotografie einer ausgewachsenen *Trichodectes canis*-Laus.

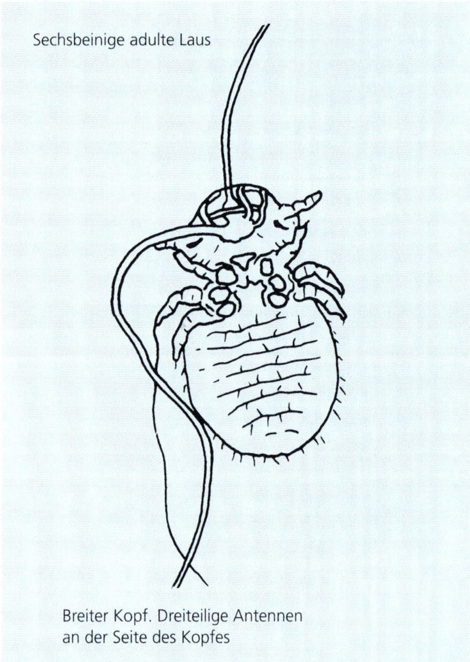

Abb. 5.35 Vereinfachte Darstellung einer *Trichodectes canis*-Laus.

- Sechs Beine, breiter Kopf, drei segmentierte Antennen am Kopf.

Entwicklungszyklus: Wirtsspezifisch

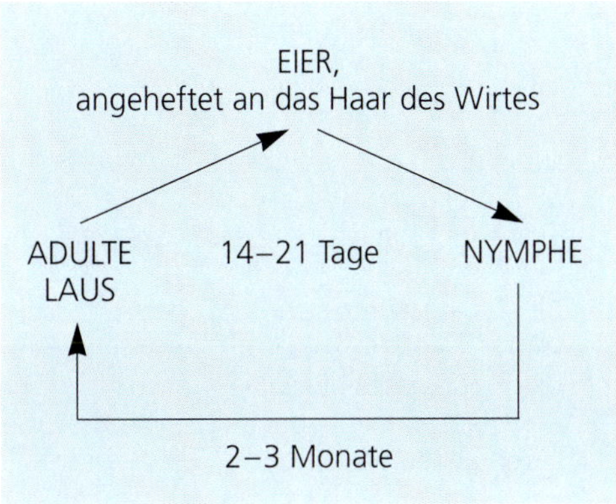

Diagnose
- Klinische Symptome.
- Identifizierung der Laus mit Hilfe einer oberflächlichen Hautabschabung bzw. mit der Tesastreifenabklatschmethode.
- Die saugende Laus bewegt sich langsam und ist leicht einzufangen.
- Die beißende Laus bewegt sich vergleichsweise schneller.

Behandlung
- Erkennung und Behandlung aller zugrundeliegenden Ursachen.
- In Platten verfilztes und verknotetes Fell soll abgeschoren werden, um eine wirksame Behandlung durchführen zu können
- Insektizide Shampoos.
  - 1 % Selensulfid. Drei Behandlungen im Abstand von 10 Tagen.
  - 1 % Permethrin. Drei Behandlungen im Abstand von 10 Tagen.
- Zur Behandlung gehört die Sanierung des Umfeldes, insbesondere der Pflegeutensilien mit den Substanzen, die auch bei der Flohkontrolle eingesetzt werden.

Fliegendermatitis
- Seltene juckende Hauterkrankungen durch den Wadenstecher, der insbesondere im Freien gehaltene Hunde befällt.
- Zu den wichtigen Fliegen gehören:
  - *Stomoxys calcitrans* (schwarze Fliege).
  - *Simulium* spp. (schwarze Fliege).
  - *Tabanus* spp. (schwarze Fliege).
  - *Chrysops* spp. (Rehfliege).

Klinische Symptome
- Die Fliegen attackieren in der Regel das Gesicht, die Ohren *(Stomoxys calcitrans),* das ventrale Abdomen, die Extremitäten und die Ohren (*Simulium* spp.).
- Hautveränderungen: Hämorrhagische Papeln und Krusten.
- Der Juckreiz ist unterschiedlich stark ausgeprägt.

Differentialdiagnose
- Weitere, durch Ektoparasiten hervorgerufene Erkrankungen.

Diagnose
- Anamnestischer Hinweis auf eine Exposition gegenüber Fliegen.
- Ausschluß anderer Ursachen.

Behandlung
- Verhütung weiterer Stiche. Man sollte nach der Brutstätte der Fliegen suchen (dazu ist die Kenntnis über den Entwicklungszyklus der Fliegen notwendig).
- Die Behausung des Hundes sollte geändert werden.
- Anwendung von Fliegenrepellenzien.
- Für die Behandlung der Hautveränderungen werden topische Antibiotika und Kortikosteroide empfohlen.

Myiasis

- Befall der Haut mit Eiern und Larven der Zweiflügler.
- Ablagerung der Fliegeneier auf der warmen, feuchten Haut; in harn- und kotverschmutzten Arealen und in nässenden Wunden.

Prädisponierende Faktoren

- Schlechte Hygiene.
- Alters- und krankheitsbedingte Schwäche.
- Harn- und Kotinkontinenz.

Ursache und Pathogenese

- Zu den primären Fliegen gehören insbesondere *Lucilia* spp. und *Calliphora* spp. Sie schaffen in den meisten Fällen erst den Lebensraum für eine zweite Fliegenspezies.
- Zu den Sekundärfliegen, die sich in der durch die Larven der Primärfliege vorbereiteten Haut ansiedeln, gehören *Chrysomyia* spp., *Sarcophaga* spp.
- Durch die Tertiärfliegen schreitet die Entzündung der Haut des Hundes weiter voran. Zu ihnen gehört z. B. *Musca* spp.

Klinische Symptome

- Die Hautveränderungen befinden sich im Bereich der Nase, der Augen, des Mundes, des Anus und der Genitalien.
- Die Larven wirken destruktiv und verursachen ausgestanzte Löcher und Gewebsnekrosen.

Diagnose

- Identifizierung der Larven in den Löchern.

Behandlung

- Beseitigung der zugrundliegenden Faktoren.
- Die Therapie beginnt mit dem Scheren der Haare.
- Danach wird die Haut mit antibakteriellen Shampoos, wie z. B. Chlorhexidin, gereinigt.
- Eventuell ist eine operative Entfernung der Nekrosen notwendig.
- Entfernung aller Larven.
- Insektizide Spülungen des gesamten Fells mit z. B. Pyrethrin.
- Antibiose entsprechend dem Antibiogramm.

Befall mit Cuterebridae

- Infektion der Haut mit der Larve der *Cuterebra* spp.
- Es sind besonders Hunde aus warmen Klimazonen betroffen, die nach Großbritannien importiert wurden.

Ursache und Pathogenese

- Die Fliegen legen ihre Eier in Nestern oder Grabgängen von Kaninchen und Nagetieren ab. Die Hunde infizieren sich beim Durchqueren der Bereiche, die mit Eiern verseucht sind.
- Die Larven penetrieren durch die Haut oder werden bei der Pflege des kontaminierten Haarkleides verschluckt.
- Da Hunde Fehlwirte darstellen, nehmen die Larven am Hund abnorme Wanderwege.

Klinische Symptome

- Der typische Hautbefall befindet sich im Bereich des Kopfes, des Nackens und am Stamm.
- Die Larven führen zu knotigen Schwellungen von 1 cm Größe mit zentralem Luftloch und Fistelbildung.
- Zudem bestehen Läsionen im Gehirn, Pharynx, an den Nasenöffnungen und an den Augenlidern.

Diagnose

- Anamnestischer Anhalt für eine Exposition.
- Identifizierung der Larven in den Hautveränderungen.

Behandlung

- Die Therapie besteht in Inzision der Fistelöffnung und der vorsichtigen Entfernung der Larve.
- Eine zerquetschte Larve bzw. zurückbleibende Larventeile können eine anaphylaktische Reaktion verursachen.

Hymenoptera (Bienen, Wespen, Hornissen)

- Lokale Entzündungsreaktion durch Insekten mit Giftstachel, die keine Parasiten sind.

Ursache und Pathogenese

- Beim Insektenstich wird ein Gift ausgepreßt, das zu einer lokalen oder systemischen Reaktion führt.
- Die Schwere der Reaktion hängt von der Anzahl der Stiche und der Empfindlichkeit des Tieres ab.

Klinische Symptome

- Bei leichten Fällen besteht eine lokale Rötung, Schwellung.
- In schweren Fällen tritt ein Angioödem (Abb. 5.36) und möglicherweise eine letale Anaphylaxie auf.

Behandlung

- Wenn man den Stachel lokalisieren kann, sollte man ihn entfernen.
- In schweren Fällen sollte man intravenös Glukokortikoide und Antihistaminika, z. B. 4–8 mg Chlorpheniramin (Piriton Glaxo) dreimal täglich, verabreichen.
- Lokale Anwendung von Antihistamin-Creme.
- Eine allergische Reaktion sollte mit Adrenalin intramuskulär und mit Glukokortikoiden intravenös behandelt werden.

Abb. 5.36 Angioödem eines Labradors nach Bienenstich.

Helminthen

Unzinariose (Hakenwurmdermatitis)

- Die Hautveränderungen werden durch die Larve des Hakenwurms *Uncinaria stenocephala* verursacht.
- Vorkommen in Irland, England und den USA.
- Der Hund ist natürlicher Wirt.

Ursache und Pathogenese

- Die sich im dritten Entwicklungsstadium befindlichen Larven der *Uncinaria stenocephala* dringen in die Haut ein und rufen an dieser Stelle Hautveränderungen hervor.
- Die in den Körper eingedrungenen Larven beenden ihren Entwicklungszyklus nur selten auf diesem Weg.
- Die Larven befinden sich in den kühlen Klimazonen, im Frühling und Herbst auf Gras und im Boden von Ausläufen und Koppeln.
- Die Krankheit befällt bevorzugt Zwingerhunde mit schlecht gepflegten Ausläufen.

Klinische Symptome

- Die papulösen Hautveränderungen treten an den Körperstellen auf, die Kontakt zum Boden haben, wie Pfoten, Sternum, ventrales Abdomen.
- Zu den chronischen Hautveränderungen zählen das Erythem, Schwellung, Alopezie und Hyperkeratose der Zehen.
- Der Juckreiz ist unterschiedlich stark ausgeprägt.
- Gelegentlich wird eine Onychorrhexis und Arthritis der Zehengelenke beschrieben.

Differentialdiagnose

- Kontaktdermatitis.
- Pododemodikose.
- Pelodera-Dermatitis.
- Dirofilariose.
- *Strongyloides stercoralis.*

Diagnose

- Anamnese, schlechte Haltung und hygienische Verhältnisse.
- Klinische Symptome.
- Kotuntersuchung auf Hakenwürmer.

Behandlung

- Verbesserung der hygienischen Verhältnisse und häufigere Entfernung des Kotes aus dem Zwinger.
- Trockene, gepflasterte Ausläufe oder mit 4,5 kg Borax pro 30 m^2 behandelter Kiesboden.
- Anthelminthikum
  - Nitroscanat, Fenbendazol, Pyrantel.
  - Diese Medikamente werden zur Behandlung und zur Prophylaxe angewendet.

Ankylostomatose

- Diese Dermatitis wird durch die Larve *Ancylostoma braziliense, A. caninum* verursacht.
- Vorkommen in warmen Klimazonen.
- Verursacht seltener Hautveränderungen als *Uncinaria stenocephala.*
- Die klinischen Zeichen, die Diagnostik und die Behandlung sind wie bei *Uncinaria stenocephala.*

Pelodera-Dermatitis

- Bei der Pelodera-Dermatitis handelt es sich um den Befall der Haut mit den Larven des freilebenden Nematoden *Pelodera strongyloides.*

Ursache und Pathogenese

- Die Erwachsenenform dieses Parasiten lebt im feuchten Erdreich oder in zerfallenem organischen Material.
- Die Larve lebt parasitisch und dringt in die Stellen der Haut des Hundes ein, die Kontakt mit dem Boden haben.
- Gehäuftes Auftreten bei Hunden, die unter schlechten hygienischen Bedingungen gehalten werden.

Klinische Symptome

- Zu den klinischen Symptomen gehört ein typisches Verteilungsmuster, das sich auf die Körperteile erstreckt, die Kontakt mit dem Boden haben, wie die Pfoten, die Extremitäten, das Perineum und das Sternum. Die betroffene Haut ist erythematös, papulös und haarlos.
- Der Juckreiz ist unterschiedlich stark ausgeprägt.

Differentialdiagnose

- Wie bei *Uncinaria stenocephala.*

Diagnose

- Klinische Symptome.
- Für die Diagnostik empfehlen sich Hautgeschabsel, in denen die kleinen, beweglichen Nematodenlarven leicht zu finden sind.
- Die Larven und die Erwachsenenform können im kontaminierten Umfeld des Hundes gefunden werden.

Behandlung

- Entfernung und Vernichtung der Einstreu.
- Lager, Zwinger und Käfig sollten mit Insektiziden besprüht werden.
- Der Hund selbst wird in antiseborrhoischen Shampoos gebadet, um die Krusten zu entfernen. Anschließend verwendet man antiparasitische Shampoos wie bei der Hundeskabies.
- Für eine wirksame antientzündliche Behandlung eignet sich 1 mg/kg Prednisolon über 3–5 Tage.
- Bei sekundär auftretender Pyodermie Gabe von Antibiotika.

Drakunkulose

- Knotenförmige Hauterkrankung, hervorgerufen durch Infektion mit *Dracunculus insignis* (Guineawurm).

Ursache und Pathogenese

- Die Infektion des Hundes erfolgt über den Zwischenwirt *Cyclops* (ein Flohkrebs), den der Wirt mit kontaminiertem Wasser aufnimmt.
- Die Erwachsenenformen wachsen im subkutanen Gewebe der Gliedmaßen heran.
- Die Weibchen des Wurmes wandern an die Hautoberfläche und bilden dort Knoten.
- Kommt der Wirt mit kaltem Wasser in Berührung, ruptieren diese Knoten, und das Weibchen des Wurms wird zur Freisetzung von Larven stimuliert.

Klinische Symptome

- Einzelne bis multiple Knoten an Gliedmaßen, Kopf und ventralem Abdomen.
- Es bestehen nichtabheilende Fisteln.

Diagnose

- Klinische Symptome.
- Identifizierung des Weibchens in den Fisteln.

Behandlung

- Sanierung der kontaminierten Wasserversorgungsstellen.
- Entfernung des Wurms, indem man ihn über mehrere Tage auf ein Stäbchen aufwickelt.
- Medikamente.
  - Thiabendazol oder Metronidazol.

Dirofilariose

- Hautveränderungen entstehen entweder durch *Dirofilaria immitis* (Herzwurm) oder *D. repens.*

Ursache und Pathogenese

- Infizierung des Hundes über eine Stechfliege, normalerweise ein Moskito als Zwischenwirt.
- *D. immitis* kommt im linken Herzventrikel vor. Hautveränderungen durch die Mikrofilarien sind selten.
- *D. repens* kommt im subkutanen Gewebe vor. Die Mikrofilarien rufen kutane Hautveränderungen hervor. Insgesamt hat dieser Wurm nur eine geringe Bedeutung für die Veterinärmedizin.

Klinische Symptome

- Juckende, ulzerierende Papeln, Knoten und Plaques.
- Die Hautveränderungen treten am Kopf und an den Extremitäten auf.

Diagnose

- Klinische Symptome.
- Untersuchung des Blutausstriches. Positiver Knott-Test für Mikrofilarien.
- In der Biopsie der granulomatösen Knoten findet man Mikrofiliarsegmente.

Behandlung

- Die Hunde werden nach dem Standardplan der Herzwurmtherapie behandelt.
- Natriumthiacetarsamid oder Ivermectin.

Tab. 5.1 Antiparasitische Therapie

	Applikation	**Indikation**
Therapie bei Ektoparasiten		
5 % Amitraz-Spülung	Wäßrige 1 : 100 Lösung 1 × pro Woche am gesamten Körper; Wäßrige 1 : 200 Lösung wie oben	*Demodex* Skabies
Dichlorvos/Fenitrothion-Spray	Einsprühdauer hängt von der Größe des Tieres ab, 3–16 s, alle 7–10 Tage	Flöhe
Fipronil-Spray	Applikation am gesamten Körper (Dosis ist abhängig von der Größe der Pumpe und des Tieres)	Flöhe, *Cheyletiella,* Zecken, *Sarcoptes, Trombicula autumnalis,* Läuse
Spot on	Applikation im hinteren Nackenbereich, Dosierung entsprechend der Größe des Tieres	Flöhe, Zecken
Imidacloprid-Spot on	Applikation im hinteren Nackenbereich und Schwanz, Dosierung entsprechend der Größe des Tieres	Flöhe
Ivermectin-Injektion (Keine Zulassung für Hunde)	0,6 mg/kg täglich p. o. (Testdosis siehe Text) bis 30 Tage über die Remission hinaus (bis 200 Tage); 0,2–0,4 mg/kg p. o. oder s. c. als dreimalige Applikation alle 10–14 Tage	*Demodex* Skabies
Milbemycinoxim-Tabletten	0,2 mg/kg p. o. am Tag 0, 7 und 14	Skabies
1 % Permethrin-Shampoo	Dreimalige Applikation des gesamten Körpers alle 10 Tage	Läuse, *Cheyletiella*
Permethrin-Spot on	Applikation im hinteren Nackenbereich und am Rumpf, Dosierung entsprechend der Größe des Tieres	Flöhe, Zecken
11,6 % Phosmetlösung	Zwei Applikationen im Abstand von 2 Wochen	Skabies
1 % Selensulfid-Shampoo	Dreimalige Applikation am gesamten Körper alle 10 Tage	Läuse, *Cheyletiella*
Pflanzliche Produkte		
Lufenuron-Tabletten	Orale Applikation monatlich	Flöhe
Permethrin/Kyromazin	Sprays zur Sanierung der Umwelt	Flöhe
Pyrethrin/Methopren	Sprays zur Sanierung der Umwelt	Flöhe

p. o. = orale Applikation; s.c. = subkutan

Endokrinologie der Haut

6

Hypothyreose

- Die häufigste endokrine Erkrankung des Hundes.

Ursache und Pathogenese

Primäre Hypothyreose

- Primärer Mangel des Schilddrüsenhormons.
- Lymphozytäre Thyreoiditis (90 % der Fälle): Autoimmunerkrankung mit sowohl humoral als auch zellvermittelter Immunantwort.
- Die idiopathische Atrophie ist möglicherweise das Endstadium der lymphozytären Thyreoiditis.
- Neoplastische Veränderungen.

Sekundäre Hypothyreose

- Mangel des Schilddrüsenstimulierenden Hormons (TSH), das im Hypophysenvorderlappen gebildet wird.
- Kongenitaler Defekt in Verbindung mit Zwergwuchs.
- Zerstörung der Hypophyse bei ausgedehnten Tumoren.
- Suppression der Hypophyse bei Hyperkortisolismus, Unterernährung.
- Rezeptordefekte.

Tertiäre Hypothyreose

- Mangel des Thyreotropin-releasing-Hormons (TRH), das im Hypothalamus gebildet wird.
- Kongenitaler Defekt.
- Erworbene Störung.
- Rezeptormangel.

Klinische Symptome

- Erstes Auftreten der Störung im Alter von 6 bis 10 Jahren (bei großen Rassen auch früher).

Prädisponierte Rassen

- Golden Retriever, Labrador, Dobermann, Tekkel, Irish Setter, Dänische Dogge, Englischer Bullterrier: Unterschiedlicher Befall, abhängig vom Genpool.

Extrakutane Symptome

- Generalisiert.
- Lethargie, Adipositas (Abb. 6.1), Kältegefühl, Anämie.
- Neuromuskuläre Störungen: Lähmungen.
- Störung der Hirnnerven: Paralyse der kranialen Nerven und Nerven des Rachenraumes.
- Kardiovaskuläre Symptome: Bradykardie, kardiale Arrhythmien.

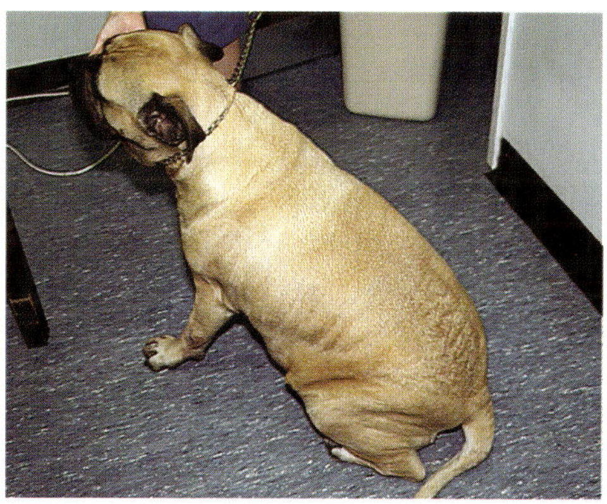

Abb. 6.1 Adipöser, hypothyreotischer Bullmastiff.

Abb. 6.2 Bilaterale, symmetrische Alopezie bei einem Dobermann mit Hypothyreose.

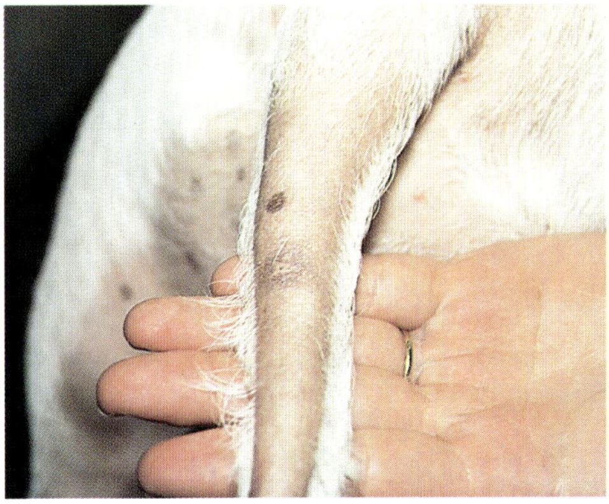

Abb. 6.3 „Rattenschwanz" bei einem Englischen Bullterrier mit Hypothyreose.

- Okuläre Zeichen: Kornealipidose, Keratoconjunctivitis sicca.
- Symptome im Urogenitaltrakt: Unfruchtbarkeit, anormaler Östrus.

Hauterscheinungen
- Bilaterale, symmetrische Alopezie, die die Extremitäten ausspart (Abb. 6.2 und 6.3). Das Haar ist leicht epilierbar.
- Das Fell ist trocken, stumpf und brüchig.
- Kalte und teigig infiltierte Haut bei einem Myxödem.
- Pigmentveränderungen in der Haut und am Fell.
- Generalisierte Seborrhoe und Otitis externa ceruminosa (Abb. 6.4).
- Rezidivierende bakterielle und Pilzinfektionen (Abb. 6.5).
- Eine Hypertrichose, wie sie beim Boxer und Irish Setter vorkommt, ist selten.
- Geringer Juckreiz außer bei Sekundärinfektion.
- Die Wundheilung ist verzögert. An abgeschorenen Stellen wächst nur wenig Haar nach.

Kongenitale Hypothyreose
- Die kongenitale Hypothyreose ist sehr selten und tritt gehäuft bei Welpen im Alter von 4 Wochen auf.
- Lethargische und kognitiv retardierte zwergwüchsige Hunde.

Differentialdiagnose
- Die Hypothyreose ist eine Multisystemerkrankung, die mit vielen anderen Krankheiten verwechselt werden kann.

Diagnostik
- Anamnese.
- Klinische Symptome.
- Hämatologie: 60 % der Tiere haben eine normochrome, normozytäre Anämie.
- Laborparameter.

- Erhöhung von:
  - Cholesterol: 50–75 %.
  - Kreatininkinase (ca. 50 %).
  - Leberenzyme im besonderen.
  - Aspartattransaminase im Serum (ASAT).
  - Alanintransaminase (ALT).
- Das EKG zeigt eine Bradykardie, abgeflachte T-Wellen und Arrhythmien.
- Zu den generalisierten, endokrin bedingten Veränderungen in der Hautbiopsie gehören orthokeratotische Hyperkeratose, follikuläre Hyperkeratose, follikuläre Dilatation, Haarfollikel in der Telogen-Phase, epidermale Melanose, Atrophie der Talgdrüsen und eine schmale Dermis. Hautbiopsien sind jedoch ohne diagnostischen Wert.
- Schilddrüsenfunktionstests.
  - Messung der Basalkonzentration des totalen Thyroxin (TT_4), des freien Thyroxin (FT_4), des totalen Trijodthyronin (TT_3), und des freien Trijodthyronin (FT_3). Sie sind alle keine zuverlässigen Parameter. Erkrankungen, die nicht durch die Schilddrüse bedingt sind, wie das „Euthyroid sick syndrome" (Tiefes T_3-Syndrom) oder Medikamente wie Steroide und Barbiturate können diese Tests beeinflussen.
  - Das TSH-Assay ist eine empfindlich Untersuchung, die bereits vor einer Veränderung des TT_4-Wertes Hinweise auf eine Erkrankung gibt.
    Erhöhtes TSH bei primärer Hypothyreose. TSH ist vermindert bzw. normal bei sekundärer Hypothyreose.
    Dieser Test ist gerade für Hunde auf den Markt gekommen und scheint für die Diagnostik vielversprechend zu sein.
  - Der TSH-Stimulationstest hat sich gegenüber der Bestimmung der basalen Schilddrüsenhormone als weit überlegen erwiesen, jedoch ist keine Unterscheidung zwischen primärer und sekundärer Hypothyreose möglich.
  - Der TRH-Stimulationstest ist sowohl dem TSH-Assay als auch dem TSH-Stimulationstest überlegen, da er eine Differenzierung zwischen primärer, sekundärer und tertiärer Hypothyreose erlaubt.

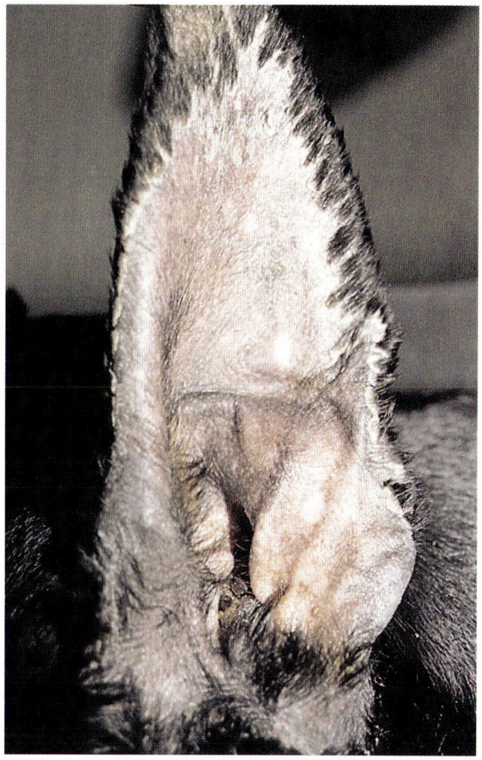

Abb. 6.4 Otitis externa ceruminosa mit seborrhoischen Abschilferungen in der Umgebung der Ohrmuschel bei hypothyreotischem Dobermann.

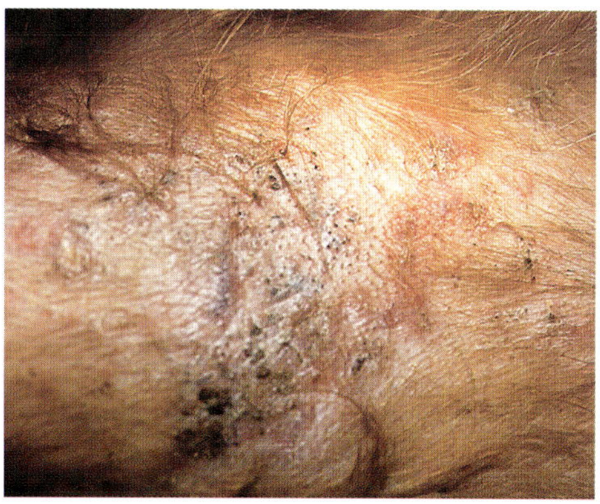

Abb. 6.5 Rezidivierende bakterielle Infektion bei einem hypothyreotischen Hund.

- Primäre Hypothyreose: Niedriges TT_4/hohes basales TSH/keine Reaktion auf TRH.
- Sekundäre Hypothyreose: Niedriges TT_4/niedriges TSH/keine Reaktion auf TRH.
- Tertiäre Hypothyreose: Niedriges TT_4/niedriges TSH/Reaktion auf TRH.
- Eine Schilddrüsenbiopsie hat keinen diagnostischen Wert.

Behandlung

- Lebenslange Behandlung in allen Fällen.
- Substitution.
- 0,01–0,02 mg/kg Levothyroxin (T_4) (Soloxin, Vet-2-Vet) per os ein- bis zweimal täglich.
- Bei Hunden mit kardialen Erkrankungen sollte man mit einer niedrigeren Dosis von 0,005 mg/kg ein- bis zweimal täglich beginnen und um jeweils 0,005 mg/kg alle 2 Wochen bis zu einer Erhaltungsdosis steigern.
- Nach Therapiebeginn klingt die Lethargie innerhalb weniger Tage ab.
- Hauterscheinungen benötigen eine Therapie bis zu 5 Monate, bevor eine Besserung eintritt.
- Nebenwirkungen sind aufgrund des schnellen metabolischen Abbaus von T_4, seiner Ausscheidung im Stuhl und seiner schlechten Absorbation aus dem Darm gering.
- Zu den Nebenwirkungen gehört eine Hyperthyreose mit Angstgefühlen, Einnässen, Polydipsie, Polyphagie, Diarrhoe.
- Substitution mit Liothyronin (T_3) ist nur selten notwendig.
- Bestimmung des „Post-pill"-Spiegels als Verlaufskontrolle bis zu 4–6 Wochen nach Therapiebeginn.
- TT_4-Spitzen treten 4–6 Stunden nach T_4-Gabe auf. Im Blut sind deshalb zu diesem Zeitpunkt erhöhte T_4-Werte zu erwarten.

Hyperkortisolismus (Cushing-Syndrom)

- Das Cushing-Syndrom bei Hunden hat verschiedene Ursachen. Sie führen jedoch alle zu einer Erhöhung von zirkulierendem Kortisol im Blut.

Ursache und Pathogenese

Nichtiatrogener Hyperkortisolismus

- Hypophysenbedingter Hyperkortisolismus (80–85 % aller spontan auftretenden Fälle).
- Klinisch zeigt sich eine bilaterale adrenokortikale Hyperplasie aufgrund von:
  - Mikro- oder Makroadenom/Adenokarzinom der Hypophyse.
  - Gestörte Rückkopplung von ACTH auf der Höhe des Hypothalamus.
- Hyperkortisolismus bedingt durch die Nebenniere.
  - Tumor der Nebennierenrinde (ca. in 10–15 % der spontan auftretenden Fälle), funktionelles Adenom oder Adenokarzinom.
- Ektopisches ACTH-Syndrom (sehr selten).
  - Paraneoplastische ACTH-Bildung außerhalb der Hypophyse und der Nebenniere, wie z. B. beim Lymphosarkom oder bei einem Bronchialkarzinom.

Iatrogener Hyperkortisolismus

- Chronischer Abusus von Steroiden als Injektion, Tabletten oder als Lokaltherapeutika (Augen, Ohren, Haut).

Klinische Symptome

- Betroffen sind Hunde mittleren Alters oder alte Hunde. Es wird keine Geschlechtsdisposition beschrieben.

Prädisponierte Rassen

- Iatrogener Hyperkortisolismus kann bei jedem Hund, insbesondere aber bei Boxer, Pudel und Teckel vorkommen.

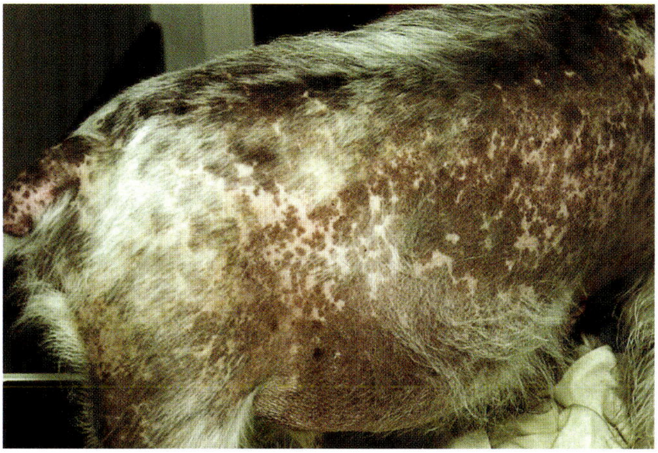

Abb. 6.6 Bilaterale Alopezie und Hängebauch bei einem Hund mit Hyperkortisolismus.

Extrakutane Symptome

- Die extrakutanen Symptome sind generalisiert.
- Lethargie, Leistungsabfall, Verhaltensstörungen, Polydipsie, Polyurie (größer als 100 ml/kg pro Tag).
- Polyphagie bei 50 % der Fälle.
- Neuromuskuläre Zeichen: Muskelatrophie, Hängebauch (Abb. 6.6), Osteomalazie, Osteoporose (selten), Pseudomyotonie.
- Symptome des Urogenitaltraktes: Anöstrus der Hündinnen, testikuläre Atrophie der Rüden.
- Vergrößerung der Klitoris, rezidivierende Harnwegsinfekte, Urolithiasis.
- Respiratorische Zeichen: Hecheln, Bronchopneumonie, Koronarthrombose, dystrophische Mineralisation und Fibrose.
- Neurologische Symptome: Blindheit, Horner-Syndrom, epileptische Anfälle, Kopfschütteln.
- Okuläre Symptome: Exophthalmos, Ulzerationen der Kornea.
- Pankreassymptomatik: Akute Pankreatitis, Diabetes mellitus.

Hautveränderungen

- Veränderung der Beschaffenheit und Farbe des Fells.
- Langsames Nachwachsen der Haare nach dem Scheren (Abb. 6.7).

Abb. 6.7 Gestörter Haarnachwuchs nach Operation am Bein eines Labradors mit Hyperkortisolismus.

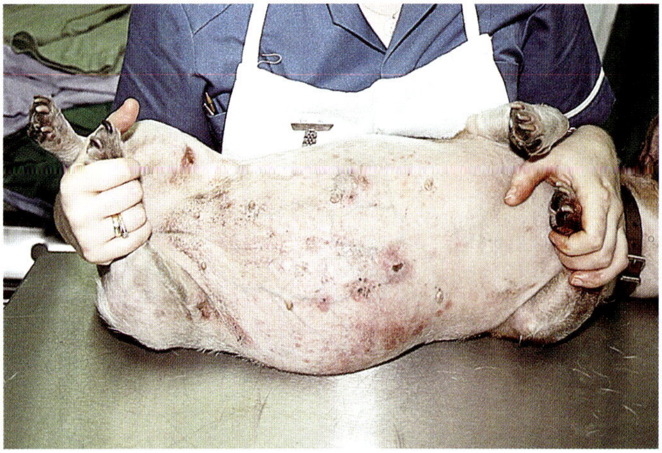

Abb. 6.8 Dünne Haut mit geringer Elastizität, hervortretende kutane Blutgefäße und Hämorrhagie bei einem Hund mit Hyperkortisolismus.

- Symmetrische, bilaterale Alopezie der Flanken unter Aussparung der Extremitäten.
- Dünne, wenig elastische Haut (Abb. 6.8).
- Hyperpigmentierung.
- Leichte Verletzbarkeit.
- Schlechte Wundheilung.
- Seborrhoe.
- Bildung von Komedonen (Abb. 6.9).
- Calcinosis cutis am Rücken, insbesondere im Nacken und am Rumpf; in den Achseln und in der Inguinalregion (Abb. 6.10).
- Striae: Spontan oder in der Nähe von Narben (Abb. 6.11).
- Sekundärinfektion mit Bakterien, Hefepilzen oder Demodex: Schlechtes therapeutisches Ansprechen bei unbehandeltem Hyperkortisolismus.

Differentialdiagnose

- Hauterscheinungen.
  - Andere endokrine Störungen: Hypothyreose und Hodentumoren (Sertoli-Zelltumor).
  - Alopezie bei ruhendem Haarzyklus.

Diagnose

- Anamnese.
- Klinische Symptome.
- Hämatologie: Streßleukogramm (Eosinopenie, Lymphopenie, Neutrophilie).
- Laborparameter: 30 % der Hunde zeigen unauffällige Laborparameter.
- Erhöhung von:
  - Alkalischer Phosphatase im Serum: Aufgrund eines steroidinduzierten Leberenzyms (nicht spezifisch für Hyperkortisolismus).
  - Cholesterol.
  - Alanintransaminase.
  - Aspartattransaminase.
  - Glukose.
- Niedrige Schilddrüsenhormonwerte beim „Euthyroid sick syndrome".
- Geringes spezifisches Gewicht < 1,012 des Urins. Oft auch Proteinurie, Glukosurie, Bakteriurie.
- Röntgenologisch findet man eine Hepatomegalie, Osteoporose, Osteomalazie, dystrophische Mineralisierung, Nebennierenrindentumoren (ca. 50 % der Nebennierentumoren sind kalzifiziert).
- Weitere bildgebende Verfahren zur Identifizierung von Tumoren der Nebennieren und der Hypophyse sind der Ultraschall und die Computertomographie.
- Die Hautbiopsie zeigt allgemeine endokrine Veränderungen (siehe Hypothyreose), dystrophische Mineralisierung, eine schmale Dermis und andere unspezifische Veränderungen.

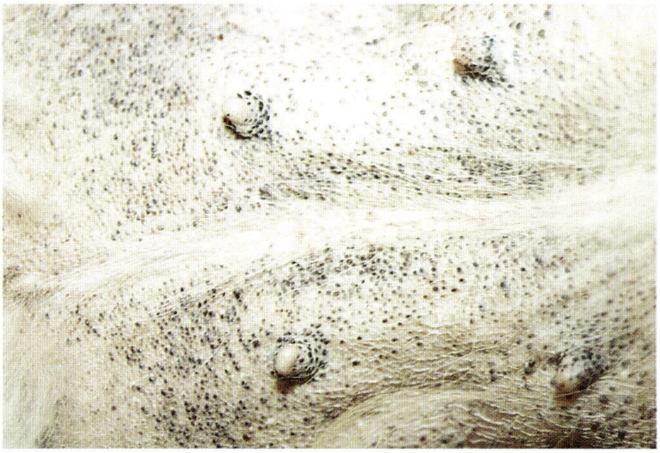

Abb. 6.9 Ausbildung von Komedonen am ventralen Abdomen eines Hundes mit Hyperkortisolismus.

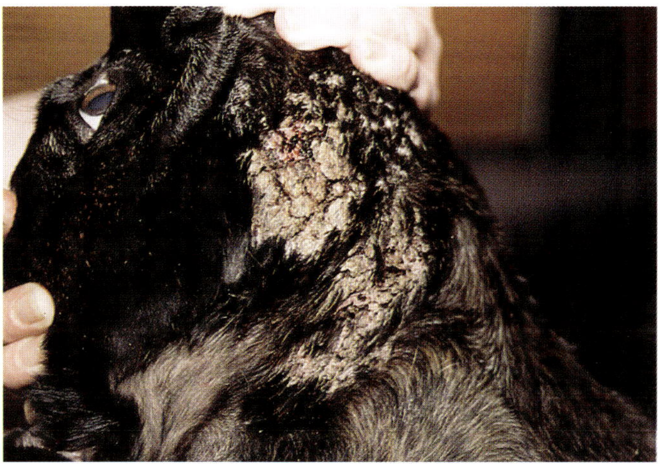

Abb. 6.10 Calcinosis cutis am Nacken eines Staffordshire Bull Terriers.

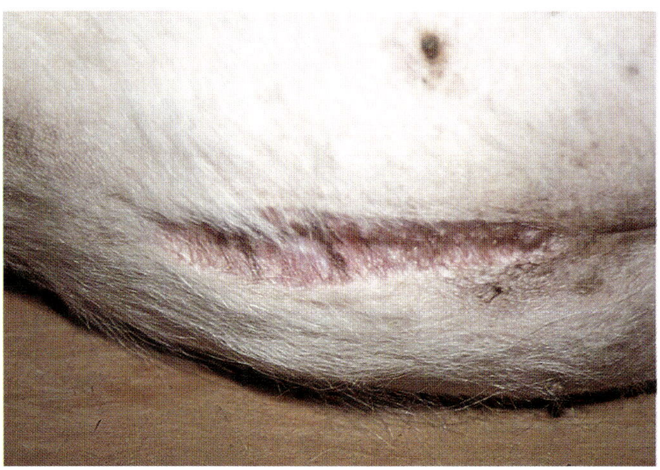

Abb. 6.11 Kutane Striae an der Stelle einer alten Narbe nach Ovariohysterektomie bei Zustand eines Hyperkortisolismus.

Funktionstests der Nebenniere

- Bei der Erhebung der Diagnose eines Hyperkortisolismus ist es wichtig herauszufinden, ob die Ursache in der Nebenniere oder der Hypophyse liegt.
- Das Verhältnis Kortisol : Kreatinin im Urin gehört zu der unspezifischen Diagnostik des Hyperkortisolismus. Sie ist auch bei anderen Ursachen einer Polyurie und Polydipsie verändert.
- Nicht alle Hunde mit Hyperkortisolismus haben anormale Werte von ACTH im Plasma. Für diesen Test sollte das Serum auf Eis gelegt werden.
- ACTH-Stimulationstest.
  - Sicherer Test zur Differenzierung zwischen spontan aufgetretenem und iatrogen verursachtem Hyperkortisolismus.
  - In 50–60 % der Fälle ist es ein sicherer Test zur Diagnostizierung eines nicht-iatrogenen Hyperkortisolismus.
    Hungertest.
    Testprotokoll:
  - Kortisolwerte im Plasma bzw. im Serum werden vor und 1 Stunde nach intravenöser Injektion von 0,25 mg synthetischem ACTH – Tetracosactid – gemessen.
  - Die Interpretation dieses Tests erfolgt in den verschiedenen Laboren unterschiedlich. Normalerweise tritt eine überschießende Reaktion auf ACTH ein: Eine Stunde nach intravenöser Injektion von ACTH sind die Hormonwerte dreimal größer als ihre Ausgangswerte.
- Geringdosierter Dexamethason-Suppressionstest.
  - Dieser Test ist das diagnostische Mittel der Wahl. 90–95 % der Fälle des nicht-iatrogen Hyperkortisolismus können auf diese Weise identifiziert werden.
    Testprotokoll:
  - Die Plasma- und Serumkonzentrationen von Kortisol werden vor und 3 und 8 Stunden nach einer intravenösen Injektion von 0,01 mg/kg Dexamethason gemessen.
  - Bei gesunden Hunden wird die Bildung von Kortisol konstant über 8 Stunden unterdrückt.
- Hochdosierter Dexamethason-Suppressionstest.
  - Dieser Test wird nicht für die Erstdiagnostik empfohlen.
  - Er wird zur Differenzierung zwischen einer Hypophysenstörung und den Störungen der Nebenniere angewandt.
    Testprotokoll:
  - Kortisolwerte im Plasma und im Serum werden zu Beginn, 3 und 8 Stunden nach intravenöser Injektion von 0,1–1,0 mg/kg Dexamethason gemessen.
  - Eine höhere Dosierung von Dexamethason wird von einigen Autoren zur Sicherung der maximalen Suppression empfohlen.
  - Die genaue Auswertung des Tests hängt vom jeweiligen Labor ab. Normalerweise ist das Kortisol zum Zeitpunkt 0 um weniger als 50 % des Basalwertes vermindert. Bei hypophysären Erkrankungen tritt diese Reduzierung nach 4 Stunden ein. Bei Tumoren der Nebenniere ist keine Suppression feststellbar.
- Stimulationstest mit dem Corticotropin releasing factor (CRF).
  - CRF wid zur Zeit noch nicht kommerziell hergestellt. Mit diesem Test könnte jedoch eine Differenzierung zwischen einer hypophysären und einer durch die Nebenniere bedingten Störung vorgenommen werden.
  - Intravenöse Injektion von CRF führt zu einer überschießenden Produktion von ACTH und Kortisol bei Störungen der Hypophyse. Es wird keine Reaktion bei Störungen der Nebenniere beobachtet.
- Kombinationstest: Der Suppressionstest mit einer Kombination von ACTH und Dexamethason ist weniger aussagekräftig als die Einzeltests.

Behandlung

Behandlung der nichtiatrogenen Störungen

- Es wird eine gleichzeitige Therapie des Hyperkortisolismus und parallel bestehender Erkrankungen, wie z. B. Diabetes mellitus, Harnwegsinfekte, empfohlen.

Hypophysäre Störungen
Operative Behandlung.

- Bilaterale Adrenoektomie bzw. Hypophysenektomie: Nur durch erfahrene Chirurgen, anschließend lebenslange Substitutionstherapie.
- Eine Bestrahlungstherapie sollte nur in spezialisierten Zentren durchgeführt werden.

Behandlung mit Medikamenten.

- Cyproheptadinhypochlorid ist ein Antiserotoninmittel mit schlechter Wirksamkeit. Die Dosierung liegt bei 0,3–3,0 mg/kg per os täglich.
- Bromocriptinmesylat ist ein Dopaminagonist mit schlechter Wirksamkeit. Die Dosierung liegt bei 0,1 mg/kg täglich.
- Selegilinhydrochlorid – Monoaminoxidaseinhibitor: 2 mg/kg per os bis zu 60 Tagen. Neues, vielversprechendes Medikament.
- Ketoconazol: hemmt die Steroidsynthese: 10–30 mg/kg pro Tag per os bis Wirkungseintritt. Gute Therapie, aber teuer. Mittel der Wahl bei Tumoren der Nebenniere.
- o,p'-DDD (Mitotane, Lysodren): adrenolytisches Mittel.
  Zwei verschiedene Therapiewege sind vorhanden.
  - Die Therapie mit der geringen Dosis findet Anwendung bei Hunden mit gleichzeitigem Diabetes mellitus, bei denen eine Stabilisierung des Krankheitsgeschehens langsam vorgenommen werden sollte.

  Therapie mit geringer Dosierung (Protokoll 1).
  - Mitotane: Induktionstherapie mit 25 bis 50 mg/kg per os über 7–10 Tage.
  - Gleichzeitig gegebene Steroide (z. B. Prednisolon: 0,2 mg/kg per os) können eine Steroidentzugsymptomatik vermindern.
  - Nebenwirkungen während der Induktionstherapie sind Lethargie, Erbrechen, Diarrhoe, Schwächegefühl.
  - Überwachung der Reaktion auf Mitotane.
  - Reduzierung der Wasseraufnahme von 100 mg/kg täglich.
  - Normalisierung der Eosinophilenkonzentration.
  - ACTH-Stimulationstest (keine Gabe von Steroiden am Testungstag).
  - Die Erhaltungsdosis von Mitotane beträgt nach Stabilisierung des Krankheitsbildes 25–50 mg/kg per os alle 7–10 Tage.

  Therapie mit hoher Dosierung (Protokoll 2).
  - Es erfolgt die Gabe von 50–100 mg/kg Mitotane per os, um einen Hypokortisolismus zu erzeugen.
  - Beginn einer Substitutionstherapie mit Glukokortikoiden und Mineralkortikoiden am dritten Tag.
  - Überwachung der Reaktionen.
  - ACTH-Stimulationstest nach 25 Tagen zur Sicherung des Therapieerfolges (vollständige Destruktion der Nebennierenrinde).

Störungen der Nebenniere

- Chirurgisch.
  - Unilaterale Adrenoektomie.
  - Eine postoperative Substitutionstherapie ist bis zur vollständigen Erholung der atrophischen Drüsen notwendig.
- Medikamentös.
  - Anwendung bei inoperablen Fällen oder wenn der Besitzer keine Einwilligung zur Operation geben will.
  - Ketoconazol wie bei hypophysären Störungen.
  - Mitotane-Therapie wie im Protokoll 2 der hypophysären Störungen.

Iatrogene Störungen

- Weglassen von Steroiden. Die Substitutionstherapie führt letztlich zu einer Wiederherstellung des Hypothalamus-Hypophysen-Nebennierenrinde-Rückkopplungsmechanismus.

Hypophysärer Zwergwuchs

- Hereditäre Unterfunktion der Hypophyse führt zu proportioniertem Zwergwuchs.

Ursache und Pathogenese

- Die Ursache ist häufig eine Störung des Hypophysenvorderlappens, hervorgerufen durch die Rathkesche Gaumenspalte. Die Hypophyse kann dabei in unterschiedlichem Ausprägungsgrad betroffen sein.
- Die klinische Symptomatik wird durch den Mangel des Wachstumshormons und durch den Mangel der Schilddrüsen-, Nebennierenrinden- und Geschlechtshormone bestimmt.

Abb. 6.12 Hypophysärer Zwergboxer.

- Obwohl diese Erkrankung normalerweise als autosomale Erkrankung des Deutschen Schäferhundes beschrieben wird, ist sie auch beim Weimaraner und beim Karelischen Bärenhund anzutreffen.

Klinische Zeichen
- Die Welpen zeigen normales Wachstum in den ersten 2–3 Monaten, dann tritt ein Wachstumsstop ein (Abb. 6.12).

Hauterscheinungen
- Frühe Anzeichen: Das Fell ist kürzer, Mangel an Primärhaar.
- Das Fell der Welpen bleibt weich und wollig und ist leicht epilierbar. Die Extremitäten bleiben unbehaart.
- Innerhalb des ersten Jahres kommt es zu einer bilateralen symmetrischen Alopezie mit chronischer Hyperpigmentierung.
- Die Haut ist dünn und schuppig mit Komedonen.
- Häufig sekundäre Pyodermie.

Extrakutane Symptome
- Antriebsarmut, hochtoniges Bellen.
- Symptome der Hypothyreose und des Hypokortisolismus.
- Symptome in Muskulatur und Skelettsystem: Das Wachstum ist gehemmt. Körperformen erscheinen grob und quadratisch.
- Fortpflanzung: Kein Eintritt in die Geschlechtsreife. Testikuläre Atrophie.
- Die Lebenserwartung liegt bei 3–8 Jahren.

Differentialdiagnostik
- Kongenitale Hypothyreose.
- Juveniler Diabetes mellitus.
- Kongenitale kardiovaskuläre Erkrankungen.
- Kongenitale Lebererkrankungen (portokavaler Shunt).

Diagnostik
- Anamnese.
- Klinische Symptome im Vergleich mit anderen Welpen aus demselben Wurf.
- Laborparameter zum Ausschluß von Erkrankungen der Schilddrüse und der Nebenniere.
- Hautbiopsie zeigt hormonelle Veränderungen, die insbesondere die Elastizität der Haut vermindern.
- Röntgenologisch: Verzögerter Verschluß der langen Röhrenknochen, verzögertes Erscheinen der bleibenden Zähne.
- Die basalen Werte des Wachstumshormons sind in der Diagnostik nicht zuverlässig genug.
- Funktionstests.
- Clonidin/Xylazin-Stimulationstest.
- Injektion von Clonidin oder Xylazin führt zur Erhöhung des Wachstumshormons und der Glukose im Blut der Hunde. Es wird keine Wirkung beim hypophysären Zwergwuchs beobachtet. Die Messung des insulinähnlichen Wachstumsfaktors 1 (IGF-1) wird empfohlen.

Behandlung
- Substitutionstherapie für das Wachstumshormon mit Schweine- und Rinderwachstumshormon oder mit rekombiniertem menschlichem Wachstumshormon.
- Risiko der Entstehung einer Überempfindlichkeitsreaktion und eines Diabetes mellitus.
- Die Behandlung ist teuer. Es wurde nur eine geringe Besserung des Hautbefundes beobachtet.
- Substitutionstherapie der Schilddrüsenhormone und Steroide.

Dermatosen als Reaktion auf das Wachstumshormon
- Siehe Kapitel 9, Alopezie.

Akromegalie

- Seltene Erkrankung bei ausgewachsenen Hunden durch die Überproduktion des Wachstumshormons.

Ursache und Pathogenese

- Die vermehrte Sekretion des Wachstumshormons bei ausgewachsenen Tieren führt zum vermehrten Wachstum von Bindegewebe, Knochen und inneren Organen.
- Ursachen:
  - Eine sehr häufige Ursache ist die durch Progesteron induzierte Akromegalie bei spontan aufgetretenem Dioestrus der Hündin oder bei exogener Gabe von Progestagen.
  - Hypophysäre Neoplasie: Funktionelles Adenom des Hypopysenvorderlappens.
  - Tumorbedingte Funktionsstörung der Hypophyse mit vermehrter Freisetzung des für die Bildung des Wachstumshormons verantwortlichen Hormons.
  - Ektopische Bildung des Wachstumshormons bei Neoplasie der Lunge, Ovarien, Pankreas.

Klinische Symptome

- Hunde im mittleren Alter. Keine Rassen- oder Geschlechtsdisposition.

Extrakutane Symptome

- Inspiratorischer Stridor aufgrund wuchernden Gewebes im Oropharynx.
- Vergrößerung der Extremitäten, der Pfoten und des Schädels.
- Polyurie, Polydipsie, Polyphagie, Hecheln.
- Prognathismus, Verbreiterung des Zwischenzahnraumes.

Hautsymptome

- Myxödem, Hypertrichose.
- Harte Krallen.

Differentialdiagnose

- Hyperkortisolismus.
- Hypothyreose.
- Diabetes mellitus.

Diagnose

- Anamnese.
- Klinische Symptome.
- Laborparameter: Erhöhung des Blutzuckers und der alkalischen Phosphatase im Serum.
- In der Hautbiopsie zeigt sich eine Vermehrung von Kollagen und Muzin in der Dermis. Das Bild eines Myxödems ist möglich.
- Die Basalwerte für das Wachstumshormon sind erhöht.
- Funktionstests.
- Nach intravenöser Injektion von Glukose bleiben die Werte des Wachstumshormons im Plasma unverändert.

Behandlung

- Bei progesteroninduzierter Akromegalie besteht die Behandlung in einer Ovarhysterektomie oder im Absetzen der entspechenden Medikamente.
- Behandlung der Tumoren der Hypophyse/Hypothalamus.
  - Neurochirurgisch.
  - Bestrahlung.

Diabetes mellitus

Ursache und Pathogenese

- Diabetische Hunde haben eine Störung des T-Zell-Systems und sind deshalb eher anfällig gegenüber Infektionen.

Klinische Symptome

- Rezidivierende bakterielle Pyodermien: *Staphylococcus intermedius.*
- Hefepilzinfektion: Malassezia und Candida.
- Generalisierte trockene Seborrhoe.
- Dünne hypotone Haut häufig in Verbindung mit Alopezie (Abb. 6.13).

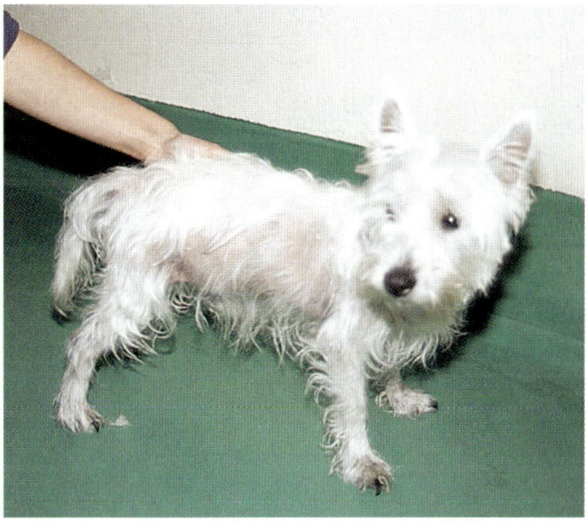

Abb. 6.13 Generalisierte Alopezie bei einem Hund mit Diabetes mellitus.

Diagnostik
- Anamnese.
- Klinische Symptomatik.
- Signifikante Hyperglykämie, Glukosurie.

Behandlung
- Diättherapie.
- Insulininjektion und Behandlung gleichzeitig auftretender Erkrankungen.

Hyperöstrogenismus bei Hündinnen
- Seltene Erkrankung, bedingt durch extrem hohe Mengen an Östrogen bei Hündinnen.

Ursache und Pathogenese
- Spontan auftretende Störung.
  - Bei nichtsterilisierten Hündinnen durch Zysten der Ovarien, seltener durch Ovarialtumoren (ausgehend von den Granulosa-Thekazellen).
  - Ektopische Produktion von Östrogen bei sterilisierten Hündinnen.
- Iatrogen.
  - Gabe von Östrogen aus verschiedenen Gründen oder als Behandlung bei Inkontinenz nach Sterilisation.

Klinische Symptome
Hautsymptome
- Bilaterale Alopezie beginnend am Perineum, im Inguinalbereich und an den Flanken.
- Das Haar ist leicht epilierbar.
- Vergrößerung der Brustwarzen und der Vulva.
- Komedone im Bereich des ventralen Rumpfes und der Vulva.

Extrakutane Symptome
- Störungen im Brunstzyklus, Nymphomanie.
- Endometritis oder Pyometra.

Differentialdiagnose
- Hypothyreose.
- Hyperkortisolismus.
- Alopezie durch einen Stillstand des Haarzyklus.
- Follikuläre Dystrophie.

Diagnostik
- Anamnese.
- Klinische Symptome.
- Ausschluß anderer Störungen durch entsprechende Laborparameter.
- Die Hautbiopsie zeigt unspezifische hormonelle Veränderungen.
- Erhöhte Östrogenwerte im Blut einiger Hündinnen erfordern eine Laparotomie zur Untersuchung der Ovarien.
- Ansprechbarkeit der Therapie.

Behandlung
- Ovarhysterektomie bei nichtsterilisierten Hündinnen.
- Operativer Eingriff nach Untersuchung.
- Röntgen: Thorax auf Metastasen bei Neoplasie.
- Chronische Erhöhung des Östrogens verursacht Knochenmarksschädigung und eine nichtregenerative Anämie.
- Unter Therapie Remission der Haut nach 3 bis 6 Monaten.

Östrogen-reaktive Dermatose
- Siehe Kapitel 9, Alopezie.

Testosteron-reaktive Dermatose
- Siehe Kapitel 9, Alopezie.

Kastrations-reaktive Dermatose
- Siehe Kapitel 9, Alopezie.

Dermatose als Reaktion auf die Geschlechtshormone der Nebenniere
- Siehe Kapitel 9, Alopezie.

Testikuläre Tumoren

- Es gibt 3 Arten von testikulären Tumoren:
  - Sertoli-Zelltumoren.
  - Seminom.
  - Leydig-Zelltumor.
- Alle drei Tumoren treten ungefähr gleich häufig auf.
- Kryptorchide Hoden haben eine dreimal höhere Chance zur malignen Veränderung.

Sertoli-Zelltumor

Ursache und Pathogenese

- Ca. ein Drittel aller Sertoli-Zelltumoren sind funktionell.
- In der Mehrheit werden sie in kryptorchiden Hoden gefunden.
- Die Symptomatik ist ähnlich wie beim Hyperöstrogenismus.
- Das hereditäre Syndrom des Sertoli-Zelltumors und der Feminisierung wird bei Miniaturschnauzern beobachtet.

Klinische Symptome

- Prädisponierte Rassen sind Boxer, Shetland Sheep Dog, Weimaraner, Cairn Terrier, Pekinesen.
- Auftreten bei Hunden mittleren Alters.

Extrakutane Symptome

- Feminisierung: Gynäkomastie, hängende Vorhaut, Anziehung anderer Hunde des männlichen Geschlechts, Galaktorrhoe.
- Vergrößerte Prostata.
- Östrogeninduzierte Suppression des Knochenmarks.

Hautsymptome

- Am Hals, am Rumpf und im Bereich des Perineums beginnende Alopezie mit langsamer Progression (Abb. 6.14).
- Häufig lineare erythematöse Dermatose der Vorhaut (Abb. 6.15).
- Generalisierte Seborrhoe häufig mit Juckreiz.

Abb. 6.14 Generalisierte Alopezie bei einem Collie mit Sertoli-Zelltumor.

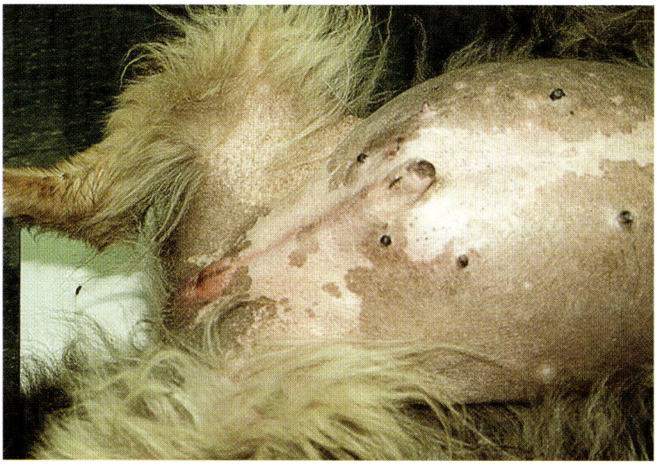

Abb. 6.15 Lineare, erythematöse Dermatose der Vorhaut bei einem Hund mit Sertoli-Zelltumor.

Differentialdiagnose
- Hypothyreose.
- Hyperkortisolismus.
- Stillstand des Haarfollikelzyklus.

Diagnose
- Anamnese.
- Körperliche und klinische Symptome.
- Ausschluß anderer Störungen durch entsprechende Laborparameter.
- Bei nichtpalpablem Tumor ist ein Ultraschall der Hoden zur Identifizierung des Tumors empfehlenswert.
- Die Hautbiopsie zeigt unspezifische endokrine Veränderungen.
- Histopathologie neoplastischer Hoden.
- Die Östrogenwerte sind oft erhöht.
- Gute Ansprechbarkeit auf Kastration.

Behandlung
- Bilaterale Kastration.
- Vor einem operativen Eingriff zur Untersuchung auf Metastasen sollte der Zustand des Tieres genau eingeschätzt werden.
- Schädigung des Knochenmarks durch erhöhte Östrogenwerte.
- Eintritt der Therapiewirksamkeit nach 3 bis 6 Monaten.

Seminom
Ursache und Pathogenese
- Seminome sind selten funktionell.
- Hautveränderungen beim Seminom wurden kaum beschrieben.

Klinische Symptome
- Prädisponierte Rassen: Boxer, Deutscher Schäferhund.
- Östrogenproduzierende Tumoren sind in ihrer klinischen Symptomatik von dem Sertoli-Zelltumor kaum zu unterscheiden.
- Dieser Tumor wächst lokal invasiv, hat jedoch eine geringe Metastasierungsrate.

Differentialdiagnose, Diagnostik, Behandlung
- Wie Sertoli-Zelltumor.

Leydig-Zelltumor
Ursache und Pathogenese
- Leydig-Zelltumoren sind nur selten funktionell.
- Keine dermatologischen Veränderungen.
- Es können mehrere Tumoren in einem Hoden gefunden werden.
- Maligne Entartung und Metastasierung sind selten.

Klinische Symptome
Kutane Symptome
- Beim Auftreten ähneln sie den Hautveränderungen des Hyperandrogenismus.
- Hyperplasie der Drüsen am Schwanz und den perianalen Drüsen.
- Makuläre Melanose.
- Fettige Seborrhoe.
- Symmetrischer Haarverlust am Rumpf.

Extrakutane Veränderungen
- Prostatastörung.
- Perianales Adenom.
- Perianalhernie.
- Vermehrte sexuelle Aktivität.
- Aggression gegenüber anderen Hunden.

Differentialdiagnose
- Wie Sertoli-Zelltumor.

Diagnostik
- Wie Sertoli-Zelltumor: Kontrolle der Testosteronkonzentration.

Behandlung
- Bilaterale Kastration.
- In den ersten Monaten nach Operation ist ein erneutes Verhaltenstraining notwendig.
- Antiseborrhoische Shampoos, insbesondere teerhaltige Produkte.

7 Otitis externa

- Die Otitis externa ist als Entzündung des Gehörganges (Abb. 7.1) definiert und gehört zu den häufigen Erkrankung des Hundes.
- Zur erfolgreichen Behandlung einer Otitis gehört die Identifizierung der primären, prädisponierenden und der die Krankheit unterhaltenden Faktoren.

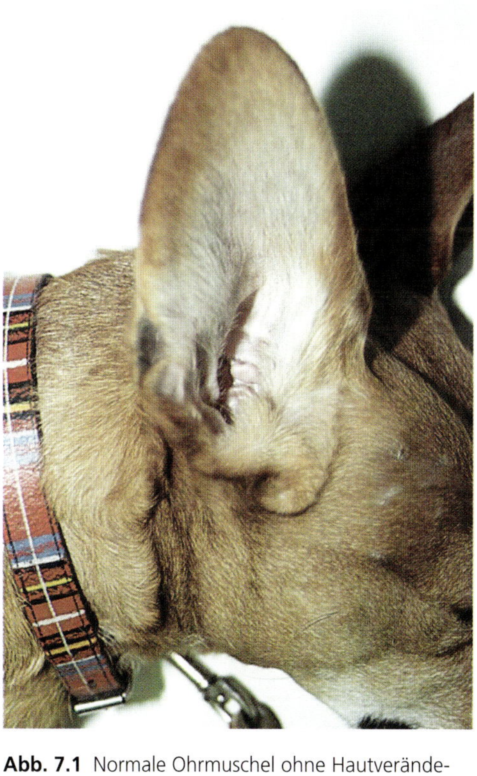

Abb. 7.1 Normale Ohrmuschel ohne Hautveränderungen der Ohrmuschel bzw. des Gehörganges.

- In vielen Fällen ist die primäre Ursache einer Otitis von geringer Bedeutung, so daß bei korrekter Behandlung der sekundären Infektionen, die die Otitis unterhalten, wie z. B. bakterielle Infektionen, keine Rezidive auftreten.
- Bei häufigen Rezidiven muß die Primärursache jedoch identifiziert und behandelt werden.

Primäre Ursachen
- Primäre Ursachen sind immer vorhanden.
- Bei unkomplizierten Fällen besteht keine Notwendigkeit, die primären Ursachen zu behandeln.

Überempfindlichkeitsreaktion
- Atopie (Abb. 7.2).
- Futtermittelintoleranz (Abb. 7.3).
- Kontaktallergie.

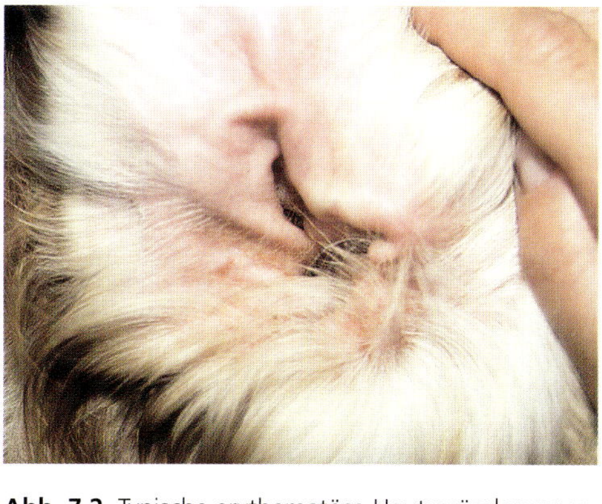

Abb. 7.2 Typische erythematöse Hautveränderungen an der medialen Seite der Ohrmuschel bei Otitis externa bei einem atopischen Hund.

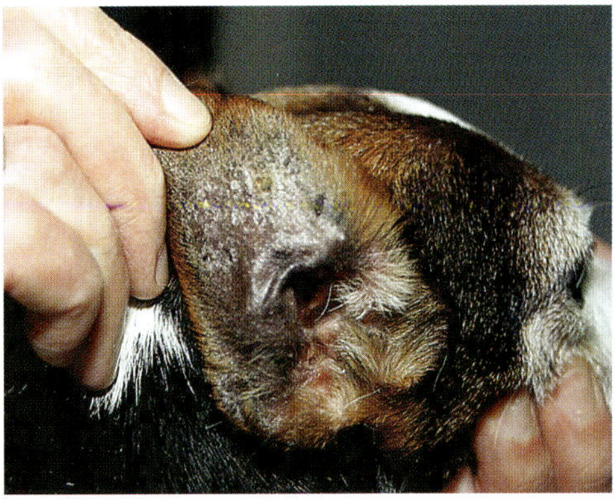

Abb. 7.3 Chronische Lichenifikation und Hyperpigmentierung bei einem Hund mit Futtermittelintoleranz.

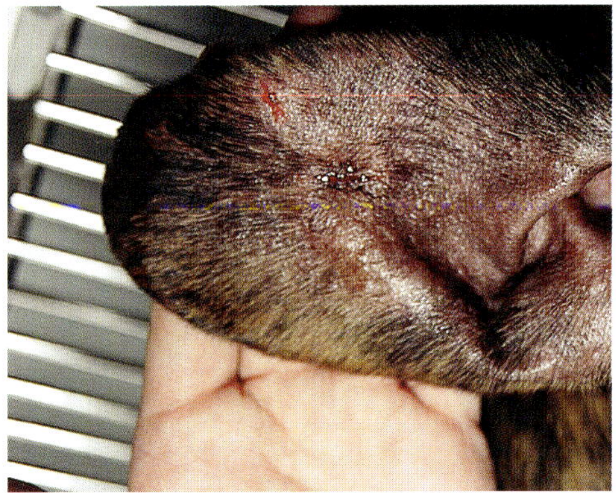

Abb. 7.4 Komedone an der Ohrmuschel bei Demodikose eines Boxerhundes.

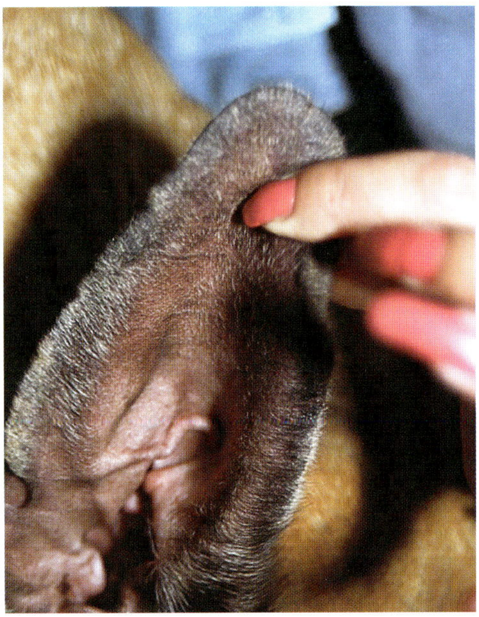

Abb. 7.5 Erythem, Verkrustung und Schuppung am äußeren Rand des Ohres bei Skabiesbefall.

Parasiten

- *Otodectes cynotis.*
- *Demodex canis* (Abb. 7.4).
- *Sarcoptes scabiei* (Abb. 7.5).
- Pedikulose.
- *Eutrombicula.*
- Flöhe *(Spilopsylla cuniculi).*

Pilze

- Dermatophyten.
- *Sporothrix schenckii.*

Endokrine Erkrankungen

- Hypothyreose (Abb. 7.6).
- Hyperkortisolismus.

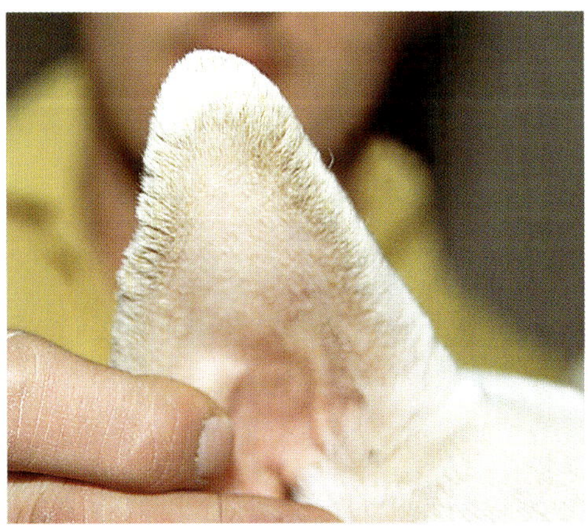

Abb. 7.6 Bei Hypothyreose auftretende, umschriebene Verkrustung an den Ohrspitzen.

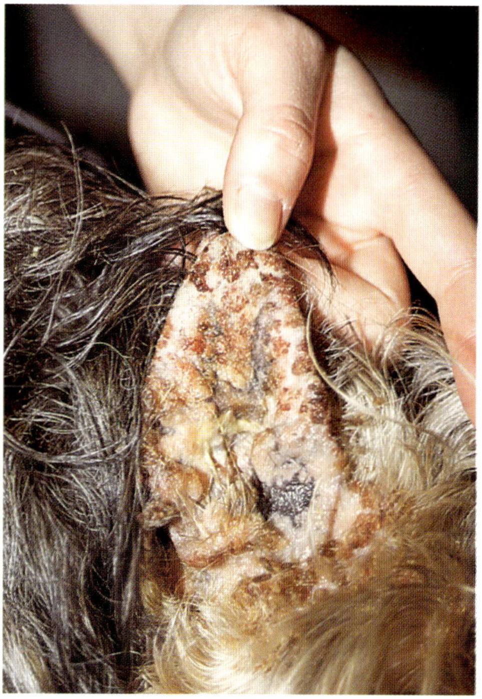

Abb. 7.7 Pusteln und Papeln bei Pemphigus foliaceus eines Yorkshire Terriers.

Immunologische Erkrankungen

- Lupus erythematodes.
- Pemphigus foliaceus (Abb. 7.7).
- Pemphigus erythematosus.
- Erythema multiforme (Abb. 7.8).

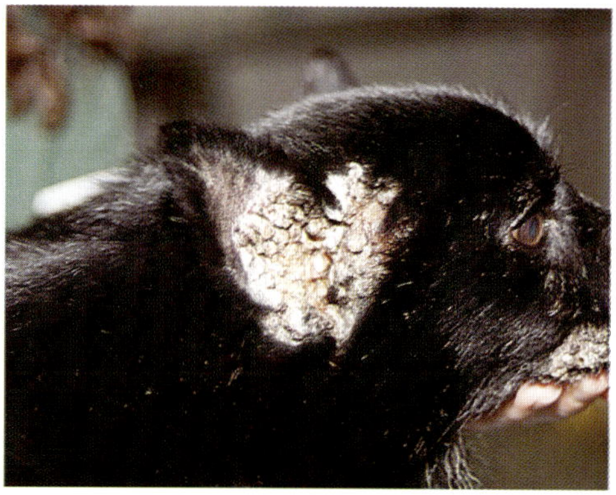

Abb. 7.8 Erythema multiforme am äußeren Gehörgang.

- Kälteagglutinin-Erkrankung.
- Vaskulitis.
- Bullöses Pemphigoid (Abb. 7.9).
- Arzneimittelexanthem (Abb. 7.10).

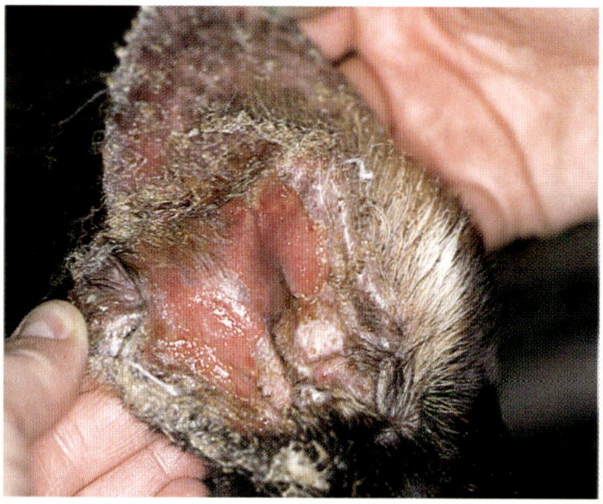

Abb. 7.9 Durch bullöses Pemphigoid verursachte Otitis externa.

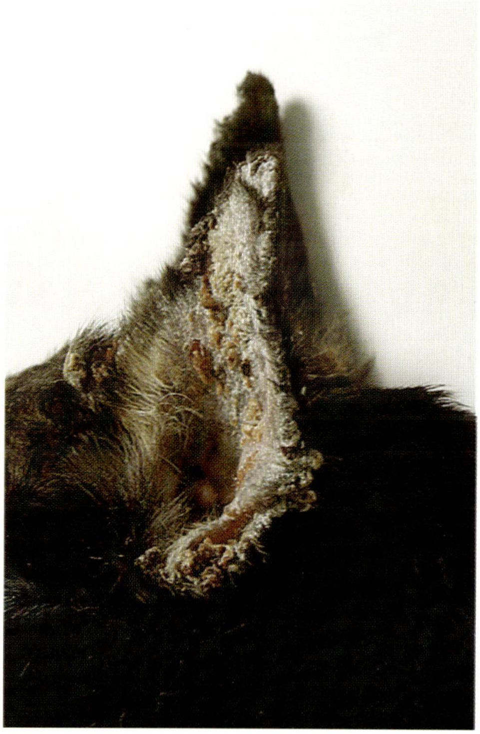

Abb. 7.10 Otitis externa, hervorgerufen durch Lokalbehandlung.

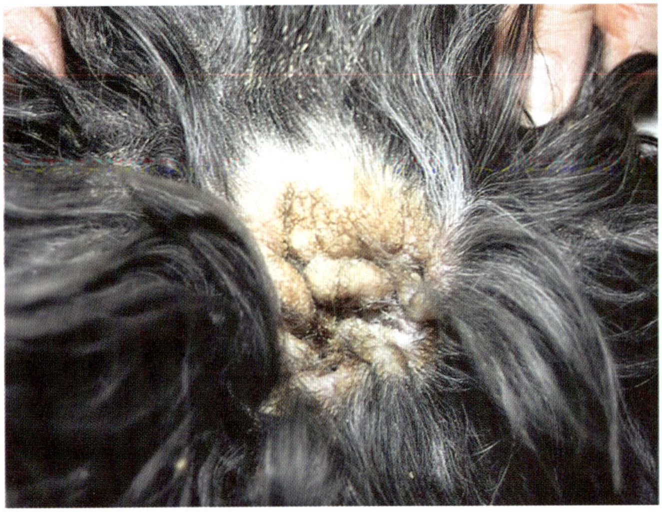

Abb. 7.11 Primäre idiopathische Seborrhoe des äußeren Gehörganges des Cockerspaniels.

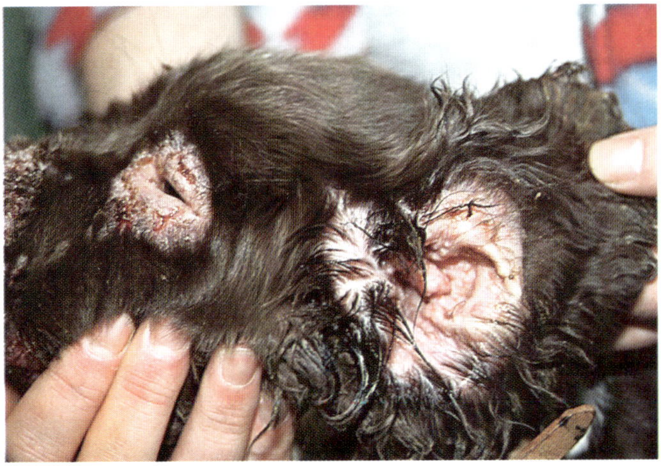

Abb. 7.12 Pyodermie beim Welpen mit Zeichen einer Otitis externa.

Fremdkörper

- Pflanzengrannen, Haar.
- Erde, Sand.
- Medikamente zur Behandlung des Ohres.

Verhornungsstörungen

- Vitamin-A-reaktive Dermatose.
- Primäre Seborrhoe (Abb. 7.11).
- Entzündung der Talgdrüsen.

Sonstige Ursachen

- Juvenile Zellulitis (Pyodermie des Welpen) (Abb. 7.12).
- Erkrankung der Drüsen (idiopathische Hyperplasie der Drüsen).
- Störungen der Zerumenbildung (Abb. 7.13).

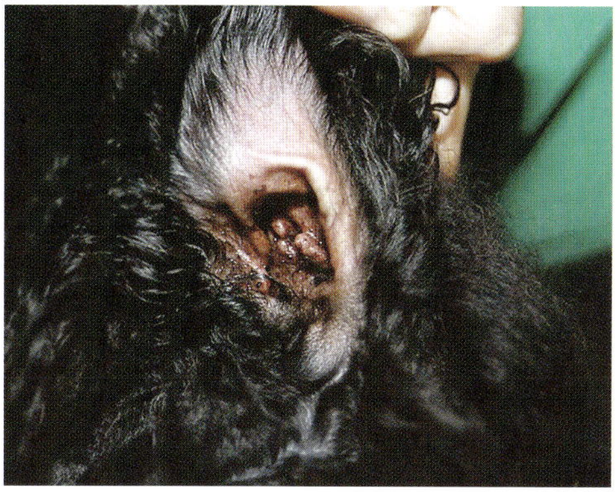

Abb. 7.13 Otitis externa ceruminosa.

Prädisponierende Faktoren

- Diese Faktoren verursachen allein keine Otitis externa.

Anatomische Besonderheiten

- Stenose des Gehörganges, z. B. beim Shar Pei (Abb. 7.14)
- Haariger Gehörgang, z. B. beim Pudel (Abb. 7.15).
- Verlauste Ohrmuschel, z. B. beim Basset.
- Haarige, konkave Ohrmuschel, z. B. beim Spaniel.

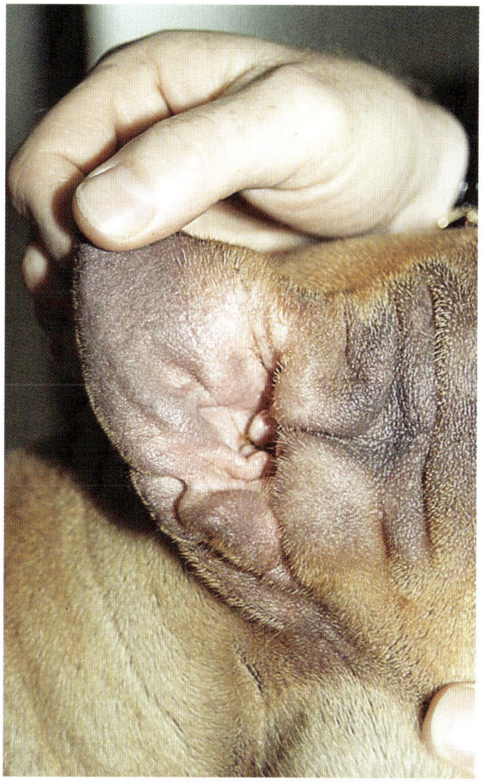

Abb. 7.14 Stenose des Gehörganges beim Shar Pei.

Abb. 7.15 Haarige Ohren eines Cavalier King Charles Spaniels.

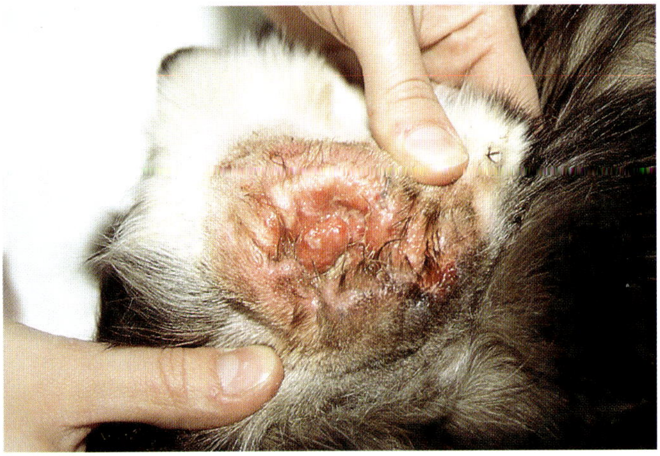

Abb. 7.16 Polyp im äußeren Gehörgang eines Old English Sheep Dog.

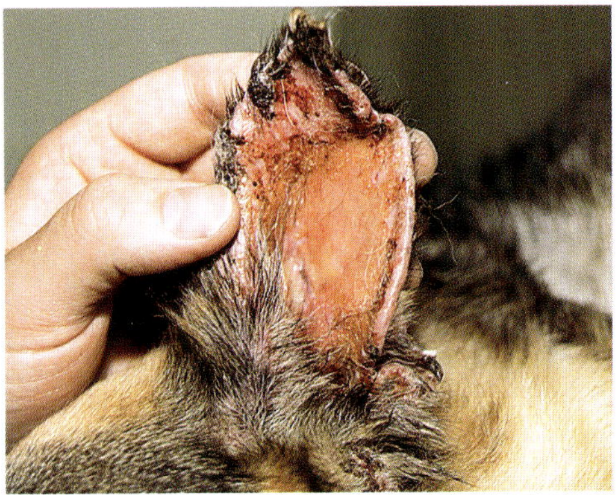

Abb. 7.17 Sekundäre Staphylokokkeninfektion bei Allergie.

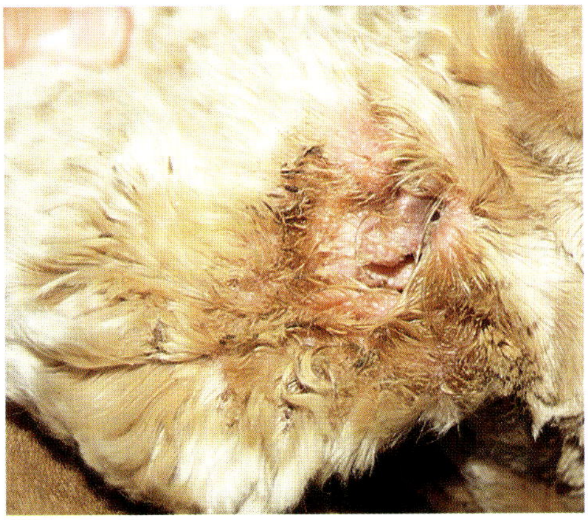

Abb. 7.18 Pseudomonas-Otitis bei Hypothyreose.

Exzessive Feuchtigkeit

- „Schwimmerohren" der Jagdhunde.

Behandlungsschäden

- Iatrogene Verletzung.
- Übertriebene Ohrreinigung.
- Durch übertriebene Pflege am Ohr eines Hundes können Superinfektionen induziert werden.

Obstruktive Ohrerkrankungen

- Polypen (Abb. 7.16).
- Neoplasie.

Systemische Erkrankungen

- Jede Erkrankung, die letztlich zu einer Immunsuppression führt.

Krankheitsunterhaltende Faktoren

- Zu den krankheitsunterhaltenden Faktoren gehören Erreger und pathologische Veränderungen, die auftreten, wenn die Suche nach einer ausgeprägten primären Ursache nicht erfolgt und die Behandlung des Ohres lediglich symptomatisch durchgeführt wird.
- Der Pseudomonas-Erreger spielt bei einer Otitis externa lediglich eine die Krankheit unterhaltende Rolle.

Bakterien

- Grampositiv, z. B. *Staphylococcus intermedius* (Abb. 7.17).
- Gramnegativ, z. B. *Proteus* spp., *Pseudomonas* spp. (Abb. 7.18).

Hefepilze
- *Malassezia pachydermatis* (Abb. 7.19).
- *Candida albicans.*

Progressive pathologische Veränderungen
- Hyperplasie, Ödeme, Fibrose.
- Mineralisation des Gehörganges.
- Die progressiven Veränderungen werden letztlich irreversibel (Abb. 7.20).

Otitis media
- Die Otitis media wird häufig verkannt. Sie wird antibiotisch behandelt.

Vorgehensweise bei einer Otitis externa
Anamnese, körperliche und dermatologische Untersuchung
- Ein Juckreiz mit Überempfindlichkeitsreaktionen an anderen Körperstellen kann z. B. den Hinweis auf den primären Triggermechanismus der Otitis externa geben.

Ohruntersuchung
- Untersuchung der Ohrmuschel, des vertikalen und horizontalen Gehörganges und der Haut in der Umgebung des Trommelfells.

Otoskopische Untersuchung
- Für diese Untersuchung ist oftmals eine Sedation und oder leichte Narkose notwendig.
- Die otoskopische Untersuchung soll einen Eindruck über den Zustand des äußeren Gehörganges und des Trommelfelles vermitteln.

Die Bedeutung der Farbe des Ohrsekrets
- Trocken, kaffeesatzartig: *Otodectes cynotis.*
- Feuchtes, braunes Exsudat: Staphylococcus, Malassezia.
- Eitrig gelbes Exsudat: Gramnegative Errger, insbesondere Pseudomonas.
- Zerumenartiger Ausfluß: Endokrinopathie, Verhornungsstörung.

Probengewinnung
- Watteträgerabstrich des Ausflusses.
- Direkte Untersuchung des Ohrwachses besonders bei parasitären Erkrankungen: *Otodectes cynotis* und *Demodex canis.*
- Untersuchung des gefärbten Ohrwachses (Diff-Quick): Hefepilze, Bakterien und Zellen nichtpathologischer Prozesse, wenn keine Leukozyten gesehen werden.

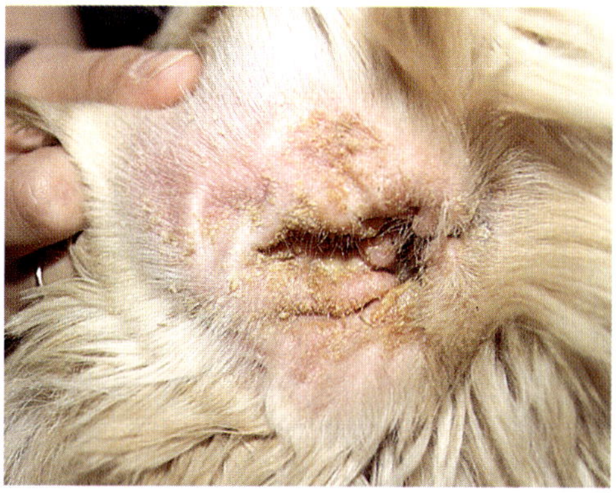

Abb. 7.19 Malassezia-Otitis bei Allergie.

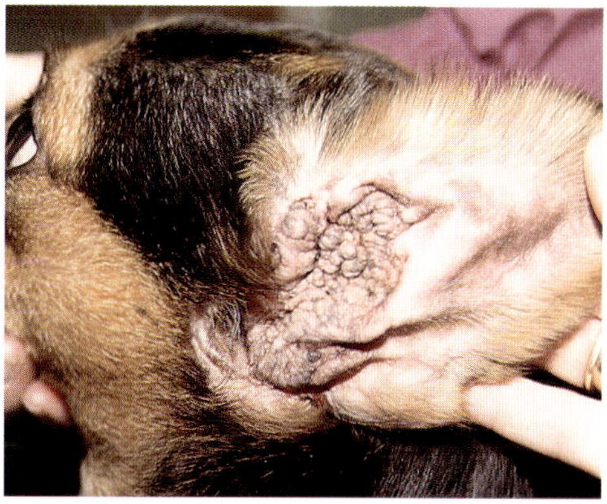

Abb. 7.20 Chronische, irreversible Veränderungen bei bekannter atopischer Dermatitis.

- Kultur und Sensibilitätsbestimmung.
- Hautgeschabsel von der Ohrmuschel oder vom vertikalen Gehörgang.
  - Untersuchung auf Parasiten.
- Tesastreifentest der Ohrmuschel (Diff-Quik-Färbung). Untersuchung auf Bakterien und Hefepilze.
- Zum Ausschluß eines Pemphigus, eines Erythema multiforme, einer Vaskulitis oder einer Neoplasie ist eine Biopsie der Ohrmuschel oder des vertikalen Gehörganges notwendig. Dabei wird die Spindelbiopsie der Stanzbiopsie vorgezogen.

Behandlung

Lokalbehandlung

- Es ist wichtig, keine empirische Behandlung mit lokalen, potenten Steroiden durchzuführen.

Reinigung des Ohres

- Mit der Reinigung des Ohres sollte bereits vor der Erstellung einer Diagnose begonnen werden. Es empfiehlt sich, nicht die Ergebnisse der Kultur und Sensibilitätsbestimmung abzuwarten.
- Entsprechende Reinigungsprodukte enthalten zerumenolytische Substanzen, Emulgatoren.

Lokale Glukokortikoide

- Die Wirkung der Glukokortikoide ist antipruritisch und antientzündlich.
- Mittelstarke Steroide wie Betamethason werden systemisch absorbiert.
  - Sie werden bei akuten Entzündungen, Allergien und immunologischen Erkrankungen angewandt, jedoch niemals als Langzeittherapie.
  - Zu den betamethasonhaltigen Produkten gehören Betsolan-Augen- und Ohrentropfen sowie Oterna-Ohrentropfen.
- Weniger potente Steroide, z. B. Prednisolon, Hydrocortison, haben eine begrenzte systemische Absorption.
  - Ihre Anwendung wird bei Allergien und Entzündungen als Langzeittherapie jeden zweiten Tag empfohlen.
  - Prednisolonhaltige Produkte: Canaural, Suralon.
  - Hydrocortisonhaltige Produkte: Neobitic HC.

Lokalbehandlung mit antibakteriellen Substanzen

- Antibakterielle Substanzen werden gegen bakterielle Erreger wie *Staphylococcus* spp. und *Pseudomonas* spp. eingesetzt.
- Antibakterielle Lokaltherapeutika in Kombination mit potenten Steroiden sollten insbesondere bei gramnegativen Infektionen mit besonderer Vorsicht eingesetzt werden.
- Medikamente gegen grampositive Infektionen.
  - Fucidincreme.
- Medikamente gegen gramnegative Infektionen.
  - Polymyxin.
- Medikamente gegen sowohl gramnegative als auch grampositive Infektionen.
  - Framycetin; Neomycin[1]; Betsolan eye and ear drops.

Lokale Behandlung der Hefepilze

- Die Medikamente sollten insbesondere gegen *Malassezia pachydermatis* wirken.
- Potente Steroide sollten bei Hefepilzinfektion nicht angewandt werden.
- Zu den entsprechenden Substanzen gehören:
  - Miconazol.
  - Nystatin.

Lokale Behandlung von Parasiten

- Behandlung der *Otodectes* spp.-Milbe.
- Bei einer lokalen Therapie gegen Milben ist die zusätzliche Gabe von antientzündlichen Wirkstoffen aufgrund der gleichzeitig auftretenden allergischen Reaktion des Hundes gegenüber Milben sinnvoll.
- Zu den entsprechenden Substanzen gehören:
  - Thiabendazol.
  - Monosulfiram.
  - Canaural, auch wirksam bei Milben. Es gibt keine Substanz, die ausschließlich gegen Milben wirksam ist.
- Wirkung gegen Demodex.
  - Keines der Medikamente gegen Demodex ist zugelassen.
  - Amitraz in Öl 1:9.
  - Ivermectin in Öl 1:9, nicht bei Kleintieren zugelassen.

---

[1] Aminoglycoside werden durch Eiter inaktiviert, und es sollte aus diesem Grunde das Ohr vor Benutzung dieser Medikamente gereinigt werden.

Systemische Therapie

Indikation

- Schwere Fälle einer Otitis externa.
- Eine adäquate topische Therapie kann von dem Tierbesitzer nicht durchgeführt werden.
- Otitis media.
- Durchführung der Therapie bis zu 10 Tage nach Remission.

Antibiose

- Entsprechend des Antibiogramms.
- Medikamente gegen Staphylokokken: Cephalexin, Sulfonamide, Clindamycin.
- Medikamente gegen Pseudomonas: Enrofloxazin, Marbofloxazin.

Behandlung der Hefepilze

- Ketoconazol (Nizoral, Jassen).

Behandlung mit Glukokortikoiden

- Zur Behandlung einer allergischen Otitis wird die orale Applikation von 1 mg/kg Prednisolon einmal täglich bei ausschleichender Dosierung und anschließender Anwendung einer Minimaldosis jeden zweiten Tag empfohlen.
- Zur Behandlung einer Otitis bei Immunerkrankungen werden 2 mg/kg Prednisolon einmal täglich in ausschleichender Dosierung empfohlen.

Operative Behandlung

- Eine operative Behandlung ist nur bei irreversiblen pathologischen Schäden und bei Nichtansprechen einer medikamentösen Behandlung indiziert.
- Die operative Behandlung sollte eine gründliche Diagnostik nicht ersetzen.

Immunologische Erkrankungen der Haut

8

Überempfindlichkeitsreaktionen

Urtikaria und Angioödem

Ursache und Pathogenese

- Degranulation der Mastzellen und Basophilen durch immunologische und nichtimmunologische Ursachen.
- Hypersensibilitätsreaktion vom Typ I, II und III.
- Nichtimmunologische Ursachen:
  - Genetische Abnormalitäten.
  - Medikamente und Chemikalien.
  - Physikalische Kräfte (Druck, Sonneneinstrahlung, Hitze, Sport).

Klinische Symptome

- Urtikaria.
  - Umschriebene und generalisierte Urtikaria (Abb. 8.1).
  - Pruritus und Exsudation in unterschiedlicher Ausprägung.
  - In den geschwollenen Hautarealen formieren sich Haarbüschel.
  - Die Hautveränderungen bilden sich von selbst zurück.

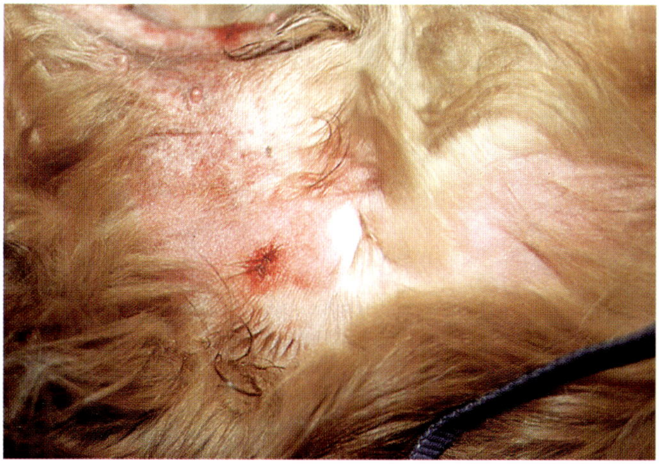

Abb. 8.1 Urtikarielle Quaddeln bei einem atopischen Hund.

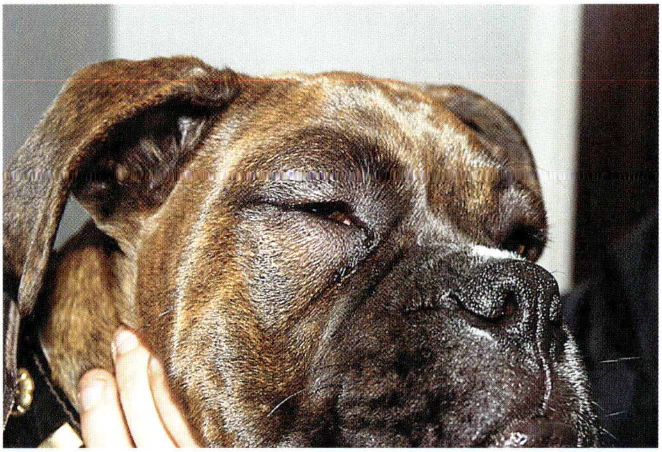

Abb. 8.2 Angioödem eines Boxers mit Futtermittelunverträglichkeit.

- Angioödem.
  - Umschriebene bzw. generalisierte ödematöse Schwellung (Abb. 8.2).
  - Pruritus und Exsudation in unterschiedlicher Ausprägung.
  - Bei Schwellung des Pharynx und Larynx besteht Lebensgefahr.

Differentialdiagnose
- Follikulitis mit Haarbüscheln.
- Vaskulitis.
- Erythema multiforme.
- Neoplasien.

Diagnose
- Anamnese.
- Körperliche Untersuchung.
- Identifizierung der Auslösemechanismen ist nicht immer möglich.
- Hautbiopsie ist unspezifisch und bringt oft keine diagnostischen Hinweise.

Behandlung
- Eliminierung der Auslösemechanismen.
- Behandlung der Symptome mit:
  - Adrenalin in einer wäßrigen Lösung 1:1000: 0,1–0,5 ml subkutan.
  - Glukokortikoide: Prednisolon 2 mg/kg per os, intravenös oder intramuskulär.
  - Antihistaminika – Mittel der Wahl im Akutfall: Hydroxyzin (Atarax) 25–50 mg/Hund zwei- bis dreimal täglich. Chlorpheniramin 4,8 mg/Hund zwei- bis dreimal täglich.

Atopie des Hundes (Atopische Dermatitis)

- Die Atopie des Hundes ist genetisch determiniert. Sie wird zur Überempfindlichkeitsreaktion des Typ I gerechnet.

Ursache und Pathogenese
- Es wird eine genetische Vererbbarkeit angenommen.
- Bei den Hunden kommt es nach Erkrankungen mit Parasiten und Viren sowie nach Vakzinationen zur Bildung von antigenspezifischen IgE.
- Der Umfang der Expositionen gegenüber dem Allergen bestimmt letztlich den Zeitpunkt des Auftretens der klinischen Symptome der Atopie.
- Das Allergen kann inhaliert oder durch die Haut oder den Magen-Darm-Trakt aufgenommen werden.

Klinische Symptome
- Ca. 10 % der Hunde haben eine Atopie.
- Erste Anzeichen der Atopie können zwischen 6 Monaten und 7 Jahren auftreten. Im Durchschnitt tritt die Atopie zwischen dem 1.–3. Lebensjahr in Erscheinung.
- Bei 80 % der Hunde treten die ersten Zeichen der Atopie saisonal auf, sind im weiteren Verlauf aber nicht mehr jahreszeitlich gebunden.

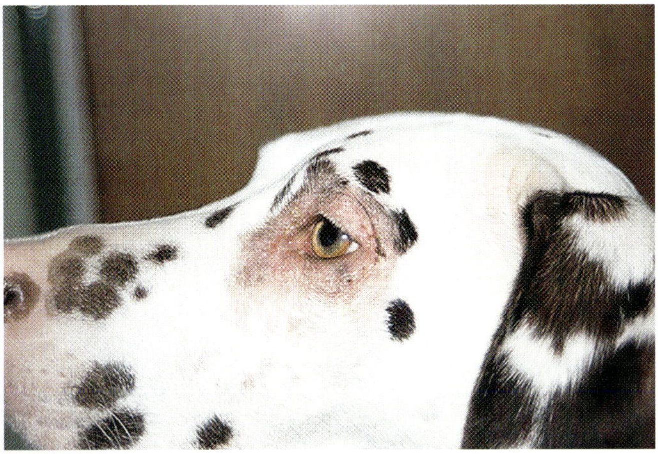

Abb. 8.3 Periokulärer Pruritus und Pyodermie bei einem atopischen Dalmatiner.

Rassendisposition
- Shar Pei, West Highland White Terrier, Scottish Terrier, Englischer Setter, Labrador Retriever, Boxer, Golden Retriever.

Hautveränderungen
- Mittelgradiger bis schwerer Puritus im Gesicht (Abb. 8.3), an den distalen Extremitäten (Abb. 8.4 und 8.5), im vorderen Ellenbogenbereich und am Ventrum (Abb. 8.6).
- Atopische Otitis externa in 50 % der Fälle (Abb. 8.7).
- Konjunktivitis in 50 % der Fälle.
- Andere Symptome: Bakterielle Pyodermie, akute nässende Dermatitis, akrale Leckdermatitis (65–70 %).
- Häufig Infektion mit Malassezia.

Extrakutane Symptome
- Selten.
- Rhinitis, Katarakt, gastrointestinale Störungen, Asthma, unregelmäßige Sexualzyklen der Hündinnen.

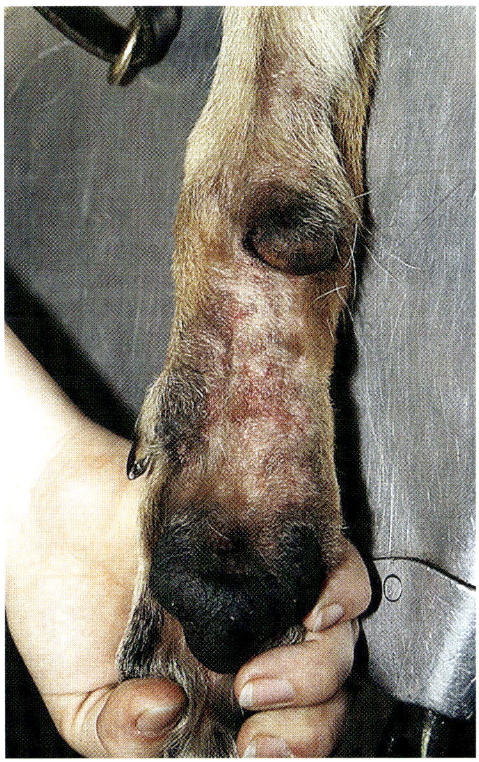

Abb. 8.4 Erythem und Lichenifikation in Höhe der Vorderfußwurzel bei einem atopischen Deutschen Schäferhund.

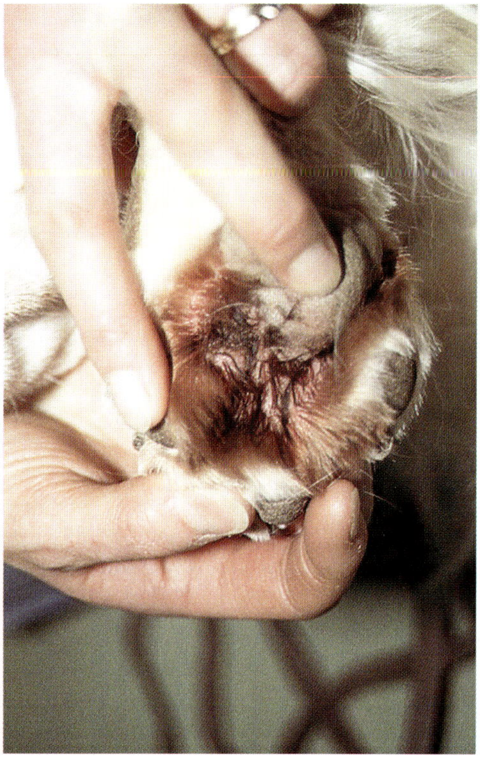

Abb. 8.5 Interdigitale Verfärbung durch Speichel bei einem atopischen West Highland White Terrier.

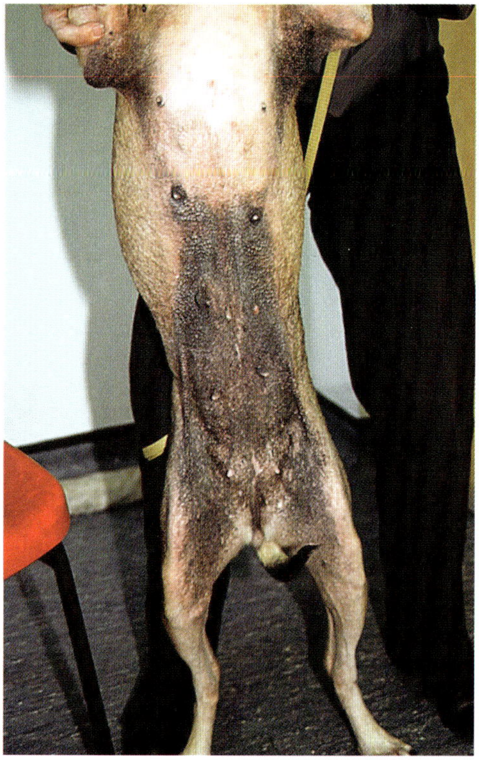

Abb. 8.6 Chronische Lichenifikation und Hyperpigmentierung bei chronischer atopischer Dermatitis eines Hundes.

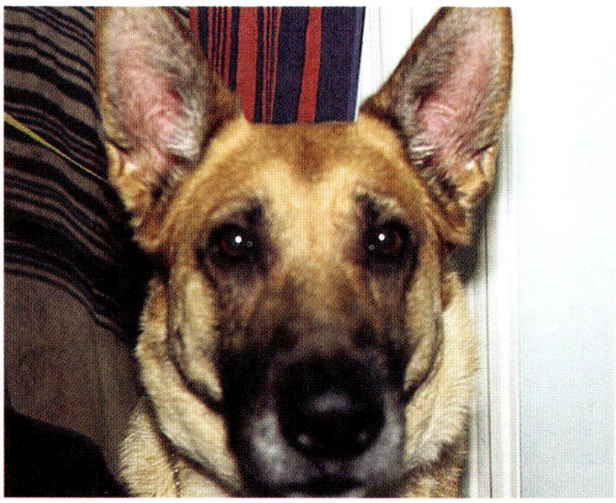

Abb. 8.7 Erythem der Ohrmuschel bei atopischem Deutschen Schäferhund.

Differentialdiagnose

- Allergische Flohstichdermatitis.
- Futtermittelunverträglichkeit.
- Skabies.
- Kontaktdermatitis.
- Malassezia-Dermatitis.
- Bakterielle Follikulitis.
- Viele der oben genannten Erkrankungen können beim atopischen Hund gleichzeitig auftreten.

Diagnose

- Anamnese.
- Körperliche Untersuchung.
- Laboruntersuchungen zum Ausschluß anderer Erkrankungen.
- Die intradermalen Hauttests eignen sich am besten zur Untersuchung eines atopischen Hundes auf eine Allergie.
- *In-vitro*-Allergietest.
- Diagnostische Haupt- und Nebenbefunde der Atopie.
- Die Hautbiopsie ist unspezifisch. Sie hat keinen diagnostischen Wert und wird zum Ausschluß der Atopie benutzt.

Behandlung

- Eine spontane Desensibilisierung ist selten.
- Bei atopischen Hunden ist eine lebenslange Behandlung notwendig.
- Eine Vermeidung der Exposition gegenüber dem die Atopie auslösenden Allergen ist oft nicht möglich, aber die Exposition kann durch Veränderungen im Lebensraum des Hundes signifikant vermindert werden. So sollten bei der Allergie gegenüber Hausstaubmilben die Hunde draußen gehalten werden.
- Lokaltherapie.
  - Antipruritische Mittel.
  - Kühlende Lösungen, die Menthol, Hamamelisextrakte, Haferflocken als Kolloide enthalten.
- Hyposensibilisierung.
  - Anwendung bei Hunden, bei denen eine Allergenexposition nicht verhindert werden kann und eine topische und systemische Therapie unbefriedigende Ergebnisse zeigte.
  - Erfolgsrate 50–80 %.
  - Effektive, wertvolle und relativ sichere Behandlung atopischer Hunde.
- Systemische antipruritische Behandlung.
  - Antihistaminika haben bisher gute Erfolge gezeigt.
  - Clemastin: 0,05–0,1 mg/kg zweimal täglich.
  - Hydroxyzin: 2,2 mg/kg p. o. dreimal täglich.
  - Chlorpheniramin: 0,4 mg/kg dreimal täglich.
  - Die Anthistaminika bedingen eine Reduzierung des Juckreizes in 10–30 % der Fälle.
  - Die Wirkung der unterschiedlichen Medikamente ist individuell und nicht vorhersehbar.
- Substitution der Fettsäuren.
  - Produkte, die sowohl Omega-3- als auch Omega-6-Fettsäuren enthalten, können in der Behandlung von Juckreiz bei atopischen Hunden angewandt werden.
  - Eine Therapie mit Fettsäuren intensiviert die Wirkung von Anthistaminika und Glukokortikoiden.
- Systemische Glukokortikoide.
  - Prednisolon: 1 mg/kg einmal täglich für 7–10 Tage bis zur Unterdrückung der Symptome. Danach sollte jeden zweiten Tag als Erhaltungsdosis die niedrigste Prednisolondosis eingesetzt werden.
  - Bei Anfälligkeit gegenüber bakteriellen Infektionen und Pilzinfektion sollte die Therapie mit Glukokortikoiden mit besonderer Vorsicht durchgeführt werden.

Allergische Kontaktdermatitis

- Die allergische Kontaktdermatitis ist eine seltene, makulopapulöse Dermatitis, die dünn behaarte Hautareale in Kontaktbereichen befällt.

Ursache und Pathogenese

- Überempfindlichkeitsreaktion vom Typ IV; Abgrenzung zur kumulativ-toxischen Kontaktdermatitis.
- Ungefähr 1–5 % aller Hundedermatosen werden durch Kontaktsensibilisierung verursacht.
- Zu den Allergenen gehören Pflanzen, z. B. giftiger Efeu, giftige Eiche; Metalle wie Kobalt, Nickel; Gummi, Kunstharze, Teppichduftstoffe.
- Überempfindlichkeitsreaktionen an der Haut treten auch bei lokaler Anwendung von Neomycin auf.

Klinische Symptome

- Keine Rassendisposition. Atopische Hunde sind prädisponiert.
- Eine Überreaktion eines einzigen Tieres im Haushalt spricht für eine allergische Komponente, während bei Reaktion mehrerer Tiere eher eine toxische Komponente in Frage kommt.
- Sensibilisierungzeit beträgt normalerweise 2 oder mehr Jahre.
- Die Hautveränderungen treten an nichtbehaarten bzw. wenig behaarten Arealen auf (Abb. 8.8) (außer bei Hautveränderungen, die durch Cremes, Shampoos usw. verursacht wurden), z. B. am Abdomen, am Thorax, im Nacken, am Skrotum, am Perineum, an der ventralen Seite der Pfoten (außer an den Pfotenballen).
- Zu den akuten Zeichen einer allergischen Kontaktdermatitis zählen das Erythem, Papeln, Pusteln.
- Chronische Zeichen sind Alopezie, Veränderungen in der Pigmentierung (Hypo- oder Hyperpigmentierung), Lichenifikation (Abb. 8.9).

Differentialdiagnose

- Irritative Kontaktdermatitis.
- Atopie.
- Futtermittelunverträglichkeit.
- Skabies.
- Pelodera-Dermatitis.
- Hakenwurmdermatitis.

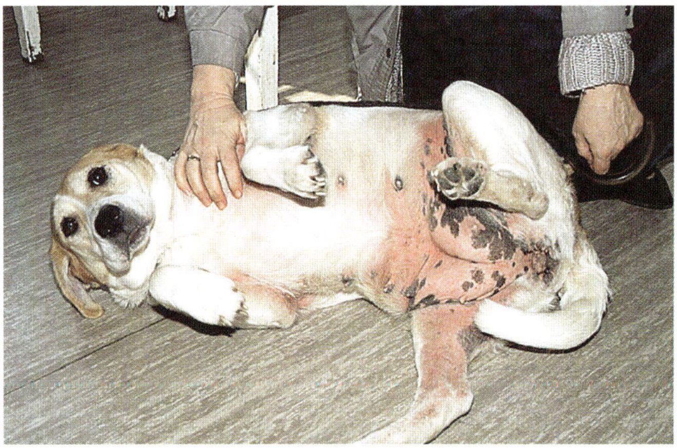

Abb. 8.8 Kontaktallergie mit Erythem der Axillen und des Inguinalbereiches.

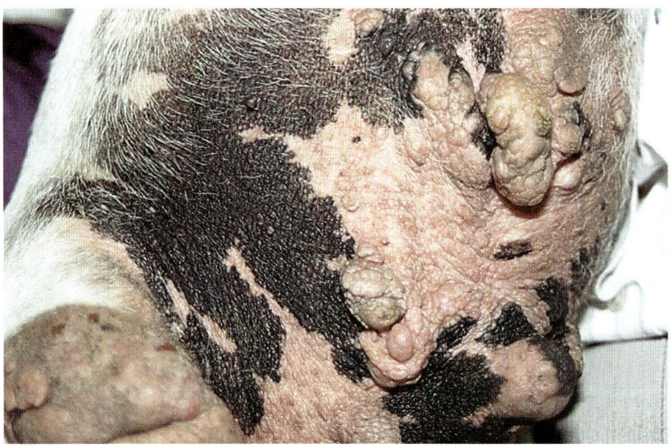

Abb. 8.9 Lichenifikation und Erythem bei chronisch allergischer Kontaktdermatitis des Hundes.

Diagnose

- Anamnese.
- Klinische Symptome.
- Provokationsexposition.
  - Das Tier wird über 14 Tage einer hypoallergischen Umgebung ausgesetzt.
  - Dann vorsichtige Exposition gegenüber dem potentiellen Allergen, um eine Reaktion auszulösen.
- Patch-Test.
  - Geschlossener Patch-Test: Die Testsubstanz wird auf die geschorene Haut am lateralen Thorax mit Gaze oder unter einer Finn-Kammer appliziert und mit einer Binde am Körper festgehalten. Nach 24 Stunden erfolgt dann die Kontrolle auf Zeichen einer Überreaktion.
  - Offener Patch-Test: Die Testsubstanz wird in die Haut eingerieben und die Teststelle über 5 Tage beobachtet.
- Die Hautbiopsie hat keinen diagnostischen Wert.

Behandlung

- Vermeidung von Allergenexposition.
- Langzeitbehandlung mit Glukokortikoiden.
- Systemische Behandlung mit Prednisolon: 1 mg/kg per os jeden zweiten Tag.
- Die lokale Anwendung von potenten Steroiden sollte aufgrund der starken kutanen Absorption vermieden werden.

Futtermittelunverträglichkeit/ Nahrungsmittelallergie

- Nichtsaisonale, juckende Hauterkrankung durch Bestandteile im Futter.

Ursache und Pathogenese

- Futtermittelallergie ist eine Überempfindlichkeitsreaktion vom Typ I (Typ III und IV werden vermutet), die normalerweise durch Glykoproteine ausgelöst wird.
- Futtermittelintoleranz: Eine nichtallergische Reaktion, obwohl sie klinisch nicht von einer Allergie zu unterscheiden ist. Sie wird durch Nahrungsmittel hervorgerufen, die Histamin oder histaminähnliche oder histaminfreisetzende Substanzen enthalten.
- Rindfleisch, Milchprodukte, Hühnerfleisch, Getreide, Eier, Soja rufen eine Überempfindlichkeitsreaktion hervor.
- Zusatzstoffe und Geschmacksverstärker sind nur selten die Ursache für eine Allergie bei Hunden.

Klinische Symptome

- Ursache für ca.1 % aller Hauterkrankungen bei Hunden.
- Auftreten bei jeder Altersgruppe und beiden Geschlechtern, oft bei jungen Hunden.
- Keine Rassendisposition.

Hautveränderungen

- Juckreiz ohne primäre Hautveränderungen.
- Sekundärläsionen durch Selbstverstümmelung (Abb. 8.10), häufig akut nässende Dermatitis.

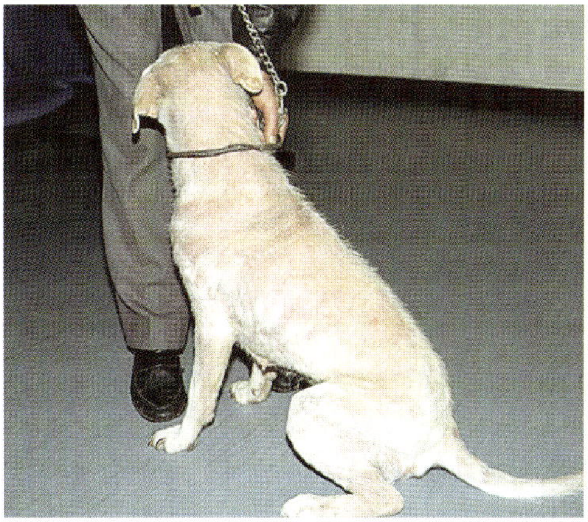

Abb. 8.10 Generalisierter Pruritus und Erythem bei einem Hund mit Futtermittelunverträglichkeit.

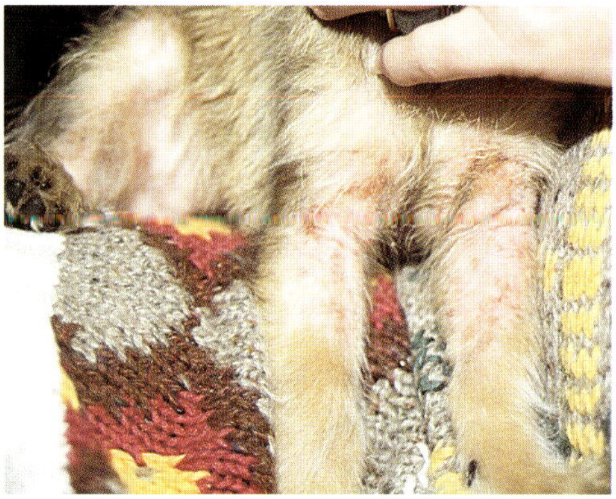

Abb. 8.11 Selbstinduziertes Trauma in den Ellenbeugen eines Welpen mit Futtermittelunverträglichkeit.

- Unterschiedliche Ausbreitung der Läsionen, oft an den distalen Gliedmaßen (Abb. 8.11), an den Axillen, im Genitalbereich.
- Hautveränderungen wie bei der Atopie des Hundes oder bei der Flohstichallergie.
- Der Juckreiz spricht nur wenig auf Steroide an.
- Die Läsionen können auf die Ohren beschränkt sein.
- Es können bakterielle Sekundärinfektionen und Infektionen mit Malassezia auftreten.

Extrakutane Symptome

- Gastrointestinale Symptome: Diarrhoe, Tenesmus, Kolitis, Vomitus.
- Symptome des zentralen Nervensystems: Selten epileptische Anfälle.
- Allgemeine Lethargie, schlechter Appetit.

Differentialdiagnose

- Atopie.
- Flohstichallergie.
- Pedikulose.
- Skabies.
- Malassezia-Dermatitis.

Diagnose

- Anamnese.
- Erstellung einer Diagnose durch Eliminations- und Suchdiäten: Die Tiere werden über 10 bis 13 Wochen auf Diät gesetzt. Bereits nach 4 Wochen sollte eine erste Besserung eingetreten sein.
- Auswahl der Diät.
  - Die Diät wird für jeden Hund individuell zusammengestellt.
  - Reine Protein- und Kohlenhydratressourcen.
  - Nahrung ohne Zusatzstoffe, Farbstoffe usw.
  - Zu den Eiweißressourcen gehören Fisch, Kaninchen, Reh, Truthahn, Huhn, Ente, Soja.
  - Zu den Kohlenhydratressourcen gehören Reis, Kartoffeln, Mais.
- Diätarten.
  Es wird idealerweise selbstzubereitetes Futter empfohlen. Jedoch ist die Compliance der Besitzer oft schlecht, so daß junge Hunde häufig keine ausgewogene Nahrung erhalten.
  - Kommerziell hergestellte, hypoallergene Nahrung ist keine wirkliche Diät, aber eine einfache Art, eine ausgewogene Kost zur Verfügung zu stellen.
- Untersuchungen.
  - Scratch-Test, intrakutane und serologische Tests sind nicht aussagekräftig genug.
  - Die Hautbiopsie hat keinen diagnostischen Wert.

Behandlung

- Vermeidung von Allergenen.
  - Hinzufügen von verschiedenen Nahrungsmitteln zu einer hypoallergenen Kost ermöglicht die Identifizierung der krankheitsbedingenden Allergene.
  - Jedes neue Nahrungsmittel sollte alle 7–10 Tage hinzugefügt werden.
- Auswahl einer langfristigen Diätform.
  - Substitution des selbstzubereiteten Futters mit Mineralien, Vitaminen und essentiellen Fettsäuren.
  - Fertigfutter ohne die krankheitsbedingenden Allergene.

Hormonallergie

- Sehr seltene Hauterkrankung mit Juckreiz, der durch eine Überempfindlichkeitsreaktion auf Sexualhormone hevorgerufen wird.

Ursache und Pathogenese

- Überempfindlichkeitsreaktion vom Typ I und IV auf endogenes Progesteron, Östrogen und Testosteron.

Klinische Symptome

- Keine Alters- oder Geschlechtsdisposition.
- 90 % der betroffenen Tiere sind unkastrierte Hündinnen mit Störungen im Läufigkeitszyklus.
- Die Läsionen sind bilaterale, symmetrische, juckende, papulokrustöse Eruptionen am dorsalen Rumpf, im Genitalbereich, am Perineum und im kaudomedialen Bereich der Schenkel.
- Häufig findet man in der Anamnese unregelmäßige Läufigkeitszyklen mit gleichzeitiger Pseudoschwangerschaft.

Differentialdiagnose

- Flohstichallergie.
- Futtermittelunverträglichkeit.
- Atopie.
- Skabies.

Diagnose

- Anamnese.
- Körperliche Untersuchung.
- Intrakutantest mit Hormonen.
- Die Hautbiopsie hat keinen diagnostischen Wert.

Behandlung

- Gabe von antagonistischen Hormonen, z. B. Testosteronen für die Weibchen (1,0 mg/kg intramuskulär).
- Es wurden Nebenwirkungen bei der Behandlung mit Sexualhormonen beobachtetet.
- Der Behandlungserfolg bei Sterilisierung tritt nach 7–10 Tagen ein.

Überempfindlichkeit gegenüber Bakterien

- Sehr seltene, pustuläre Dermatitis als Überempfindlichkeitsreaktion auf Staphylokokkenantigene.

Ursache und Pathogenese

- Überempfindlichkeitsreaktion vom Typ I und III wird vermutet.

Klinische Symptome

- Die Läsionen sind erythematöse Pusteln, Kokarden und hämorrhagische Bullae (Abb. 8.12).
- Starker Juckreiz.
- Bei den betroffenen Hunden treten oft Hypothyreose, Atopie und Flohstichallergie gleichzeitig auf.

Differentialdiagnose

- Demodikose.
- Dermatophytose.
- Sterile pustuläre Erkrankung, wie z. B. Pemphigus foliaceus, sterile eosinophile Pustulose.

Diagnose

- Anamnese.
- Klinische Symptome.
- Bakterienkultur: Staphylokokken (normalerweise Koagulase-positiv).
- Die Hautbiopsie zeigt eine Vaskulitis und Pusteln/Follikulitis.
- Intrakutantest mit Staphoid A-B.

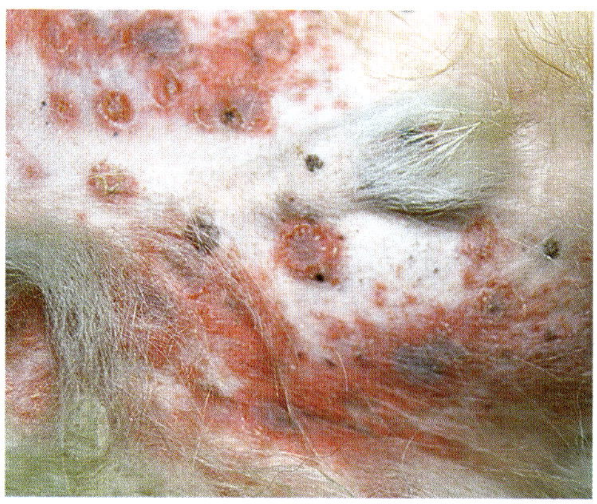

Abb. 8.12 Erythematöse Pusteln, Kokarden und hämorrhagische Bullae bei einer Überempfindlichkeit gegenüber Bakterien.

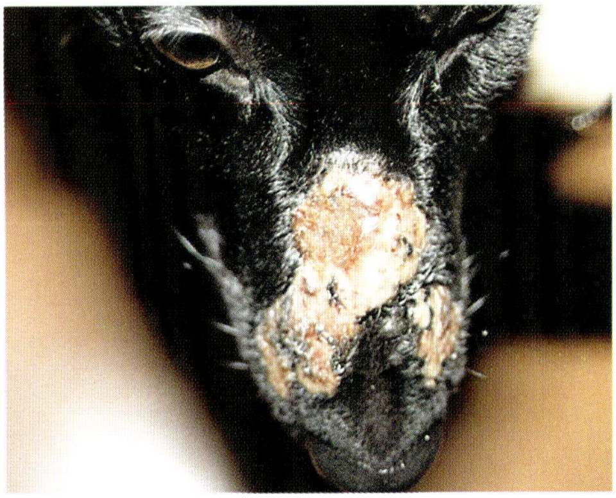

Abb 8.13 Erythem, Krusten und Exsudation bei einem Hund mit eosinophiler Furunkulose des Gesichtes.

Behandlung
- Antibiotische Behandlung der zugrundeliegenden Erkrankung entsprechend dem Antibiogramm.
- Idiopathische Erkrankung, bedarf einer Langzeitantibiose oder biologischer Therapie mit Staphoid A-B.

Überempfindlichkeit gegenüber Parasiten

Allergische Dermatitis gegenüber Flöhen
- Siehe Kapitel 5, Parasitologie der Haut.

Eosinophile Furunkulose des Gesichtes
- Akute sterile Furunkulose der Nase und des Mauls.

Ursache und Pathogenese
- Allergische Reaktion gegenüber Insekten und Arthropoden.
- Der genaue Pathomechanismus ist nicht bekannt.
- Es wird die Exposition gegenüber Flöhen und Wespen als mögliche Ursache angesehen.

Klinische Symptome
- Junge Hunde sind besonders betroffen. Keine Alters- und Geschlechtsdisposition.
- Akute Ausbildung der Hautveränderungen innerhalb von Stunden.
- Zu den typischen Hautveränderungen gehören Knoten, Papeln, Ulzerationen, Hämorrhagien und Krusten.
- Schmerzen, geringer Juckreiz.
- Lokalisation: Auf dem Nasenrücken (Abb. 8.13), auf dem Maul und periokulär.
- Sekundärinfektionen wurden beschrieben.

Differentialdiagnose
- Staphylokokkeninfektion.
- Dermatophytose.
- Verbrennungen.
- Arzneimittelexanthem.

Diagnose
- Anamnese.
- Klinische Symptome.
- In der Zytologie zeigt sich im frühen Stadium eine Eosinophilie.

Behandlung
- Gute Prognose.
- Systemische Glukokortikoide: Prednisolon 1–2 mg/kg einmal täglich bis zum Ansprechen auf die Therapie, dann jeden zweiten Tag bis zur Remission innerhalb von 10 bis 14 Tagen.

Skabies des Hundes
- Siehe auch Kapitel 5, Parasitologie der Haut.
- Allergische Reaktion gegenüber Milben, deren Faeces und Eiern.
- Die allergische Komponente kann erklärt werden durch:
  - Asymptomatische Träger.
  - Unausgewogenes Verhälnis zwischen der sehr geringen Zahl der Milben und dem Schweregrad der Krankheit.
  - Die klinischen Zeichen persistieren oft Monate über die Behandlung hinaus.

Allergische Reaktionen gegenüber anderen Ektoparasiten
- Eine Überempfindlichkeitsreaktion der Haut wurde auch bei anderen Ektoparasiten beobachtet.
  - Allergische Reaktion auf Zeckenbisse.
  - Allergische Reaktion auf *Otodectes cynotis*-Milbe.

Autoimmunerkrankungen

Pemphigusgruppe

- Sehr seltene vesikulobullöse Erkrankung der Haut und der Schleimhäute.
- Es sind viele verschiedene Formen bekannt.
- Pemphigus vulgaris.*
- Pemphigus vegetans.*
- Pemphigus foliaceus.*
- Pemphigus erythematosus.*
- Lineare IgA-Dermatose.
- Paraneoplastischer Pemphigus.
- Medikamenteninduzierter Pemphigus (inklusive Futtermittelsubstanzen), Pemphigus in Verbindung mit chronischen Erkrankungen, Tumoren des Immunsystems.

Pemphigus vulgaris

Ursache und Pathogenese

- Autoantikörper gegen das 130-kD-Glykoprotein, das zu der Familie der Cadherine gehört.*
- Verlust von interzellulärer Kohäsion und suprabasale Akantholyse.

Klinische Symptome

- Zweitseltenste Form des Pemphigus.
- Keine Alters-, Geschlechts- oder Rassendisposition.

Hautveränderungen

- Blasen, Bullae, Erosionen, Ulzerationen der Mundhöhle und der mukokutanen Übergangszone.
- Gelegentlich Läsionen in der Axilla und im Genitalbereich.
- Ulzerierende Paronychie und Onychomadesis.
- Nikolski-Zeichen nachweisbar.

Extrakutane Symptome

- Anorexie, Fieber.

Differentialdiagnose

- Bullöses Pemphigoid.
- Systemischer Lupus erythematodes.
- Toxische epidermale Nekrolyse (TEN).
- Arzneimittelexanthem.
- Erythema multiforme.
- Epitheliotropes Lymphom.

Diagnose

- Klinische Symptome.
- Biopsie der Primärlasion: Suprabasale Akantholyse. „Grabsteine" haften an der Basalmembran.

Behandlung

- Sehr schlechte Prognose. Ohne Behandlung ist diese Erkrankung letal.
- Immunsuppressive Therapie.
  - Prednisolon: 2,0–6,0 mg/kg per os einmal täglich.
  - Azathioprin: 1,5–2,5 mg/kg per os einmal täglich.
  - Die Behandlung kann mit einer gleichzeitigen Gabe von beiden Medikamenten bis zur Remission durchgeführt werden. Dann Reduzierung auf die Minimaldosis beider Medikamente und alternierende Applikation. Dabei ist es schwer, die Remission zu erreichen und dann zu erhalten.
- Langzeitüberwachung.
  - Prednisolontherapie: Kontrolle des Urins auf Glukose, Hämaturie.
  - Azathioprin: Alle zwei Wochen sollte bis zur Stabilisierung der Werte eine Kontrolle des Blutbildes erfolgen. Dann Blutbildkontrolle zwei- bis dreimal im Jahr.

Pemphigus vegetans

Ursache und Pathogenese

- Die mildere (benigne) Form des Pemphigus vulgaris bei Tieren mit geringerer Autoreaktion.

Klinische Symptome

- Seltenste Form des Pemphigus.
- Keine Alters-, Geschlechts- oder Rassendisposition.

---

* Pathomechanismus wie beim Menschen

Hautveränderungen
- Verruköse Vegetation und papillomatöse Proliferation mit Pusteln.
- Nikolski-Zeichen kann vorhanden sein.

Differentialdiagnose
- Bakterielle Granulome.
- Pilzgranulome.
- Hauttumoren, insbesondere das epitheliotrope Lymphom.

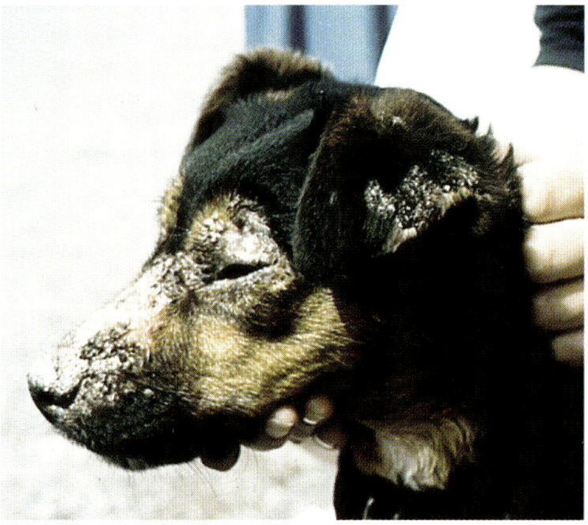

Abb. 8.14 Krusten an Nase und Ohren eines Hundes bei Pemphigus foliaceus.

Diagnose
- Hautbiopsie: Papillomatose, sterile Mikroabszesse mit Eosinophilen und Akanthozyten.

Behandlung
- Wie Pemphigus vulgaris.

Pemphigus foliaceus

Ursache und Pathogenese
- Autoantikörper gegen das 150-kD-Glykoprotein (Desmoglein I), das zur Familie der Cadherine gehört.*
- Verlust der interzellulären Kohäsion und Akantholyse im oberen Stratum granulosum oder Stratum spinosum.

Klinische Zeichen
- Die häufigste Form des Pemphigus des Hundes.
- Keine Alters- oder Geschlechtsdisposition.
- Zu den prädisponierten Rassen gehören Akita, Chow-Chow, Dobermannpinscher, Teckel, Bearded Collie.

Hautveränderungen
- Erste Symptome sind im Gesicht zu finden (Abb. 8.14). Oft periodisches Auftreten.
- Selten mukokutaner oder oraler Befall.
- Die Primäreffloreszenzen sind Makulae und Pusteln, die in Krusten übergehen (Abb. 8.15).

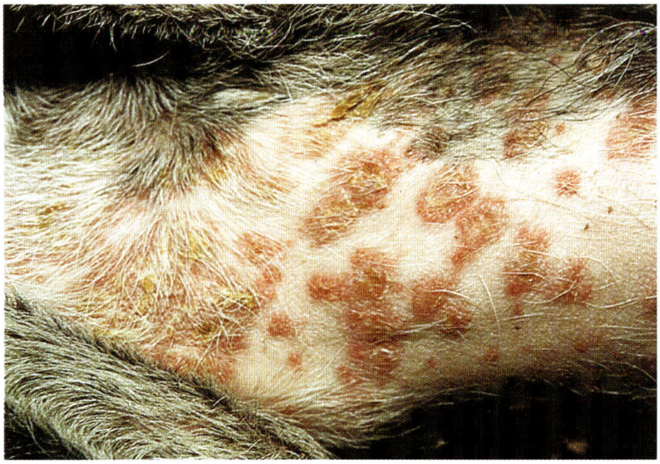

Abb. 8.15 Pusteln und Makulae am ventralen Abdomen eines Hundes mit Pemphigus foliaceus.

- Häufig findet man Hyperkeratosen der Pfotenballen und im Nasenbereich (Abb. 8.16).
- Chronische Depigmentierung der Nase.
- Es treten selten Krallenanomalien auf.
- Das Nikolski-Zeichen kann nachgewiesen werden.

Extrakutane Symptome
- Anorexie, Fieber.

Differentialdiagnose
- Bakterieller Impetigo/Follikulitis.
- Dermatophytose.
- Demodikose.
- Lupus erythematodes.
- Subkorneale pustuläre Dermatose.

Diagnose
- Anamnese.
- Klinische Symptome.
- Pustelabstrich: Akanthozyten, nichtdegenerierte Neutrophile und/oder Eosinophile, keine Bakterien.
- Hautbiopsie: Akantholyse in Höhe des Stratum granulosum und des Stratum spinosum mit Spalt- und Pustelbildung („Cling-on"-Zellen im Stratum granulosum).

Behandlung
- Solitäre Hautveränderungen.
  - Lokale Steroide: Eine Langzeittherapie mit potenten Steroiden kann zu einem iatrogenen Cushing-Syndrom führen.
- Generalisierte Erkrankung.
  - 50 % der betroffenen Tiere reagieren auf eine tägliche Dosis von 2,0–6,0 mg/kg Prednisolon per os. Nach Erreichen der Remission kann die Medikation auf eine Minimaldosis reduziert und jeden zweiten Tag gegeben werden.
  - 50 % der betroffenen Tiere benötigen eine zusätzliche immunsuppressive Therapie. Protokolle dafür wie beim Pemphigus vulgaris.
- Goldinjektionen und Cyclophosphamid sind weitere immunsuppressive Therapiemöglichkeiten.

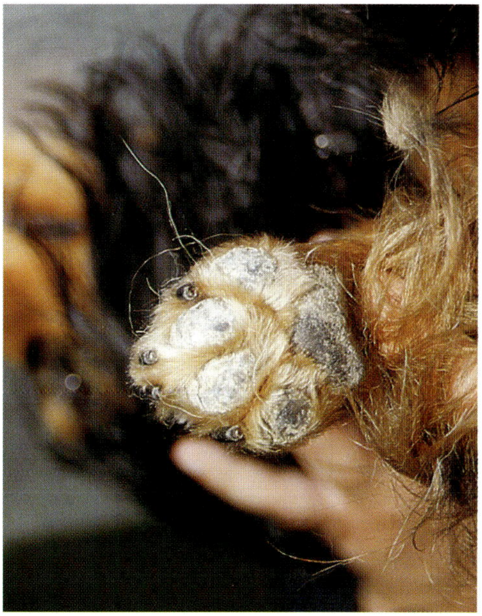

Abb. 8.16 Hyperkeratose der Pfotenballen eines Hundes mit Pemphigus foliaceus.

Pemphigus erythematosus

Ursache und Pathogenese
- Die benigne Form des Pemphigus foliaceus ist möglicherweise eine Zwischenform des Pemphigus und Lupus erythematodes.
- Sonnenlicht spielt in der Pathogenese eine Rolle.

Klinische Symptome
- Keine Alters- und Rassendisposition.
- Zu den prädisponierten Rassen gehören Collie und Deutscher Schäferhund.
- Betroffen sind Gesicht und Ohren. Pusteln, Krusten, Schuppung und Erosionen gehören zu den Hautveränderungen (Abb. 8.17).
- Das Nikolski-Zeichen kann vorhanden sein.
- Die Nase zeigt eine chronische Depigmentierung.
- Keine Veränderungen der Mundschleimhaut.

* Pathomechanismus wie beim Menschen

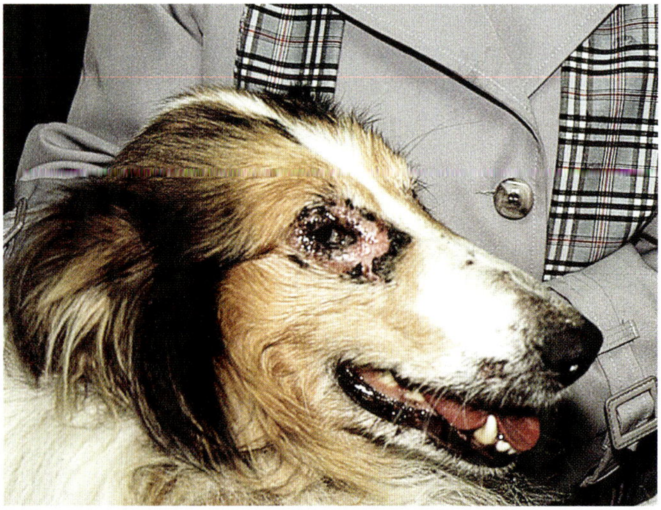

Abb. 8.17 Ulzerationen und Krusten der periokulären Haut eines Rough Collie mit Pemphigus erythematodes.

Differentialdiagnose
- Wie Pemphigus foliaceus.

Diagnose
- Wie Pemphigus foliaceus.
- Die Histologie der Haut ähnelt der des Pemphigus foliaceus, außer daß sich in der dermoepidermalen Übergangszone lichenoide Infiltrate befinden.

Behandlung
- Topische Steroide.
  - Potente Steroid-/Antibiotika-Kombination, z. B. Betamethason, Dexamethason. Die potenten Steroide werden bis zur klinischen Remission gegeben. Für die Erhaltungstherapie sind weniger potente Steroide, wie 1–2 % Hydrocortison, empfehlenswert.
- Systemische Steroide.
  - Prednisolon wie beim Pemphigus foliaceus.
- Weitere immunsuppressive Therapie.
  - Tetracyclin, Niacinamid. 25 % der Fälle sprechen auf diese Therapie an.
  - Hunde mit weniger als 10 kg bis 250 mg von beiden Medikamenten dreimal täglich.
- Hunde schwerer als 10 kg bis 500 mg von beiden Medikamenten dreimal täglich.
- Zu dieser Therapie kann noch Prednisolon hinzugefügt werden.

IgA-Pemphigus
- IgA-Autoantikörper gegen die desmosomalen Proteine Desmocollin I und II.*
- Führt zu intraepidermalen pustulären Veränderungen.
- Stellt sich als vesikulopustuläre Erkrankung dar.

Paraneoplastischer Pemphigus
- IgG-Autoantikörper gegen den Komplex von vier Proteinen. Darunter die desmosomalen Proteine Desmoplakin I und II.*
- Akantholyse, Nekrose und Vakuolisierung der Kreatinozyten nahe der Basalmembran.
- Die Hautveränderungen können denen des Erythema multiforme, des Pemphigus vulgaris und des bullösen Pemphigoids sehr ähnlich sein.
- Paraneoplastisch beim malignen Lymphom, bei der Leukämie, beim Thymom und Sarkom.

Andere Autoimmunerkrankungen

Bullöses Pemphigoid

- Seltene vesikulobullöse, ulzerierende Erkrankung, die Haut und Mundschleimhaut oder beide Lokalisationen befällt.

Ursache und Pathogenese

- Autoantikörper gegen das 170–230-kD-Antigen, welches mit dem Hemidesmosom der epidermalen Basalzellen und der Lamina lucida assoziiert.*
- Der Antikörper zerstört die dermoepidermale Kohäsion, und dadurch kommt es zur Trennung von Epidermis und Korium sowie zu Blasenbildung.
- Zwei Verlaufsformen:
  - Spontan auftretendes bullöses Pemphigoid.
  - Medikamenteninduziertes bullöses Pemphigoid. Dabei spielen Sulfonamide eine besondere Rolle.

Klinische Symptome

- Sehr seltene Erkrankung.
- Keine Alters- und Geschlechtsdisposition.
- Collie und Dobermann gehören zu den prädisponierten Rassen.

Kutane Symptome

- 80 % aller betroffenen Tiere haben Hautveränderungen an der Mundschleimhaut (Abb. 8.18).
- An der mukokutanen Übergangszone treten Blasen und Bullae auf (Abb. 8.19). Die Haut ist im Bereich der Achseln und im Genitalbereich betroffen.
- Ulzerierende Paronychie, Onychomadesis, Ballenulzera.
- Das echte Nikolski-Zeichen ist negativ.
- Juckreiz, Schmerzen.
- Häufig sekundäre Pyodermie.

Extrakutane Symptome

- Anorexie und Fieber.

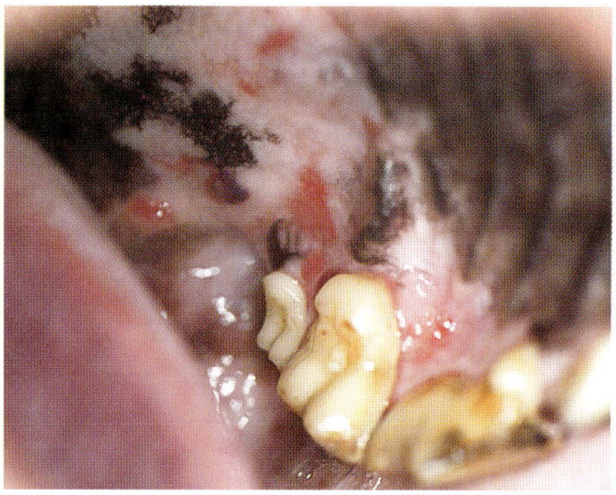

Abb. 8.18 Blasen der Mundschleimhaut bei einem Hund mit bullösem Pemphigoid.

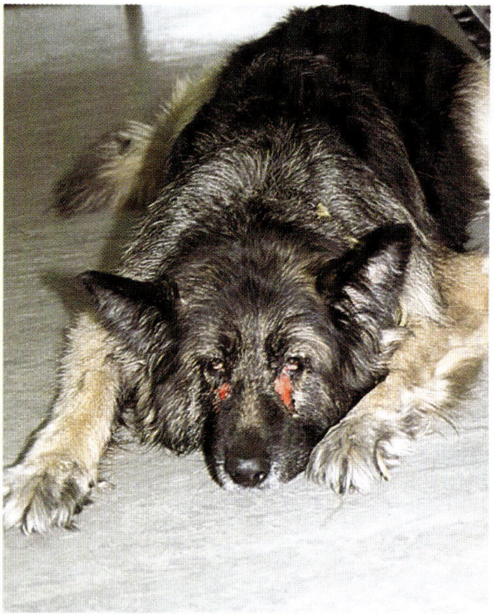

Abb. 8.19 Ulzerationen an der mukokutanen Übergangszone bei einem Deutschen Schäferhund mit bullösem Pemphigoid.

* Pathomechanismus wie beim Menschen

Differentialdiagnose
- Pemphigus vulgaris.
- Systemischer Lupus erythematodes.
- Erythema multiforme.
- Toxische epidermale Nekrolyse.
- Idiopathisch ulzerierende Dermatose des Collie/Shetland Sheepdog.
- Arzneimittelexanthem.
- Epitheliotropes Lymphom.

Diagnose
- Die Anamnese gibt Hinweise auf einen medikamenteninduzierten Pemphigus.
- Klinische Symptome.
- Die Zytologie ist nicht aussagekräftig, da keine Akanthozyten vorhanden sind.
- Biopsie der Haut und der Schleimhaut zeigt subepidermale Spalt- und Blasenbildung.

Behandlung
Spontan aufgetretener Pemphigus
- Bei schwerer Verlaufsform sollte die Prognose vorsichtig gestellt werden.
- Schlechte Ansprechbarkeit auf immunsuppressive Therapie. Es ist eine langfristige Hochdosistherapie erforderlich, die oft unerwünschte Nebenwirkungen hat.
- Kombinationbehandlung mit:
  - Prednisolon: 4,0–6,0 mg/kg einmal täglich per os.
  - Azathioprin: 1,5–2,5 mg/kg einmal täglich per os.

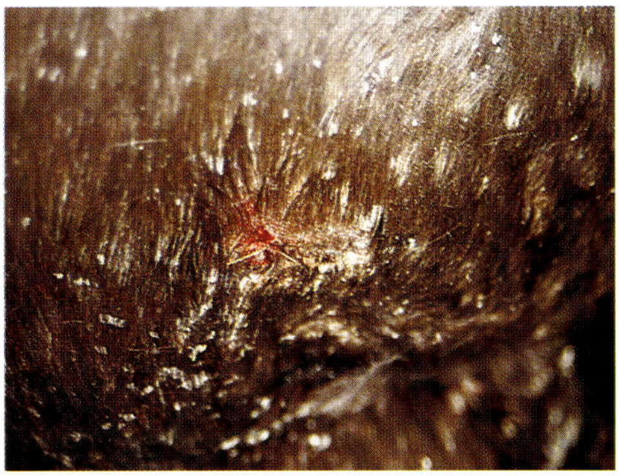

Abb. 8.20 Diffuse Schuppung bei systemischem Lupus erythematodes eines Hundes.

- Für eine Erhaltungstherapie sollte die geringstmögliche Dosierung beider Medikamente bei umtägiger Gabe angesetzt werden.
- Behandlung der Sekundärinfektionen mit einer Antibiose und Flüssigkeitssubstitution.

Medikamenteninduzierter Pemphigus
- Vor einer immunsuppressiven Therapie: Für 2 Wochen selbstangefertigte Eliminierungskost und intravenöse Flüssigkeitssubstitution.

Systemischer Lupus erythematodes
- Seltene multisystemische Autoimmunerkrankung.

Ursache und Pathogenese
- Beim systemischen Lupus erythematodes handelt es sich um ein multifaktorielles Geschehen, bei dem neben genetischer Disposition und immunologischen Störungen wohl auch Virusinfektionen, hormonelle Einflüsse und UV-Lichteinwirkung eine Rolle spielen.
- Hyperaktive B-Zellen produzieren ein Übermaß an Autoantikörpern gegen zahlreiche Bestandteile des Körpers. Allergische Reaktion Typ III.
- Die Hautveränderungen werden durch Immunkomplexe an der epidermalen Basalzellschicht verursacht, die eine antikörperabhängige Zytotoxizitätsreaktion induzieren.

Klinische Symptome
- Keine Alters- und Geschlechtsdisposition.
- Zu den prädisponierten Rassen gehören Collie, Shetland Sheepdog, Deutscher Schäferhund.
- Die Zeichen der Multisystemerkrankung (aufgeführt in der Reihenfolge ihrer Häufigkeit):
  - Gelenkbeschwerden: nicht infektiös, nicht erosiv.×
  - Hautveränderungen: Verschiedenartig. Häufig sind sie symmetrisch mit diffuser Schuppung (Abb. 8.20) und vernarbender Alopezie. Die Hautveränderungen betreffen häufig das Gesicht, die Ohren und die distalen Gliedmaßen.×

- Fieber: Reagiert auf Steroide.°
- Anämie: Positiver Coombs-Test.×
- Thrombozytopenie.×
- Glomerulonephritis mit Proteinurie.×
- Neutropenie.×
- Zeichen des zentralen Nervensystems: Epilepsie.°
- Pleuritis: Ohne Anhalt für eine Infektion.°
- Polymyositis.×
- Weniger gehäuft auftretende dermatologische Symptome:
- Vesikulobullöse Veränderungen der Haut und der Schleimhäute.
- Ulzerationen und Hyperkeratosen der Pfotenballen.
- Therapieresistente sekundäre Pyodermie.
- Pannikulitis.

Differentialdiagnose

- Es können fast alle Hauterkrankungen in die Differentialdiagnose aufgenommen werden, darunter:
  - Dermatophytose.
  - Bakterielle Follikulitis.
  - Demodikose.
  - Überempfindlichkeitsreaktionen (Futter, Flöhe, Atopie).
  - Pemphigusgruppe.
  - Leishmaniose.

Diagnose

- Die Diagnose des systemischen Lupus wird durch das Vorhandensein von zwei Hauptbefunden bzw. zwei Nebenbefunden und einem Hauptbefund bei unterstützender Serologie gestellt.
  - Serologie: Positiver Antinukleärer Antikörper (ANA)-Test. Bei über 90 % der Patienten fällt dieser Test positiv aus. Falsch-positive Fälle können auftreten.
  - Positiver Test auf Lupus-erythematodes-(LE)-Zellen.
- Der kutane Lupus erythematodes wird diagnostiziert durch:
  - Klinische Symptomatik.
  - Eine Biopsie ist diagnostisch nicht beweisend. Die Biopsie zeigt eine Grenzflächendermatitis.

Behandlung

- Der Erfolg der Behandlung hängt vom Befall der Organe ab.
- Bei gleichzeitiger Anämie, Thrombozytopenie oder Neutropenie ist die Prognose ungünstig.
- Die medikamentöse Therapie ist eine Kombination von:
  - Prednisolon: 3,0–6,0 mg/kg oral einmal täglich mit Azathioprin 2,2 mg/kg oral einmal täglich oder Chlorambucil 0,2 mg/kg oral einmal täglich.
  - Nach Gabe von Azathioprin und Chlorambucil besteht die Gefahr einer Knochenmarksdepression.

Diskoider Lupus erythematodes

- Seltene kutane Autoimmunerkrankung ohne viszerale Beteiligung.

Ursache und Pathogenese

- Überempfindlichkeitsreaktion vom Typ III durch Immunkomplexe entlang der Basalmembranzone.
- Bei 50 % der Patienten spielt die UV-Lichtexposition eine krankheitsauslösende Rolle.
- Deshalb gehäuftes Auftreten im Frühjahr/Sommer.

Klinische Symptome

- Keine Alters- und Geschlechtsdisposition.
- Zu den prädisponierten Rassen gehören Shetland Sheepdog, Deutscher Schäferhund, Collie, Deutsch-Kurzhaar.
- Die Hautveränderungen betreffen insbesondere die Nase. Frühe Symptome sind Depigmentierung und Verlust des normalen Nasenreliefs. Häufig folgen Erosionen, Ulzerationen und Verkrustungen (Abb. 8.21).
- Weniger häufig sind die periokuläre Region, die Ohrmuschel, die distalen Gliedmaßen, die Lippen und die Mundhöhle betroffen.
- Die tiefen Ulzerationen können eine Hämorrhagie verursachen.

× Hauptbefunde
° Nebenbefunde

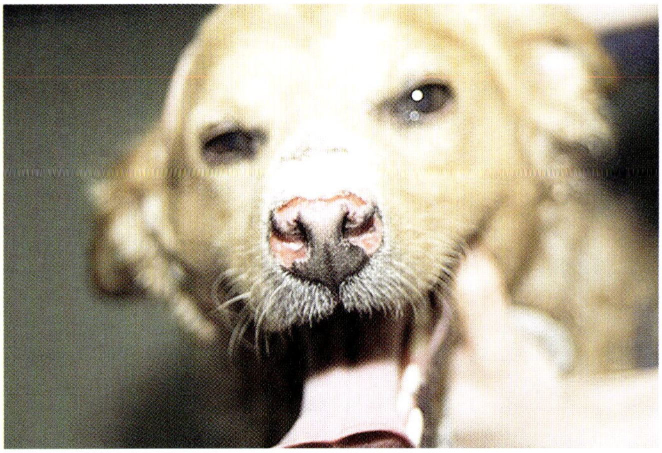

Abb. 8.21 Ulzeration und Verlust der normalen Nasenstruktur bei diskoidem Lupus erythematodes eines Collies.

Differentialdiagnose
- Solare Dermatitis der Nase.
- Pemphigus erythematosus/foliaceus.
- Epitheliotropes Lymphom.
- Arzneimittelexanthem.
- Uveodermatologisches Syndrom.

Diagnose
- Anamnese.
- Klinische Symptome.
- Laboruntersuchungen: Die ANA-Werte sind negativ. Blutuntersuchungen sind gewöhnlich unauffällig.
- Hautbiopsie: Der Befund einer Grenzflächendermatitis spricht nachweislich für einen diskoiden Lupus erythematodes.

Behandlung
- Gute Prognose.
- Vermeiden der UV-Lichtexposition zwischen 8.00 und 17.00 Uhr.
- Topische Anwendung von Lichtschutzfaktoren.
- Topische Steroide.
- Bis zum Eintritt der Remission Anwendung von potenten Steroiden, dann Reduzierung auf weniger potente Steroide (siehe Therapievorgehen beim Pemphigus erythematodes).
- Systemische Steroide: Prednisolon 2,2 bis 4,4 mg/kg per os einmal täglich bis zur Remission, dann jeden zweiten Tag.
- Gabe von Vitamin E 400–800 IU täglich über 1–2 Monate.
- Tetracyclin/Niacinamid (siehe Therapieplan für Pemphigus erythematosus).
- Schwere Fälle.
- Die therapeutische Anwendung von Azathioprin oder Chlorambucil ist möglich (Dosierung wie beim systemischen Lupus erythematodes).

Kälteagglutinin-Krankheit

Ursache und Pathogenese
- Kryoglobuline und Kryofibrinogene sind Proteine, die durch Abkühlung aus dem Serum oder Plasma ausfallen und zu einer Insuffizienz der Gefäße und zu Hautveränderungen führen.
- Überempfindlichkeitsreaktion Typ II mit kältereaktiven, gegen Erythrozyten gerichteten Autoantikörpern.
- Die Autoantikörper sind bei Temperaturen zwischen 0–4 °C am aktivsten.

Klinische Symptome
- Die zugrundeliegenden Ursachen sind idiopathischer Natur oder eine Bleivergiftung.
- Hautveränderungen: Erythem, Ulzeration, Nekrosen an den Extremitäten (Abb. 8.22).
- Die Symptomatik ist an Kälteexposition gebunden.

Differentialdiagnose
- Vaskulitis.
- Systemischer Lupus erythematodes.
- Erfrierungen.
- Dermatomyositis.

Diagnose
- Anamnese.
- Klinische Symptome.
- Autohämagglutination von Blut bei Raumtemperatur kann ein diagnostischer Beweis für das Vorliegen von kältereaktiven Autoantikörpern sein. Hierfür läßt man das Blut, das mit Heparin oder EDTA versetzt ist, auf einem Objektträger abkühlen, so daß die Autoagglutination bereits makroskopisch zu sehen ist.
- Die Reaktion fällt bei Abkühlung des Blutes auf 0 °C noch deutlicher aus und ist bei Erwärmung auf 37 °C reversibel.
- Positiver Coombs-Test bei 4 °C.
- Hautbiopsie: Thrombose, Vaskulitis.

Behandlung
- Eliminierung der zugrundeliegenden Erkrankung.
- Vermeidung von Kälte.
- Immunsuppression mit Glukokortikoiden, Azathioprin.

Erythema multiforme

Ursache und Pathogense
- Die Überempfindlichkeitsreaktion wird durch folgende Faktoren ausgelöst:
  - Infektion.
  - Medikamente.
  - Neoplasien.
  - Bindegewebsstörungen.
  - Idiopathisch.

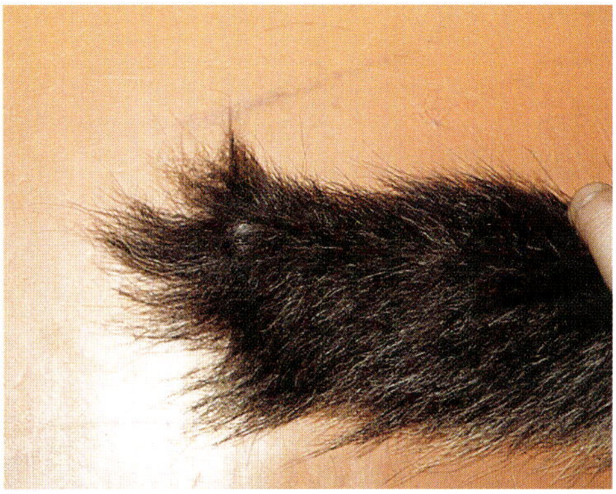

Abb. 8.22 Schwanzspitzennekrose bei Kälteagglutininerkrankung.

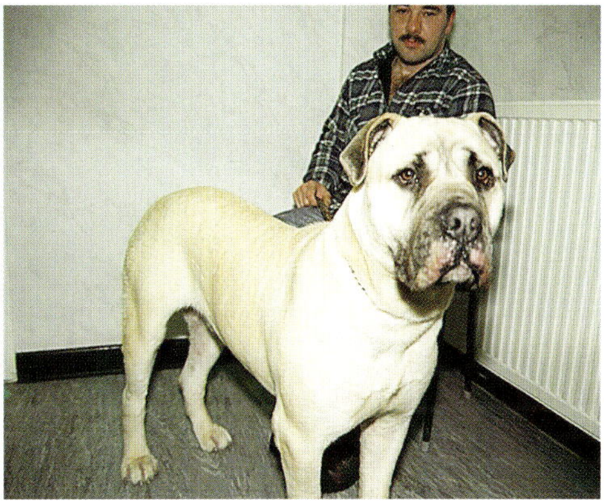

Abb. 8.23 Ulzerationen in der Umgebung des Maules bei Erythema exsudativum multiforme nach Einnahme von Sulfonamiden.

Klinische Symptome
Hautveränderungen
- Befall der mukokutanen Übergangszonen (Abb. 8.23), der Haut an der Ohrmuschel, an den Achseln und im Genitalbereich. Akuter Beginn.

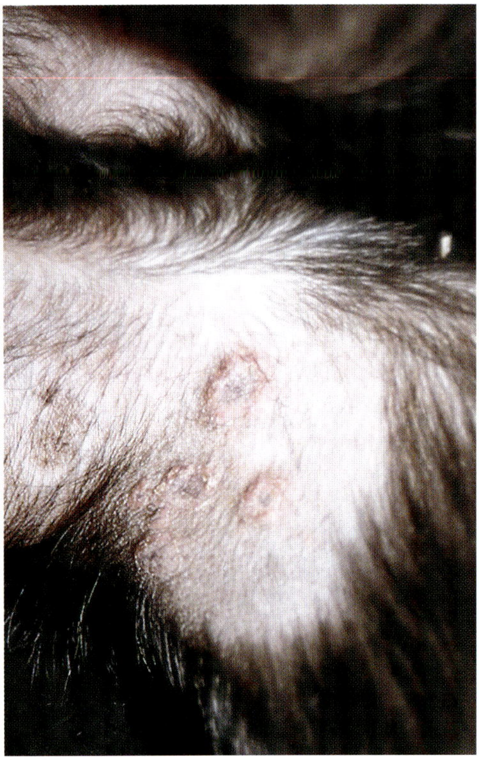

Abb. 8.24 Kokardeneffloreszenzen an der Flanke eines Hundes mit einem Erythema exsudativum multiforme.

- Die Hautveränderungen können unterschiedlich sein.
  - Erythematös annulär (kokardenförmig) (Abb. 8.24).
  - Urtikarielle Plaques.
  - Blasen und Bullae.

Extrakutane Symptome
- Depression, Anorexie, Fieber.

Differentialdiagnose
- Dermatophyse.
- Urtikaria.
- Demodikose.
- Bakterieller Impetigo/Follikulitis.
- Andere vesikuläre und pustuläre Erkrankungen.

Diagnose
- Anamnese.
- Klinische Symptome.
- Ausschluß anderer Erkrankungen durch die entsprechenden Laborparameter.
- Hautbiopsie: Unterschiedliches histologisches Bild entsprechend der jeweiligen Hautläsion.

Behandlung
- Behandlung der zugrundeliegenden Erkrankung.
- Symptomatische Therapie.
- Glukokortikoide sind nicht indiziert.

Toxische epidermale Nekrolyse (TEN)

Ursachen und Pathogenese
- Schwere immunologische Reaktion der Haut, die ausgelöst wird durch:
  - Medikamente.
  - Infektion.
  - Neoplasien.
  - Systemische Erkrankungen.
  - Idiopathisch.

Klinische Symptome

Hautveränderungen
- Die Läsionen können am gesamten Körper gefunden werden. Sie sind besonders ausgeprägt am Mund, im mukokutanen Bereich und an den Pfoten.
- Blasen, Bullae, Erosionen, Ulzerationen (Abb. 8.25).

Extrakutane Symptome
- Depression, Anorexie, Fieber.

Differentialdiagnose
- Systemischer Lupus erythematodes.
- Erythema multiforme.
- Verbrennungen.
- Epitheliotropes Lymphom.

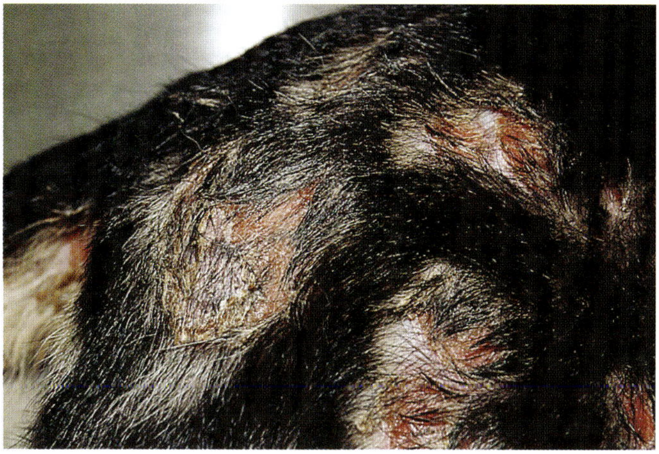

Abb. 8.25 Erosionen und Ulzeration an der Flanke eines Hundes mit Epidermolysis acuta toxica.

Diagnose

- Anamnese.
- Klinische Symptome.
- Hautbiopsie: Koagulationsnekrose der Epidermis in ihrer gesamten Dicke.

Behandlung

- Ungünstige Prognose.
- Behandlung der zugrundeliegenden Ursache.
- Symptomatische und unterstützende Maßnahmen.
- Glukokortikoide sind in manchen Fällen hilfreich.

Vaskulitis

Ursache und Pathogenese

- Überempfindlichkeitsreaktion vom Typ III, die zur Veränderung der Blutgefäße führt.
- Zu den Ursachen gehören:
  - Infektion.
  - Maligne Neoplasien.
  - Erkrankungen des Bindegewebes, wie z. B. die rheumatoide Arthritits.
  - Medikamente.
  - Idiopathisch.

Klinische Symptome

- Keine Alters- und Geschlechtsdisposition.
- Rottweiler und Teckel sind prädisponiert.

Hautveränderungen

- Befall der Extremitäten.
- Purpura, hämorrhagische Bullae, „ausgestanzte" Geschwüre (Abb. 8.26).
- Schmerzen.

Extrakutane Symptome

- Anorexie, Lethargie, Fieber.
- Schwellung der Gliedmaßen.
- Polyarthropathie, Myopathie.

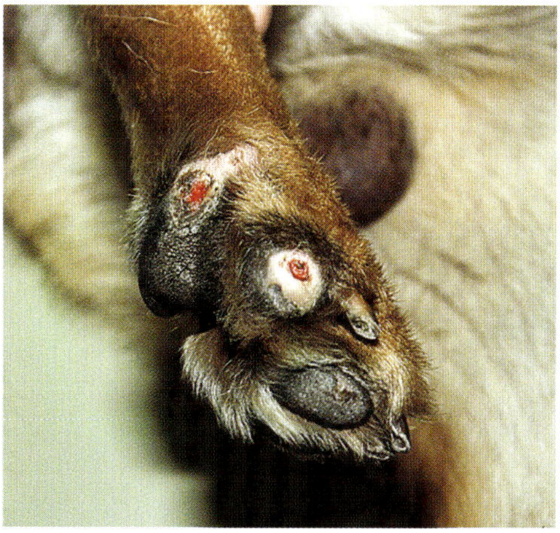

Abb. 8.26 Ausgestanzter Ulkus am Pfotenballen eines Hundes mit Vaskulitis.

Differentialdiagnose
- Systemischer Lupus erythematodes.
- Kälteagglutinin-Krankheit.
- Erfrierungen.
- Dermatomyositis.

Diagnose
- Anamnese.
- Klinische Symptome.
- Hautbiopsie: Neutrophile und lymphatische Vaskulitis.

Behandlung
- Therapie der zugrundeliegenden Ursache.
- Die Auslösefaktoren bestimmen die Prognose.
- Therapie der Vaskulitis:
  - Prednisolon: 2–4 mg/kg oral einmal täglich.
  - Dapson: 1 mg/kg oral dreimal täglich.
- Oft ist eine Langzeittherapie notwendig.

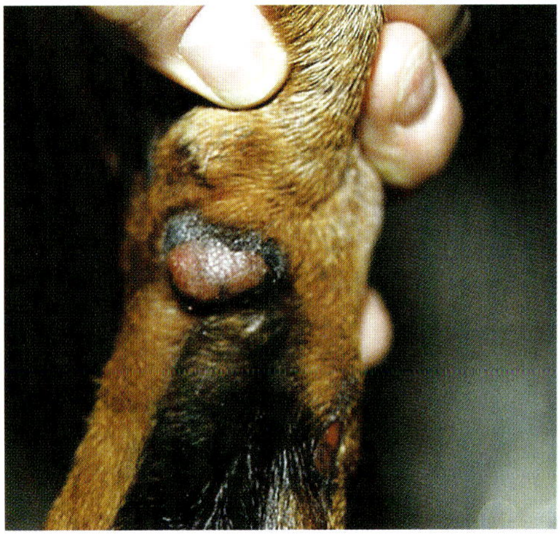

Abb. 8.27 Arzneimittelexanthem nach Einnahme von Sulfonamiden. Das histologische Bild ähnelt dem des bullösen Pemphigoids.

Arzneimittelreaktionen der Haut

- Seltene Reaktion der Haut und Schleimhäute auf Medikamente.

Ursache und Pathogenese
- Die Hautveränderungen treten auf bei oraler, topischer Therapie, nach Injektion und Inhalation von Medikamenten.
- Verlaufsformen:
  - Vorhersehbar: Im allgemeinen dosisabhängig und in Zusammenhang mit der pharmakologischen Wirkung des Medikamentes stehend.
  - Unvorhersehbar: Idiosynkrasie oder Intoleranz gegenüber dem Medikament.
- Zu den Medikamenten gehören:
  - Antibiotika, insbesondere Sulfonamide.
  - Nichtsteroidale Antiphlogistika.
  - Anthelminthika.
  - Vakzine.

Klinische Symptome
- Viele verschiedene Hautveränderungen sind mit einem Arzneimittelexanthem in Verbindung zu bringen:
  - Urtikaria, Angioödem.
  - Erythema multiforme.
  - Toxische epidermale Nekrolyse.
  - Bullöses Pemphigoid (Abb. 8.27).
  - Pemphigus foliaceus.
  - Vaskulitis.
- Das Bild des Arzneimittelexanthems kann das Bild jeder anderen Dermatose annehmen.
- Das Arzneimittelexanthem tritt normalerweise innerhalb von 2 Wochen nach Beginn der medikamentösen Therapie auf.
- Bis zum Abklingen der Hautveränderungen vergehen 10–14 Tage.

Differentialdiagnose
- Fast jede andere Erkrankung.

Diagnose
- Die Anamnese spielt eine wichtige Rolle in der Diagnostik.
- Biopsie: Die histologischen Befunde variieren stark, so daß die Biopsie keinen diagnostischen Wert hat. Häufig findet man nekrotische Keratinozyten.

Behandlung
- Absetzen des auslösenden Medikamentes.
- Symptomatische Behandlung: In schweren Fällen intravenöse Flüssigkeitssubstitution.
- Vermeiden chemisch verwandter Pharmaka.

Lineare IgA-Dermatose des Hundes
Ursache und Pathogenese
- Immunologische Störung, die durch das Vorliegen subkornealer Pusteln und IgA-Ablagerungen in der Basalmembranzone gekennzeichnet ist.
- Die genaue Ursache ist unbekannt.

Klinische Symptome
- Dermatose des Teckels.
- Multifokale bis generalisierte Pusteln am Rumpf.
- An Sekundäreffloreszenzen findet man anuläre Bezirke mit Alopezie, epidermalen Collerettes, Hyperpigmentierung.
- Milder Juckreiz.

Diagnose
- Anamnese.
- Klinische Symptome bei einer bestimmten Rasse.
- Zytologie der Pusteln: Sterile Pusteln mit nichtdegenerierten Neutrophilen und wenigen Akanthozyten.
- Die Kultur ist steril.
- Hautbiopsie: Sterile Pusteln.
- Die Immunhistochemie zeigt IgA-Ablagerungen an der Basalmembranzone.

Behandlung
- Prednisolon: 2,2–4,4 mg/kg oral einmal täglich bis zur Remission, dann alternierende Erhaltungstherapie.
- Dapson 1 mg/kg oral dreimal täglich bis zur Remission, dann je nach Bedarf.

Amyloidose
- Seltene Hauterkrankung mit extrazellulären Amyloidablagerungen.

Ursache und Pathogenese
- Die abnorme Ablagerung von Amyloid steht immer in Verbindung mit einer chronischen Entzündung insbesondere der Nieren.

Klinische Symptome
- Solitäre oder gruppierte, dermale oder subkutane Knoten insbesondere an den Ohren.

Differentialdiagnose
- Neoplasien.
- Infektiöse noduläre Granulome.
- Sterile noduläre Granulome.

Diagnose
- Anamnese: Chronische, innere Erkrankung.
- Klinische Symptome.
- Biopsie: Spezialfärbungen zur Identifizierung von Amyloidansammlungen.

Behandlung
- Operative Entfernung der solitären Knoten bei Abwesenheit einer inneren Erkrankung.
- Die Prognose ist bei gleichzeitiger systemischer Erkrankung ungünstig.

Uveodermatologisches Syndrom
- Vogt-Koyanagi-Harada-ähnliches Syndrom.

Ursache und Pathogenese
- Es wird eine Überempfindlichkeitsreaktion gegenüber Melanin und Melanozyten in der Haut und im Auge vermutet.

Klinische Symptome
- Keine Alters- und Geschlechtsdisposition.
- Bevorzugtes Vorkommen bei Samojede, Akita, Siberian Husky.

Extrakutane Symptome
- Akute Uveitis.
- Neurologische Symptome sind beim Hund selten.

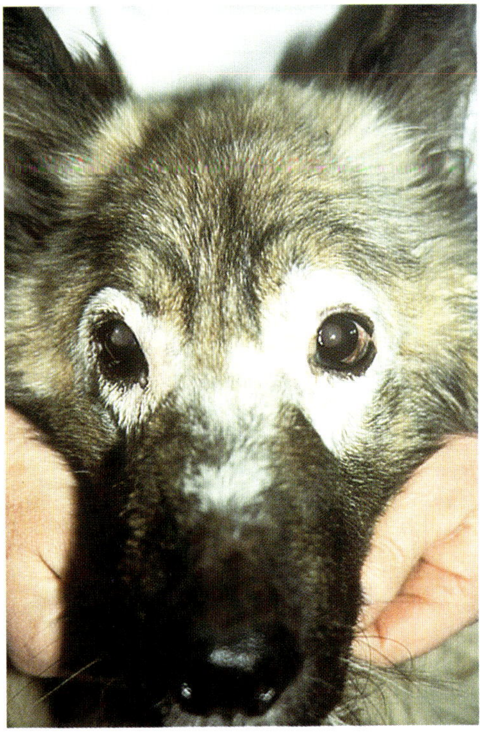

Abb. 8.28 Depigmentierung der Augenlider und des periokulären Bereichs bei einem Akita mit einem uveodermatologischen Syndrom.

Hautveränderungen
- Depigmentierung der Nase, der Lippen, des Augenlids (Abb. 8.28).
- Gelegentlich Depigmentierung der Pfotenballen, des Gaumens, des Skrotums und Anus.
- Selten Erosionen, Ulzerationen.

Differentialdiagnose
- Okuläre Läsionen.
  - Andere Ursachen einer Uveitis.
- Hautläsionen.
  - Vitiligo.
  - Diskoider Lupus erythematodes.
  - Epitheliotropes Lymphom.

Diagnose
- Anamnese.
- Klinische Symptome.
- Hautbiopsie: Lichenoide Grenzflächendermatitis.

Behandlung
- Uveitis.
  - Um ein Erblinden des Hundes zu vermeiden, ist eine sofortige Therapie notwendig.
  - Lokale Steroide.
  - Regelmäßige ophthalmologische Kontrollen zur Vermeidung von Rezidiven.
- Hautläsionen.
  - Die Behandlung der Hautveränderungen ist einfacher als die der Uveitis.
  - Kombinationstherapie: Prednisolon 2,0 bis 6,0 mg/kg oral einmal täglich; Azathioprin 1,5–2,5 mg/kg oral einmal täglich. Nach Remission ausschleichende Therapie bis zur Minimaldosis beider Medikamente, die dann alternierend angewandt werden sollten.

Alopecia areata

Ursache und Pathogenese
- Nichtentzündlicher Haarausfall, gekennzeichnet durch immunologische Ansammlung von Lymphozyten in der Umgebung der Haarzwiebel.

Klinische Symptome
- Keine Rassen-, Alters- oder Geschlechtsdisposition.
- Fokale bzw. multifokale Areale einer asymptomatischen, nichtentzündlichen Alopezie des Kopfes, des Nackens und des Stamms.
- Hyperpigmentierung der chronischen Läsionen.

Differentialdiagnose
- Arzneimittelexanthem.
- Demodikose.
- Dermatophytose.
- Psychogene Alopezie.
- Endokrinopatien.

Diagnose
- Anamnese.
- Klinische Symptome.
- Trichogramm: „Ausrufezeichenhaar" – kurze, stoppelige Haare mit ausgefransten distalen Enden.
- Hautbiopsie: Ansammlung von Lymphozyten („Bienenschwarm") um die Haarzwiebel. Es sind mehrere Biopsieproben notwendig.

Behandlung
- Spontanremission nach 6–12 Monaten.
- Unterschiedliche Therapieerfolge mit Glukokortikoiden.

Tab. 8.1 Immunsuppressive Therapie

Medikament	Dosierung	Indikation
Prednisolon	Immunsuppressive Dosis ist 2,0–6,0 mg/kg p. o. täglich. Mit einer Verteilung der Gesamtdosis auf den gesamten Tag werden die Nebenwirkungen vermindert	Fast alle immunvermittelten und Autoimmunerkrankungen
Azathioprin	1,5–2,5 mg/kg p. o. täglich bis zur Remission, dann jeden zweiten Tag	Pemphigus-Komplex, bullöses Pemphigoid
Aurothioglukose	1 mg/kg i. m. wöchentlich als Induktionstherapie (6–12 Wochen), dann monatliche Erhaltungsinjektion Testdosis in der 1. Woche: 0,25 mg/kg; in der 2. Woche: 0,5 mg/kg Kontrolle des Differentialblutbildes, der Laborparameter und des Urinstatus, anfänglich alle 2 Wochen, dann alle 6–8 Wochen	Nicht auf Azathioprin reagierender Pemphigus-Komplex, bullöses Pemphigoid, diskoider Lupus erythematodes
Tetracyclin	Hunde < 10 kg 250 mg 3 × täglich Hunde > 10 kg 500 mg 3 × täglich Bei oraler Applikation in Verbindung mit Niacinamid	Diskoider Lupus erythematodes, Pemphigus-Komplex, bullöses Pemphigoid
Niacianamid	Hunde < 10 kg 250 mg 3 × täglich Hunde > 10 kg 500 mg 3 × täglich Bei oraler Applikation in Verbindung mit Tetracyclin	Diskoider Lupus erythematodes, Pemphigus-Komplex, bullöses Pemphigoid
Oxypentoxifyllin	400 mg p. o. alle 24–48 h. Mögliche Magenirritation. Oxypentoxifyllin wirkt oft erst nach 2–3 Monaten	Vaskulitis
Dapson	1 mg/kg p. o. alle 8 h über 2–4 Wochen bis zur Remission, dann alle 12–24 h Erhaltungstherapie. Während der Induktionsphase Kontrolle der Blutwerte, der Leber- und Nierenwerte alle 2 Wochen, dann je nach Bedarf	Subkorneale pustulöse Dermatose (Kapitel 15), Pemphigus-Komplex, bullöses Pemphigoid, Vaskulitis, lineare IgA-Dermatose
Sulfasalazin	10–20 mg/kg p. o. 3 × täglich, unter Kontrolle der Tränenfunktion	Subkorneale pustulöse Dermatose, Vaskulitis
Vitamin E	Eine Gabe von 100–200 mg/kg p. o. 2 × täglich über 30–60 Tage ist notwendig, bevor eine Besserung sichtbar wird	Pemphigus erythematodes, diskoider Lupus erythematodes

p. o. = orale Applikation; i.m. = intramuskulär

Alopezie

9

- Die Alopezie wurde entsprechend dem Schema von Professor R. W. Duncan erneut klassifiziert.
- Die Alopezie entsteht durch vier verschiedene Mechanismen:
  - Follikuläre Dystrophie.
  - Stillstand des Haarzyklus.
  - Verletzungen.
  - Narbenbildung.

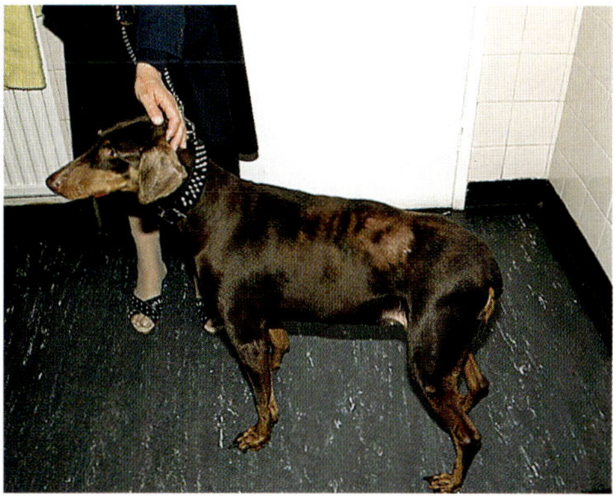

Abb. 9.1 Follikuläre Dystrophie an den Flanken eines Dobermanns.

Follikuläre Dystrophie

- Die follikuläre Dystrophie ist eine Störung der Entwicklung oder des Wachstums des Haares, die zur Bildung abnormen Haares und Follikels führt.
- Sie ist in den meisten Fällen die Ursache für eine Alopezie.
- Die follikuläre Dystrophie kann kongenital bzw. erworben sein.

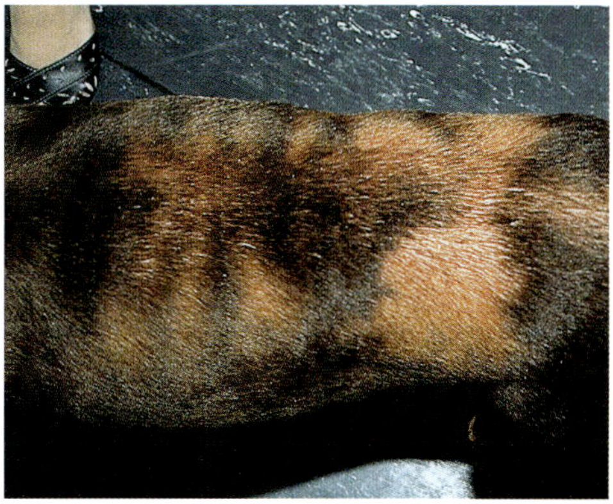

Abb. 9.2 Nahaufnahme zur Abb. 9.1.

Kongenitale follikuläre Dystrophie ohne Farbveränderungen

Verzögerte follikuläre Dystrophie

- Sie kommt bei verschiedenen Rassen vor und beginnt als langsamer Prozeß im Welpenalter.

Klinische Symptome

Dobermann

- Betroffen sind schwarze oder rote Hunde.
- Das Haarwachstum beginnt oft im 1.–4. Lebensalter an den Flanken und breitet sich kaudodorsal aus (Abb. 9.1 und 9.2).

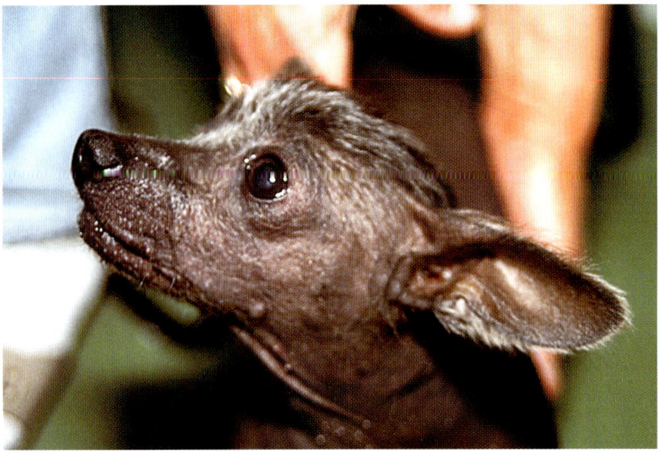

Abb. 9.3 Der Chinesische Schopfhund gehört aufgrund der follikulären Dystrophie zu den haarlosen Rassen.

Siberian Husky, Malamute

- Ab 3.–4. Monat Haarverlust am Rumpf.
- Das Fell wird rötlich.
- Die Haare an den für eine Biopsie geschorenen Arealen wachsen nicht nach.

Irish Water Spaniel, Portuguese Water Dog, Kraushaariger Retriever

- Haarverlust im hinteren Rumpfbereich im Alter von 2–4 Jahren.
- Das Nachwachsen des Haares ist möglich, jedoch besitzt das nachgewachsene Haar nicht die ursprüngliche Qualität und Beschaffenheit.

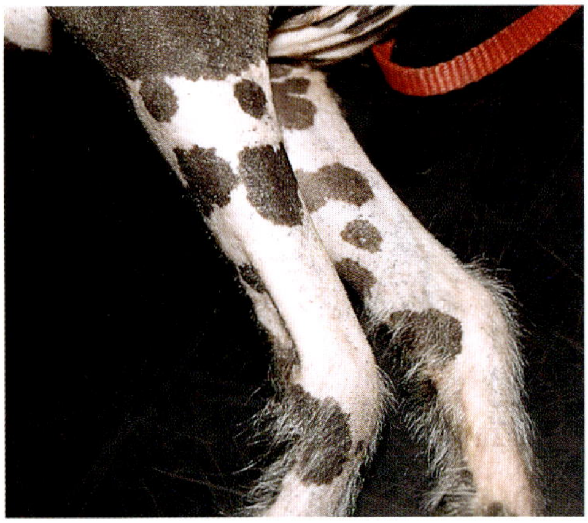

Abb. 9.4 Komedone in den Alopeziearealen an den Gliedmaßen eines Chinesischen Schopfhundes.

Differentialdiagnose

- Alopezie bei Stillstand des Haarzyklus. Dazu gehört die durch Sexualhormone bedingte Alopezie.

Diagnose

- Anamnese.
- Klinische Symptome.
- Hautbiopsie: Nachweis von dystrophischem Haar.

Behandlung

- Keine.

Kongenitale Hypotrichose

- Hunde, die ohne Haare und Follikel geboren wurden, haben keine Dystrophie, sondern ektodermale Störungen.
- Die meisten Hunde mit einer kongenitalen Hypotrichiose werden mit Fell geboren oder haben bei der Geburt nur partiellen Haarverlust, der durch dystrophische Veränderungen innerhalb von 4 Monaten in eine Alopezie des gesamten Körpers übergeht.

Klinische Symptome

- Prädisponierte Rassen: Pudel (Toy- und Zwergpudel), Whippet, Beagle, Rottweiler, Yorkshire Terrier, Amerikanischer Cockerspaniel, Belgischer Schäferhund, Labrador Retriever.
- Chinesischer Schopfhund: Haarlos, bedingt durch follikuläre Dystrophie (Abb. 9.3 und 9.4).

Kongenitale follikuläre Dystrophie mit Farbveränderungen

Alopezie der Farbmutanten

- Verblassung von schwarzer zu blauer und von brauner zu beiger Fellfarbe.

Ursache und Pathogenese

- Genetische Faktoren spielen eine Rolle.
- In seiner Farbe verblaßtes Fell weist große Pigmentkörner auf.
- In einigen Fällen verursachen die Pigmentkörner Haarverlust durch Brüche der Haarrinde.

Klinische Symptome

- Prädisponierte Rassen: Dobermann, Teckel, Dänische Dogge, Yorkshire Terrier (Abb. 9.5), Whippet, Windhund.
- Dystrophie tritt in den verblaßten Fellarealen ungefähr im Alter von 6 Monaten auf.
- Die Hautveränderungen beginnen am Rükken als Hypotrichose in Verbindung mit bakterieller Follikulitis (Abb. 9.6) und breiten sich dann über den gesamten Körper aus.

Differentialdiagnose

- Demodikose.
- Endokrine Hautveränderungen wie bei der Hypothyreose.

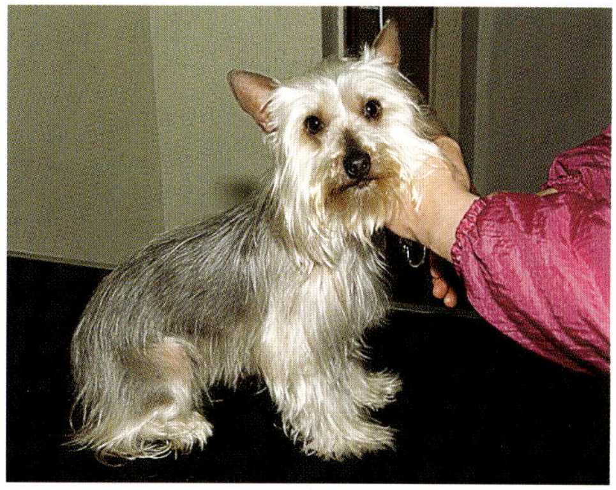

Abb. 9.5 Fellfarbänderung beim Yorkshire Terrier.

Diagnose

- Anamnese.
- Klinische Symptome, wie z. B. die Fellfarbe.
- Trichogramm: Es treten große Pigmentkörner zwischen Mark und Rinde auf, die eine ungleichmäßige Form und Größe aufweisen.
- Hautbiopsie: Melaninklumpen, peribulbäre Melanophagen.

Behandlung

- Symptomatische Behandlung von sekundären Infektionen.
- Scharfe Shampoos und übermäßiges Reinigen erhöhen den Haarverlust durch Bruch der Haarrinde.

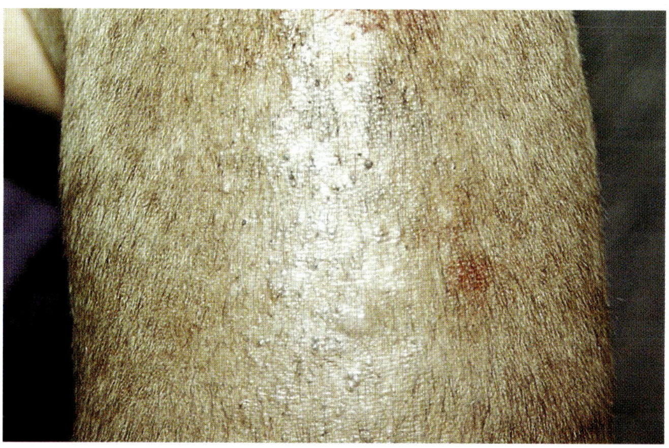

Abb. 9.6 Komedone, diffuse Alopezie und Follikulitis auf dem Rücken eines blauen Dobermanns.

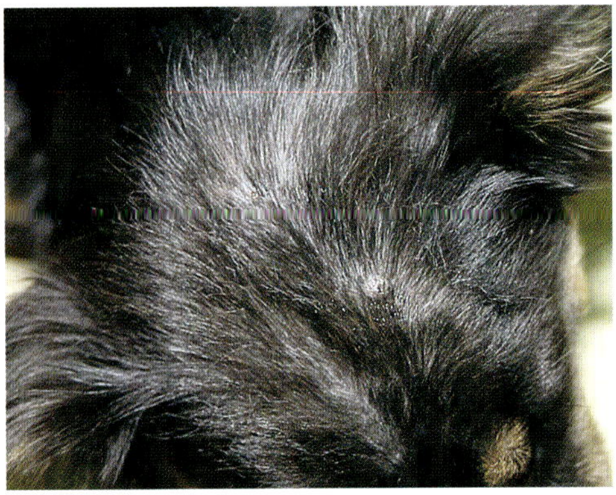

Abb. 9.7 Follikuäre Dystrophie des schwarzen Fells eines Collies.

Follikeldystrophie bei schwarzem/ dunklem Fell

Ursache und Pathogenese

- Familiäre Erkrankung bei zwei- oder dreifarbigen Welpen. Nur Hunde mit schwarzem/ dunklem Fell sind betroffen.
- Das gestörte Haarwachstum wird mit gestörter Pigmentübertragung in Verbindung gebracht.

Klinische Symptome

- Prädisponierte Rassen: Bartcollie, Basset, Saluki, Beagle, Teckel, Vorstehhunde und gekreuzte Rassen.
- Ab der 4. Lebenswoche fortschreitender Verlust von schwarzem Haar (Abb. 9.7).
- Alopezie und Haarstoppel.

Differentialdiagnose

- Demodikose.
- Dermatophytose.

Diagnose

- Anamnese.
- Klinische Symptome: Farbe des Fells.
- Hautbiopsie: Melaninklumpen und Makromelanosomen.

Behandlung

- Symptomatische Behandlung bei sekundärer Schuppung.

Erworbene follikuläre Dystrophie

Anagenes Effluvium

Ursache und Pathogenese

- Ursachen:
  - Antimitotische Therapie, wie z. B. Chemotherapie.
  - Infektiöse Erkrankung.
  - Endokrine Erkrankungen.
- Die anagene Wachstumsphase ist teilweise unterbrochen, woraus die Bildung von anormalem Haar resultiert.
- Da die dystrophischen Veränderungen nicht mit normalem Haarwuchs vereinbar sind, kommt es innerhalb von Tagen zum Haarverlust.

Diagnose

- Anamnese von vorangegangenen Störungen des Haarzyklus.
- Klinische Symptome.
- Hautbiopsie: Diagnostische Untersuchung, bevor sich ein totaler Haarverlust einstellt.

Behandlung

- Keine.

Alopezie bei Stillstand des Haarzyklus

- Normaler Haarzyklus:
  - Anagene Wachstumsphase.
  - Katagene Übergangsphase.
  - Telogene Ruhephase.
- Störungen im Haarzyklus verursachen eine Alopezie durch die Verkürzung der anagenen und Verlängerung der telogenen Phase.
- Veränderungen in der Zykluslänge führen zu einer Verkürzung der Haarlänge.
- Das Haar kann in der telogenen Phase in einer vorübergehenden „Leblosigkeit" verharren.
- Es findet kein weiteres Wachstum statt. Das Haar bleibt in einigen Fällen erhalten oder fällt aus.

Ursachen
- Alopezie durch systemische Erkrankungen, wie z. B. Hyperkortisolismus (siehe Kapitel 6, Endokrinologie der Haut).
- Alopezie durch umschriebene Veränderungen des Follikels.
- Die Ursache der Alopezie ist unbekannt, jedoch kommt es zum Stillstand des Haarzyklus. Dazu gehören:
  - Alopezie nach Scheren.
  - Dermatosen als Reaktion auf Sexualhormone, Wachstumshormone bzw. der in der Nebenniere gebildeten Geschlechtshormone.
  - Gefelderte Alopezie.
  - Idiopathische zyklische Alopezie der Flanken.
  - Telogenes Effluvium.

Alopezie nach Scheren

Ursache und Pathogenese
- Alle Rassen außer Chow-Chow und Sibirischem Husky sind für diese Alopezie prädisponiert.
- Mit dem Scheren des Felles wird gleichzeitig der Stillstand des Haarzyklus induziert.

Klinische Symptome
- Alopezie bzw. Haarstoppel in den geschorenen Arealen. Das übrige Fell bleibt unverändert (Abb. 9.8).

Differentialdiagnose
- Endokrine Erkrankungen.
- Telogenes Effluvium.
- Follikuläre Dystrophie.

Behandlung
- Bei Wiederaufnahme des Haarzyklus kommt es zu erneutem Haarwuchs. Dazu benötigt das Haar bis zu 24 Monate.

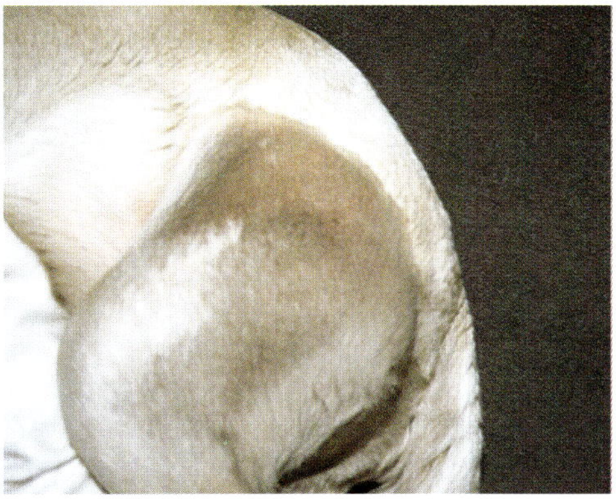

Abb. 9.8 Alopezie in geschorenen Arealen am Fell eines Dobermanns. Alle endokrinen Tests waren normal. Das Fell wuchs nach ca. 12 Monaten nach.

Dermatosen als Reaktion auf Kastration, Testosteron, Östrogen, Wachstumshormon sowie auf die Geschlechtshormone der Nebenniere

- Alle obengenannten Störungen verursachen eine bestimmte Art von Alopezie.
- Es wurden verschiedene Behandlungsversuche unternommen, um den Haarzyklus wieder zu aktivieren.

Ursache und Pathogenese
- Bei Stillstand des Haarzyklus befindet sich das Haar in der telogenen Phase.
- Jede der genannten Störungen ist eine Variante desselben Problems, jedoch sind die klinischen Symptome und die Disposition der einzelnen Rassen verschieden.
- Die Dermatosen werden normalerweise bei jungen Hunden im Alter von 2–4 Jahren beobachtet.

Abb. 9.9 Kastrations-reaktive Alopezie eines Spitzes.

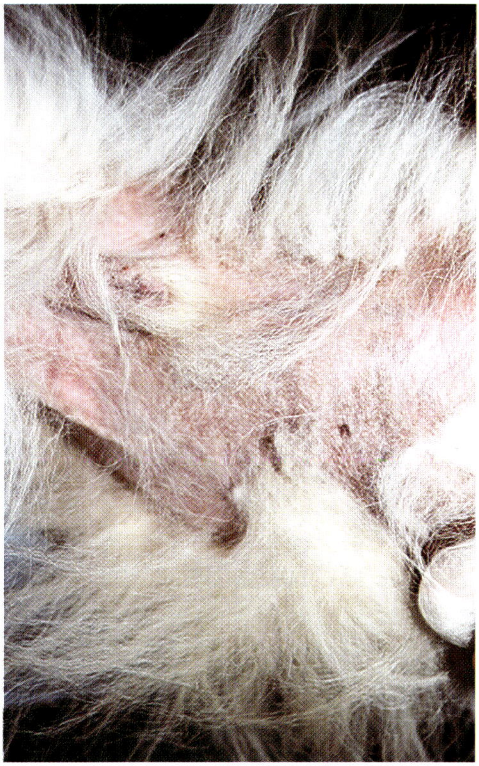

Abb. 9.10 Nahaufnahme zur Abb. 9.9. Fell eines auf Kastration reagierenden Hundes.

Kastrations-reaktive Dermatose

- Chow-Chow, Samojede, Keeshond und Spitz sind besonders betroffen.

Klinische Symptome

- Ausdünnung des Fells. Die Alopezie des Stamms beginnt häufig am Perineum und im Inguinalbereich (Abb. 9.9 und 9.10).
- Verlust des Primärhaares. Das Sekundärhaar ähnelt dem Welpenfell.

Behandlung

- Kastration.

Testosteron-reaktive Dermatose

- Kommt bevorzugt bei Afghanen vor.

Klinische Symptome

- Wie bei Kastrations-reaktiver Dermatose.

Behandlung

- Methyltestosteron 1 mg/kg bis zu 30 mg jeden zweiten Tag für die Dauer von 3 Monaten.
- Erhaltungstherapie 1–2mal pro Woche.
- Nebenwirkungen der Therapie: Cholestase, Aggressionen.

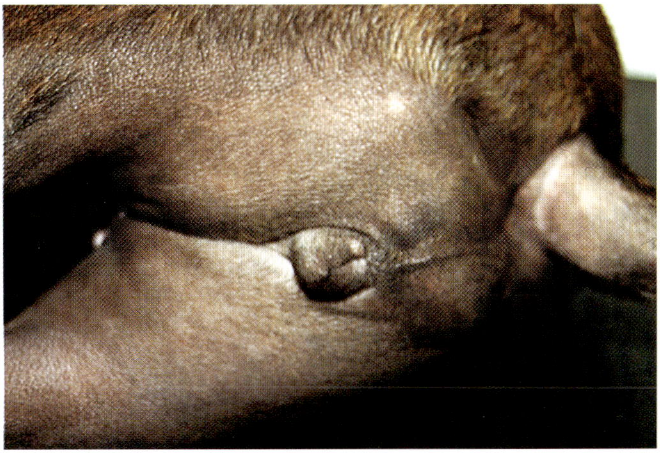

Abb. 9.11 Östrogen-reaktive Alopezie bei einem Staffordshire Bull Terrier.

Östrogen-reaktive Dermatose

- Betrifft bevorzugt Teckel und Boxer.

Klinische Symptome

- Der Haarverlust im Bereich des Perineums und der Genitalien breitet sich nach kranial aus (Abb. 9.11).
- Ausdünnung des Fells.

Behandlung

- Diäthylstilböstrol 0,1–1,0 mg per os jeden zweiten Tag für 3 Wochen.
- Eine schwere Knochenmarksdepression kommt als Nebenwirkung vor.

Dermatose als Reaktion auf das Wachstumshormon

- Betroffen sind vor allem Chow-Chow, Samojede, Keeshond, Spitz und Miniaturpudel.

Klinische Symptome

- Haarverlust im Nacken, am Schwanz, an den Ohren, kaudomedial an den Schenkeln (Abb. 9.12).
- Verlust des Primärhaares. Das Sekundärhaar ähnelt dem Welpenfell.

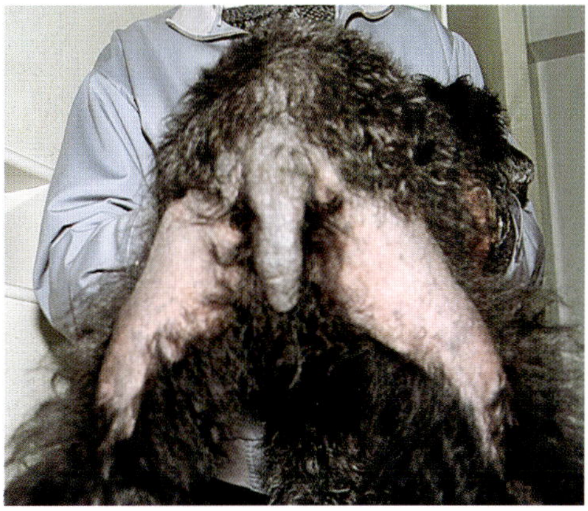

Abb. 9.12 Wachstumshormon-reaktive Alopezie mit typischer Verteilung bei einem Miniaturschnauzer.

Behandlung

- Bei Verfügbarkeit Anwendung des Wachstumshormons.
- Eine Nebenwirkung der Therapie ist der Diabetes mellitus.

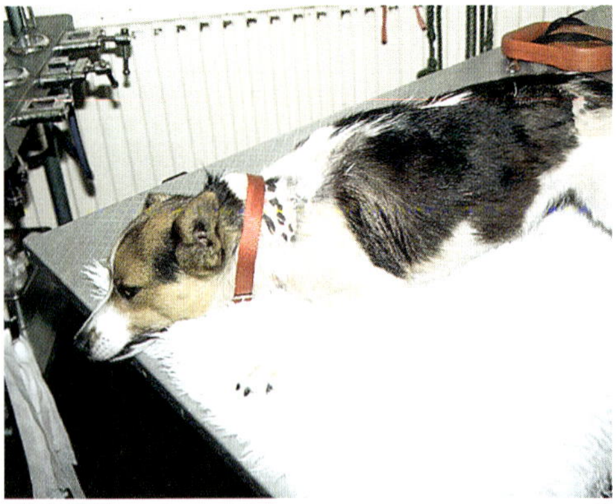

Abb. 9.13 Reaktive Alopezie auf Geschlechtshormone bei einem Jack Russell Terrier.
Cave: Haarverlust im Bereich der besonders beanspruchten Stellen am Hals.

Dermatose als Reaktion auf die Geschlechtshormone der Nebenniere

- Betroffen sind vor allem Spitz, Chow-Chow, Keeshond, Samojede.

Klinische Symptome

- Haarverlust an mechanisch besonders beanspruchten Arealen, Hals, Kopf und an den kaudomedialen Schenkeln (Abb. 9.13 und 9.14).
- Ausdünnung des Felles.

Behandlung

- Lysodren 15–25 mg/kg, bis der ACT-Test im unteren Normalbereich liegt.

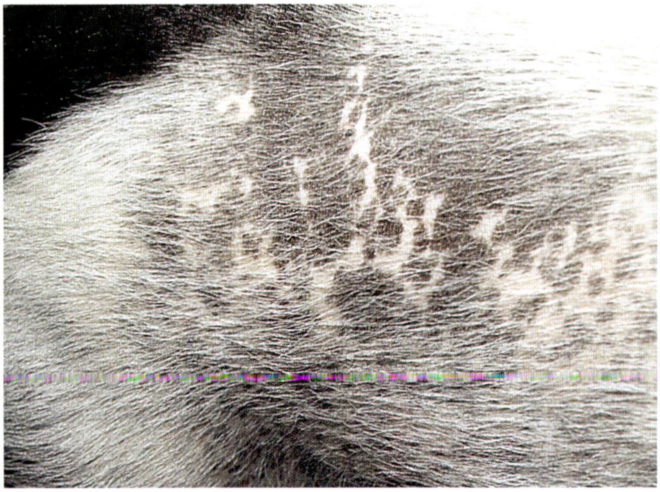

Abb. 9.14 Nahaufnahme zur Abb. 9.13. Diffuser Haarverlust am Abdomen.

Schablonenkahlheit

- Haarausdünnung durch Zyklusstillstand.

Klinische Symptome

- Die Syndrome sind beschrieben:
- Alopezie der Ohrmuschel: Tritt besonders beim Teckel (Rüde) auf (Abb. 9.15).
  - Haarausfall im 6–9. Lebensmonat.
- American Water Spaniel, Portuguese Water Dog.
  - Haarausfall im ventralen Nacken, in der kaudomedialen Schenkelregion und am Schwanz im Alter von 6 Monaten.
- Teckel (Hündin), Chihuahua, Whippet, Windhund.
  - Haarverlust am Ventrum, in der kaudomedialen Schenkelregion und hinter den Ohren.

Behandlung

- Nicht erfolgreich.

Idiopathische zyklische Alopezie der Flanken

Ursache und Pathogenese

- Der Stillstand des Haarzyklus tritt zu bestimmten Zeiten im Jahr auf.
- Durch Phototherapie kann bei einigen Rassen ein Haarnachwuchs induziert werden.
- Dabei spielen Hypophyse und Prolaktinbildung eine wichtige Rolle.
- Bisher konnten keine spezifischen Hormonveränderungen bei diesen Hunden festgestellt werden.
- Das Haar der Hunde wächst einmal, zweimal pro Jahr oder gar nicht nach.

Klinische Symptome

- Zu den prädisponierten Rassen gehören: Boxer, Airdale Terrier, Bulldoggen. Kann jedoch auch bei anderen Rassen vorkommen.
- Haarausfall in der thorakolumbalen Region (Abb. 9.16) (bilateral symmetrisch und scharf begrenzt).
- Hyperpigmentierung der Haut (Abb. 9.17).

Abb. 9.15 Schablonenkahlheit beim Teckel mit besonders auffallender Alopezie der Ohrmuschel.

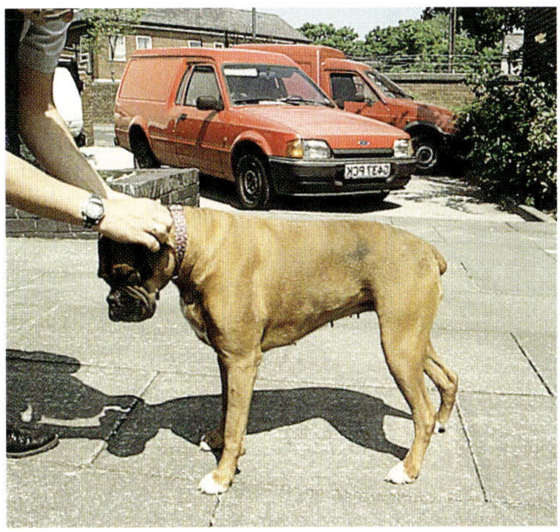

Abb. 9.16 Idiopathisch zyklische Alopezie der Flanken beim Boxer.

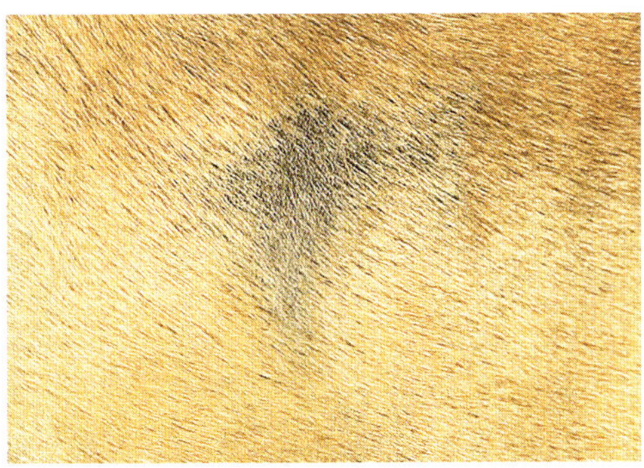

Abb. 9.17 Nahaufnahme zur Alopezie in Abb. 9.16. Es fällt die scharf abgegrenzte Hyperpigmentierung der Haut auf. Das übrige Haar ist normal.

Differentialdiagnose

- Stillstand des Haarzyklus durch endokrine Störungen, wie z. B. Hypothyreose, Hypokortisolismus.

Diagnose

- Anamnese.
- Klinische Symptome.
- Hautbiopsie: In den Follikeln findet sich aufgequollenes Keratin, „Hexenfuß".

Behandlung

- Das Haar wächst häufig ohne Therapie nach.
- Künstliche Manipulation des Haarwuchses durch eine Phototherapie.
- Gabe von Melatonin oder Melatoninimplantaten.

Telogenes Effluvium

- Streßzustände wie Fieber, systemische Krankheit, Schwangerschaft, Operationen führen zu einer abrupten vorzeitigen Unterbrechung der Wachstumsprozesse in den anagenen Haarfollikeln.
- Synchronisation vieler Haarfollikel in der Katagen- und dann in der Telogenphase. Nach 2–3 Monaten wirft das Tier eine große Zahl Telogenhaare auf einmal ab.

Klinische Symptome

- Abrupter und ausgedehnter Haarausfall.

Diagnose

- Anamnese.
- Klinische Symptome.
- Eine Hautbiopsie hat geringen diagnostischen Wert.

Behandlung

- Behandlung der zugrundeliegenden Ursache.

Traumatische Alopezie

Pruritische/psychologische Alopezie

- Wegen einer zugrundeliegenden pruritischen Dermatose oder einer psychologischen Störung reißt sich das Tier selbst seine Haare aus.

Traktionsalopezie

Ursache und Pathogenese

- Typische Alopezie bei Hunden mit Haarschmuck. Unter der Traktion des Haarschmucks über einen längeren Zeitraum kann es zu Haarausfall kommen.

Klinische Symptome

- Umschriebener Haarausfall im Bereich des Haarschmucks. Häufig am Kopf des Tieres.

Differentialdiagnose

- Dermatophytose.
- Demodikose.
- Alopecia areata.

Diagnose

- Anamnese.
- Klinische Symptome.
- Hautbiopsie.

Behandlung

- Richtige Benutzung bzw. Vermeidung von Haarschmuck.
- Resektion des Alopezieareals bei permanentem Haarverlust.

Vernarbende Alopezie

- Zerstörung der Haarfollikel.

Primär vernarbende Alopezie

- Entzündliche Reaktion oder Erreger in der Umgebung des Haarfollikels.
  - Bakterielle Follikulitis.
  - Dermatophytische Follikulitis (Abb. 9.18).
  - Follikulitis durch Demodex.
- Direkte Zerstörung der Follikel, z. B. bei Verbrennungen.

Sekundär vernarbende Alopezie

- Die Haarfollikel werden nicht als erstes angegriffen. Sie werden sekundär zerstört durch:
  - „Haarinfarkt", wie z. B. bei einer Vaskulitis (Abb. 9.19).
  - Perifollikuläre Schädigung der Haarzwiebel, wie z. B. bei einer Talgdrüsenentzündung.
  - Schwere Schädigung der Haut, wie z. B. bei Verbrennungen.

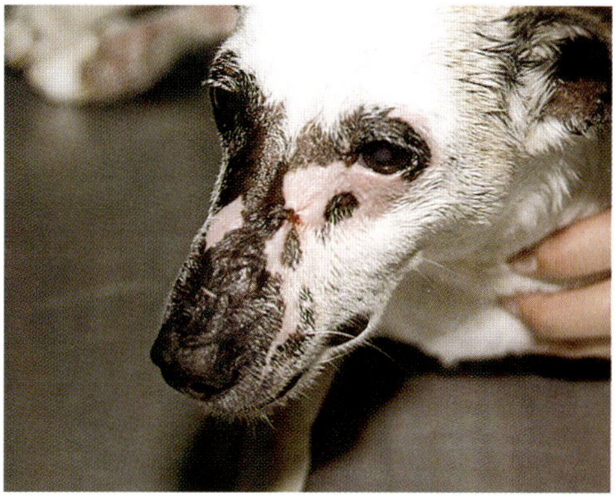

Abb. 9.18 Vernarbende Alopezie im Gesicht eines Jack Russel Terriers nach Infektion mit *Trichophyton mentagrophytes.*

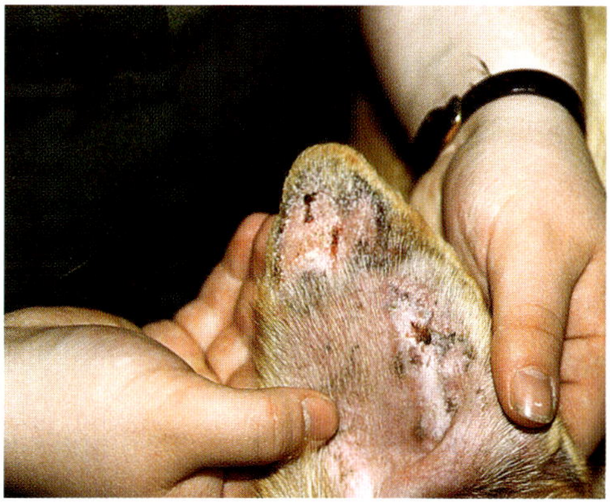

Abb. 9.19 Vernarbende Alopezie am Ohr eines Hundes mit Dermatomyositis.

Ernährungsbedingte Hauterkrankungen

10

Fettsäuremangel

Ursache und Pathogenese

- Seltene Erkrankung, hervorgerufen durch:
  - Inadäquate Ernährung insbesondere bei schlecht zusammengestellter, vorgefertigter Nahrung.
  - Ursachen eines Fettsäuremangels seitens des Tieres sind intestinale Malabsorption/Maldigestion.

Klinische Zeichen

- Die Folgen eines Fettsäuremangels sind generalisierte Schuppung, Verlust eines üppigen Fells.
- Zu den chronischen Veränderungen gehören Seborrhoe oleosa und Otitis externa ceruminosa.
- Sekundärinfektionen mit Bakterien und Hefepilzen.

Differentialdiagnose

- Primäre Seborrhoe.
- Andere Ursachen für eine sekundäre Seborrhoe.

Diagnostik

- Anamnese.
- Klinische Symptome.
- Laborparameter zum Ausschluß anderer Erkrankungen.

Behandlung

- Verabreichung einer ausgewogenen Nahrung mit Zusätzen von Fettsäuren.
- Die Substitutionen mit Fettsäuren, insbesondere mit Omega-6- und Omega-3-Fettsäuren, sollte ausgewogen sein.
- Identifizierung der zugrundeliegenden Erkrankung.

Proteinmangel

Ursache und Pathogenese

- Ein Proteinmagel tritt beim Hund selten auf. Er wird hervorgerufen durch:
  - Zuführung einer eiweißarmen Nahrung.
  - Schlechte Qualität der Nahrung junger Hunde.
  - Vorgefertigte, proteinarme Nahrung bei renalen/hepatischen Erkrankungen.
  - Systemische Erkrankungen.

Klinische Symptome

- Generalisierte Schuppung.
- Verlust der Haarfarbe.
- Schlechter Haarwuchs. Die Haare werden dünner, trocken, brüchig.
- Kreisrunder Haarausfall.

Diagnostik

- Anamnese.
- Klinische Symptome.

Behandlung

- Verbesserung des Proteingehaltes der Nahrung.
- Behandlung der zugrundeliegenden Erkrankung.

Vitamin-A-Mangel

Ursache und Pathogenese

- Seltene Dermatose des Hundes, verursacht durch inadäquate Mengen von Vitamin A in der Nahrung.
- Vitamin A ist zur Bildung der normalen Haut notwendig.

Klinische Symptome

- Schlechte Haarqualität, Alopezie, generalisierte Schuppung.
- Follikuläre Hyperkeratose.

Diagnostik
- Anamnese.
- Klinische Symptome.
- Die Hautbiopsie zeigt follikuläre Hyperkeratosen.

Behandlung
- Eine einmalige Injektion von 6,000 IE Vitamin A.
- Änderung der Ernährung.
- Eine Intoxikation kann durch übermäßige Substitution von Vitamin A auftreten.

Vitamin-A-reaktive Störung
- Siehe Kapitel 14, Störungen der Keratinisation.

Vitamin-E-Mangel
- Dieser Mangel wurde niemals bei Hunden beobachtet.
- Vitamin E ist ein natürliches Antioxidans, das zur Behandlung vieler verschiedener Krankheiten eingesetzt werden kann, z. B.:
  - Lupus erythematodes.
  - Primäre Acanthosis nigricans.
  - Dermatomyositis.
  - Milbenbehandlung bei Demodikose.

Vitamin-B-Mangel
- Seltene Krankheit durch Mangel an Biotin, Riboflavin, Niacin.

Ursache
Biotinmangel
- Biotin kann durch Verfüttern von zu vielen ungekochten Eier inaktiviert werden.
- Orale Langzeitantibiose.

Riboflavinmangel
- Die Nahrung enthält keine Fleisch- bzw. Milchprodukte.

Niacinmangel
- Die Nahrung enthält wenig Protein/viel Getreide.

Klinische Symptome
Biotinmangel
- Periokuläre Alopezie und Verkrustung des Gesichtes, des Nackens, des Körpers.
- Lethargie, Diarrhoe.

Riboflavinmangel
- Periokuläre und ventrale Seborrhoe.
- Cheilosis.

Niacinmangel
- Niacinmangel manifestiert sich als Pellagra: Dermatitis, Neuritis, Glossitis.
- Schleimhautulzerationen.

Behandlung des Vitamin-B-Mangels
- Ausgewogenes Fertigfutter.
- Bierhefe.
- Vitamin-B-Komplex-Injektion.

Zink-reaktive Dermatose
Ursache und Pathogenese
- Drei Mangelsyndrome sind bekannt.

Syndrom I
- Das Syndrom ist bei Huskies und Alaska Malamutes beschrieben.
- Zum Syndrom tragen folgende Faktoren bei:
  - Genetischer Defekt, der zu einer verminderten Zinkabsorption aus dem Darm der Malamutes führt.
  - Ein hoher Kalzium- bzw. Getreidegehalt der Nahrung verhindert die Absorption von Zink.
  - Chronische Darmprobleme.

Syndrom II
- Betroffen sind vor allem schnell wachsende Welpen wie die der Deutschen Dogge, des Dobermanns (Abb. 10.1), des Labrador Retrievers.
- Zum Syndrom beitragende Faktoren:
  - Großrassige Hunde.
  - Hoher Kalziumzusatz in der Nahrung.
  - Hoher Getreidegehalt der Nahrung.

Syndrom III
- Englischer Bullterrier, letale Akrodermatitis (siehe Kapitel 11, Kongenitale und erworbene Hauterkrankungen).

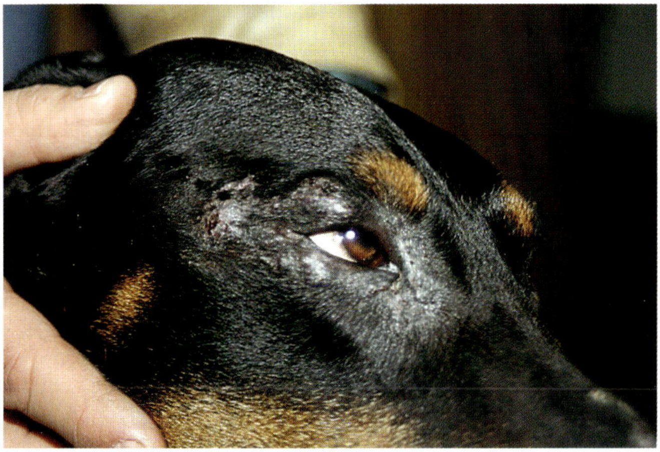

Abb. 10.1 Periokuläre Krusten und Schuppung bei Zink-reaktiver Dermatose eines Dobermanns nach Gabe von Futter mit hohem Kalzium- und Getreideanteil.

Klinische Symptome

Syndrom I

- Erythem, Krusten, Schuppung um den Mund, am Kinn, an den Augen und Ohren (Abb. 10.2).
- Generalisierte Seborrhoe.
- Krusten an den mechanischen Druckpunkten.
- Sekundäre bakterielle und Hefepilzinfektion sind häufig.
- Hyperkeratose an den Pfotenballen.

Syndrom II

- Krusten an den mechanischen Druckpunkten (Abb. 10.3).
- Hyperkeratose an der Nase und an den Pfotenballen, oft in Verbindung mit sekundärer Fissurbildung.

Differentialdiagnose

- Andere Ursachen für Hyperkeratose an der Nase und den Pfotenballen.
- Primäre und sekundäre Seborrhoe.

Diagnostik

- Typische klinische Symptome bei den prädisponierten Rassen.
- In der Hautbiopsie findet man Parakeratosen.
- Die Messung der Zinkmenge im Serum oder im Haar ist schwierig und nicht verläßlich.

Abb. 10.2 Krusten und Schuppung in der Mundregion eines Huskys mit Zink-reaktiver Dermatose.

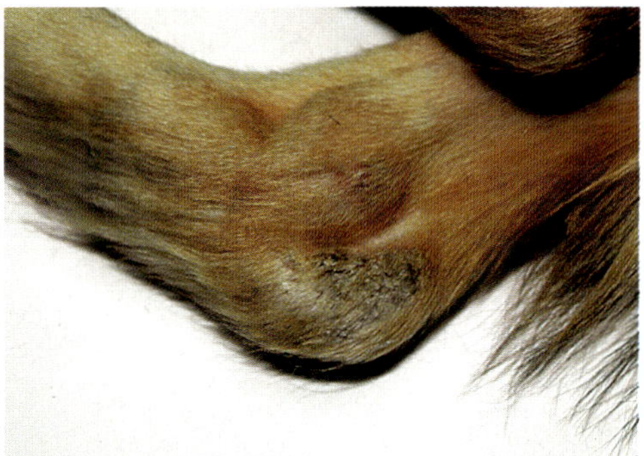

Abb 10.3 Zink-reaktive Dermatose eines Collies mit Krusten über den mechanischen Druckpunkten. Die Hautveränderungen werden durch hohen Getreideanteil im Futter hervorgerufen.

Behandlung

- Bei Syndrom I und II sind eine Verbesserung der Ernährung und eine Behandlung der zugrundeliegenden Erkrankung, wie z. B. der Malabsorption, notwendig.
- Lokalbehandlung.
- Wasserbäder und milde antiseborrhoische Shampoos sind empfehlenswert.

Syndrom I

- Die Substitution von Zink ist notwendig und sollte lebenslänglich durchgeführt werden.
  - Tägliche Gabe von 10 mg/kg Zinksulfat mit der Nahrung.
  - In schwierigen Fällen ist eine intravenöse Injektion von 10–15 mg/kg pro Woche über 4 Wochen notwendig; dann weiter mit einer Erhaltungsdosis.
  - 1–7 mg/kg Zinkmethionin täglich.
- Die Hunde sollten aus den Zuchtprogrammen entfernt werden.

Syndrom II

- Eine kurzzeitige Substitution von Zink ist angebracht, um die Behandlung zu beschleunigen.

Kongenitale und erworbene Hauterkrankungen

11

Primäre Seborrhoe

Ursache und Pathogenese

- Zu den prädisponierten Rassen gehören Cockerspaniel, English Springer Spaniel, West Highland White Terrier, Basset, Irish Setter.
- Es wird eine primäre zelluläre Störung angenommen.
- Beim Cockerspaniel zeigt sich eine Hyperproliferation der Epidermis, der Haarfollikel und Talgdrüsen.

Klinische Symptome

- Bevorzugt bei jungen Hunden.
- Die Symptomatik ist bei den verschiedenen Rassen unterschiedlich: Die anfängliche Schuppung geht über in:
  - Trockene generalisierte Seborrhoe beim Irish Setter (Abb. 11.1), Dobermann.
  - Fettige Haut mit unangenehmem Geruch, schuppige/krustige und juckende Areale, häufig mit Otitis externa ceruminosa beim Cockerspaniel, West Highland White Terrier, Basset, Shar Pei.
- Intertrigo.
- Häufig Sekundärinfektionen mit Bakterien *(Staphylococcus intermedius)* und Pilzen *(Malassezia pachydermatis).*

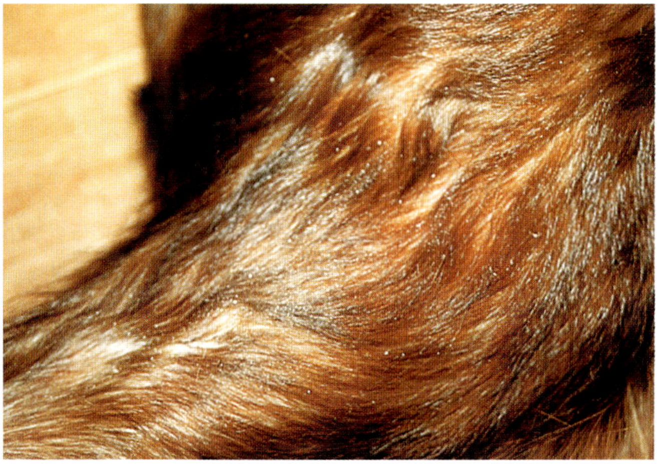

Abb. 11.1 Primäre Seborrhoe bei einem Irish Setter.

Differentialdiagnose

- Jede Krankheit, die mit einer Seborrhoe einhergeht.
- Ektoparasiten bei jungen Hunden.
- Überempfindlichkeit bei jungen Hunden.
- Dermatophytose bei jungen Hunden.
- Endokrine Erkrankungen bei älteren Hunden.
- Metabolische Störungen bei älteren Hunden.
- Neoplasien bei älteren Hunden.

Diagnose

- Ausschlußdiagnostik.
- Hautbiopsie: Zeichen einer Sekundärinfektion.

Behandlung

- Längerfristige Kontrollen sind notwendig.

Lokalbehandlung

- Sorgfältige Fellpflege. Das Kürzen der Haare wirkt therapieunterstützend.
- Waschungen ein- bis zweimal pro Woche mit antiseborrhoischen Shampoos bis zur Remission; dann je nach Bedarf.
- Shampoo für:
- Trockene Seborrhoe:
  - Shampoo mit Schwefel, Salizylsäure.
  - Glyzerin, Olefinsulfat.
- Trockene Seborrhoe mit sekundärer Infektion:
  - Bakterien: Ethyllaktat; Chlorhexidin, Schwefel, Salizylsäure.
  - Bakterien/Pilze: Chlorhexidin, Miconazol.
- Fettige Seborrhoe:
  - Teer.
  - Seleniumsulfid.
- Fettige Seborrhoe mit sekundärer Infektion:
  - Benzoylperoxid.
  - Shampoos für die fettige Seborrhoe müssen nur selten über einen längeren Zeitraum eingesetzt werden.
  - Bei der Behandlung der Hunde kann man zu den Shampoos der trockenen Seborrhoe übergehen oder die stark entfettenden Shampoos alternierend mit milderen Produkten anwenden.
  - Es gibt auch Lösungen, die, mit Wasser verdünnt, nach dem Bad als Spülung angewandt werden. Diese Präparate enthalten die wachsfreie, fettlösliche Fraktion von Lanolin, Paraffinöl und nichtionische Emulgatoren, aber auch feuchtigkeitsfördernde Substanzen, wie Humilac.

Systemische Behandlung

- Retinoide (nur begrenzt verfügbar); Isotretinoin: 1,0–3,0 mg/kg zweimal täglich per os; Etretinat: 1,0 mg/kg einmal täglich per os.
  - Diese Medikamente sind hoch teratogen und sollten vor allem bei Hündinnen im gebährfähigen Alter mit besonderer Vorsicht eingesetzt werden.
  - Es sollten regelmäßige Routineuntersuchungen des Blutbildes, der Leberwerte und der Werte für Triglyzeride und Cholesteron durchgeführt werden.
- Essentielle Fettsäuren.
  - Die Substitution der Omega-3- und Omega-6-Fettsäuren erwies sich als wirkungsvolle Therapiemöglichkeit.
- Sollten alle bisher genannten therapeutischen Maßnahmen versagen, wird die Anwendung von Steroiden empfohlen. Prednisolon: 1,0 mg/kg zur Reduzierung der fettigen Seborrhoe. Dann Fortsetzung einer alternierenden Erhaltungstherapie mit der geringstmöglichen Dosierung.

Ichthyose (Fischschuppenkrankheit)

Ursache und Pathogenese

- Sehr seltene Erkrankung.
- Ähnelt der Ichthyose des Menschen aufgrund der epidermalen Hyperproliferation.

Klinische Symptome

- Junge Hunde, insbesondere West Highland White Terrier, sind prädisponiert.
- Die Hautveränderungen zeichnen sich durch graue Schuppen und rauhe Textur aus.
- Unangenehm riechende, seborrhoische Haut.
- Hyperkeratosen der Pfotenballen und des Nasenspiegels.

Differentialdiagnose

- Nur wenige andere Erkrankungen haben bei jungen Hunden ein ähnliches Erscheinungsbild.

Diagnose
- Klinische Symptome.
- Hautbiopsie.

Behandlung
- Unheilbare Erkrankung, die einer Langzeittherapie bedarf.
- Lokalbehandlung.
  - Laktatsäure 5 % als Spray oder Salbe.
  - 50 % Propylenglykolzubereitung.
- Systemische Behandlung.
  - Retinoide: Isoretinoin 1,0–2,0 mg/kg zweimal täglich.
- Bei vielen Hunden wird die Euthanasie empfohlen.

Psoriasiforme lichenoide Dermatose des English Springer Spaniel
Ursache und Pathogenese
- Seltene Erkrankung des English Springer Spaniel.
- Es wird eine überschießende Reaktion gegenüber einer oberfächlichen Staphylokokkeninfektion angenommen.

Klinische Symptome
- Betroffen sind junge Hunde. Keine Geschlechtsdisposition.
- Erythematöse, lichenoide Plaques der Ohrmuschel und der Inguinalregion, die sich über den gesamten Körper ausbreiten können.

Diagnose
- Klinische Symptome bei den prädisponierten Rassen.
- Hautbiopsie.

Behandlung
- Eine Antibiose hat sich als wirksamste Therapie erwiesen.
- Cefalexin 20 mg/kg zweimal täglich.

Komedosyndrom des Schnauzers
Ursache und Pathogenese
- Seltene Erkrankung des Miniaturschnauzers.
- Es wird eine anormale Entwicklung des Haarfollikels angenommen.

Klinische Symptome
- Komedone am Rücken.
- Begleitende Sekundärinfektion.
- Milder Juckreiz.

Diagnose
- Klinische Symptome bei den prädisponierten Rassen.
- Hautbiopsie.

Behandlung
- Langfristige Kontrollen sind notwendig.
- Lokalbehandlung mit antiseborrhoischen Shampoos, die Schwefel, Salizylsäure, Teer und Benzoylperoxid enthalten.
- Systemische Behandlung.
  - Antibiose bei Sekundärinfektionen.
  - Retinoide: Isoretinoin 1,0 mg/kg zweimal täglich.

Dermoidzyste
Ursache und Pathogenese
- Prädisponiert ist der Rhodesian Rigdeback.
- Die Dermoidzyste ist ein kongenitaler Defekt nach inkompletter Trennung der Haut und des Neuralrohres.
- Die Zyste ist eine röhrenförmige Einstülpung der Haut, die sich von der dorsalen Mittellinie aus als blind endende Tasche bis zum Unterhautfettgewebe erstreckt oder bis in den Wirbelkanal zur Dura mater reicht.

Klinische Symptome
- Betroffen sind vor allem Welpen.
- Aus einzelnen oder mehreren Hautöffnungen am Rücken können Haarbüschel herausragen.
- Eventuell ist ein Gewebestrang palpierbar, der sich von der Haut bis zur Wirbelsäule erstreckt.

Diagnose
- Klinische Symptome.
- Darstellung der Fistel mit Metrizamid zur Ausbreitungsbestimmung.

Behandlung
- Bei blind endender Zyste ist eine Therapie nur bei Infektion notwendig.
- Besteht bei einer Zyste ein Abfluß, so ist die operative Entfernung das Mittel der Wahl. Diese Therapie wird oftmals durch eine Meningitis kompliziert.

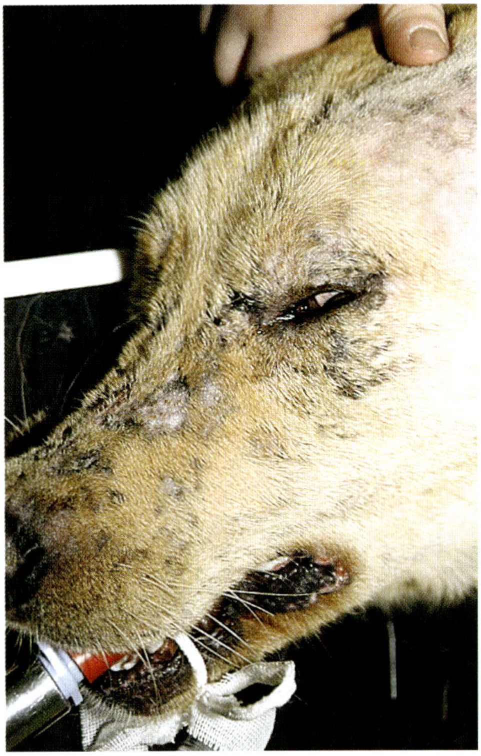

Abb. 11.2 Vernarbende Alopezie bei einem Dobermann mit Dermatomyositis.

Epidermolysis bullosa

Ursache und Pathogenese

- Erworbene hereditäre bullöse Dermatose aufgrund anormalen Keratins und eines Defekts der Verankerungsfibrillen.

Klinische Symptome

- Auftreten bei oder gleich nach der Geburt.
- Blasen, Bullae, Ulzerationen werden an der mukokutanen Übergangszone und am Abdomen beobachtet.
- Die Krallen fallen aus.
- Es werden Defekte des Zahnschmelzes und Entwicklungsstörungen beobachtet.

Diagnose

- Klinische Symptome bereits bei der Geburt.
- Hautbiopsie.

Behandlung

- Keine.
- Maßnahmen zur Gestaltung des Umfeldes des Hundes zur Reduzierung der Hautverletzungen.

Dermatomyositis

Ursache und Pathogenese

- Familienanamnese.
- Unklar: Man nimmt eine immunvermittelte Pathogenese an, obwohl auch Medikamente, Infektionen (besonders virale), Toxine, Neoplasien im Verdacht stehen.

Klinische Symptome

- Collie, Shetland Sheepdog gehören zu den prädisponierten Rassen.
- Die Dermatomyositis wird typischerweise bereits in den ersten 6 Monaten erkannt.
- Hautveränderungen.
  - Die ersten Veränderungen variieren in ihrer Intensität. Die schweren Veränderungen treten im 12. Lebensmonat auf und verschwinden dann wieder.
  - Betroffen sind die Körperregionen mit der größten mechanischen Beanspruchung: Gesicht (Abb. 11.2), die periokuläre Region, die Ohren und der Schwanz (Abb. 11.3).

- Primäreffloreszenzen wie Erythem, Schuppung und Krusten sind selten.
- Wiederaufflackern stummer Krankheitsfälle durch Verletzungen und UV-Lichtexposition.

- Extrakutane Läsionen.
  - Der Ausprägungsgrad der Myositis ist unterschiedlich. Sie muß nicht immer vorhanden sein.
  - Häufig asymptomatische Atrophie des Massetermuskels und der Gliedmaßenmuskulatur.
  - Es bestehen schwere Probleme beim Trinken, Kauen, Schlucken (Megaösophagus) und Treppensteigen.
- Der Beginn der Krankheit im Erwachsenenalter ist selten. Sie zeigt sich dann als eine Variationsform dieser idiopathischen, entzündlichen Dermatose (siehe unten).

Differentialdiagnose

- Demodikose.
- Staphylokokkenfollikulitis.
- Dermatophytose.
- Diskoider Lupus erythematodes.
- Epidermolysis bullosa.
- Vaskulitis.

Behandlung

- Vermeidung von Verletzungen und UV-Lichtexposition.
- In schweren Fällen wird eine Euthanasie empfohlen.
- Behandlung in mittelgradigen bis leichten Fällen:
  - Vitamin E: 200–800 IE/Tag.
  - In der Exazerbationsphase wird Prednisolon – 1,0 mg/kg einmal täglich – als Kurztherapie empfohlen.
  - Oxypentoxifyllin (Trental): 400 mg alle 24–48 Stunden in Verbindung mit der Nahrungsaufnahme.
- Langsamer Heilungsprozeß über 2–3 Monate.

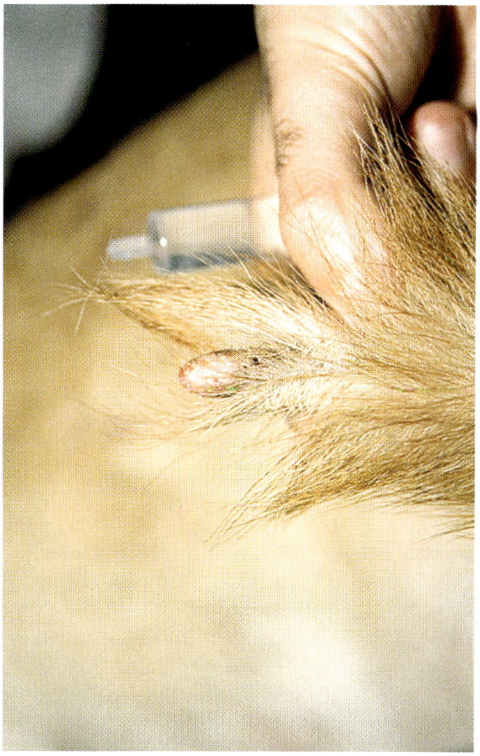

Abb. 11.3 Ulzerationen und Alopezie an der Schwanzspitze eines Collie mit Dermatomyositis.

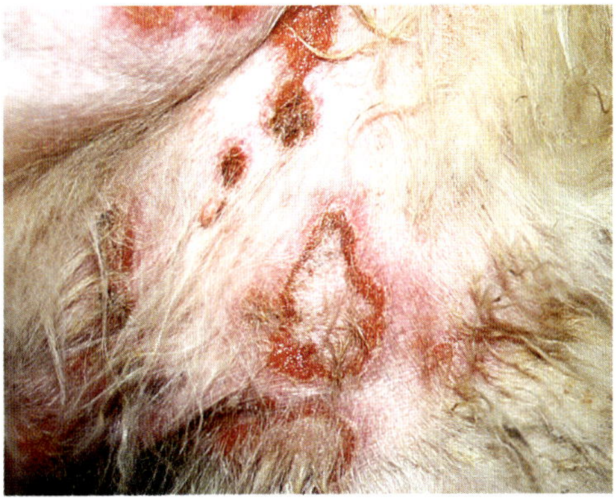

Abb. 11.4 Serpiginöser Ulkus im Inguinalbereich eines Shelties mit idiopathischer ulzerierender Dermatose.

Idiopathische ulzerierende Dermatose des Shetland Sheepdog und des Collies

Ursache und Pathogenese

- Form der Dermatomyositis bei Hunden im mittleren bis höheren Alter ohne Vorerkrankungen.

Klinische Symptome

- Vesikulobullöse Hautveränderungen im Genitalbereich und in den Achseln mit kraterförmigen und serpiginösen Ulzerationen (Abb. 11.4).
- Gelegentlich sind Augenlid, Maul, Ohrmuschel, die äußeren Genitalien, der Anus und die Pfotenballen befallen.
- Schmerzen.
- Periodisches Auftreten führt zur Komplizierung der Behandlung.

Differentialdiagnose

- Bullöses Pemphigoid.
- Erythema multiforme.
- Systemischer Lupus erythematodes.
- Pemphigus vulgaris.

Diagnose

- Anamnese.
- Klinische Symptome bei den prädisponierten Rassen.
- Hautbiopsie.

Behandlung

- Vermeiden von Verletzungen.
- Systemische Behandlung.
- Antibiotika bei Sekundärinfektionen.
- Andere Behandlungen wie bei der Dermatomyositis.

Hereditäre lupoide Dermatose des Deutsch-Kurzhaars

Ursache und Pathogenese

- Unbekannt: Familiäre Prädisposition nur beim Deutsch-Kurzhaar.

Klinische Symptome

- Es sind Welpen ab dem 6. Lebensmonat betroffen.
- Die Hautveränderungen werden als erstes im Gesicht, an den Ohren, am Rücken (Abb. 11.5) gesehen, bevor sich die Krankheit am gesamten Körper ausbreitet.
- Krusten und Schuppen.
- Periodisches Auftreten.

Differentialdiagnose

- Talgdrüsenadenitis.
- Systemischer Lupus erythematodes.
- Dermatophytose.
- Zink-reaktive Dermatose.

Diagnose

- Klinische Symptome bei den prädisponierten Rassen.
- Hautbiopsie.

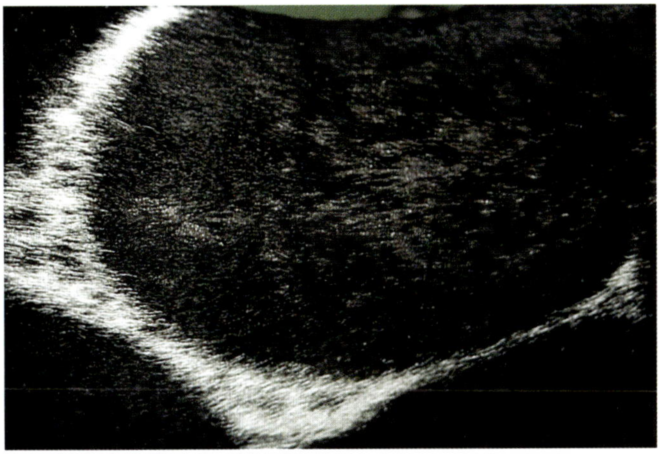

Abb. 11.5 Krusten und Schuppung auf dem Rücken eines Deutsch-Kurzhaars mit hereditärer lupoider Dermatose.

Behandlung

- Symptomatische Behandlung.
- Lokalbehandlung mit antiseborrhoischen Shampoos.
- Systemische Behandlung.
  - Schlechtes Ansprechen auf Steroide.
  - Die Substitution mit essentiellen Fettsäuren hat nur eine geringe therapeutische Wirksamkeit.

Kongenitale und hereditäre Störungen des Haars und Haarwachstums

- Siehe Kapitel 9, Alopezie.

Kongenitale und hereditäre Störungen der Pigmentierung

- Siehe Kapitel 9, Alopezie

Acanthosis nigricans

Ursache und Pathogenese

- Viele Ursachen.
- Die primäre idiopathische Acanthosis nigricans tritt fast ausschließlich beim Teckel auf. Es handelt sich mit hoher Wahrscheinlichkeit um eine erbliche Dermatose (Abb. 11.6).

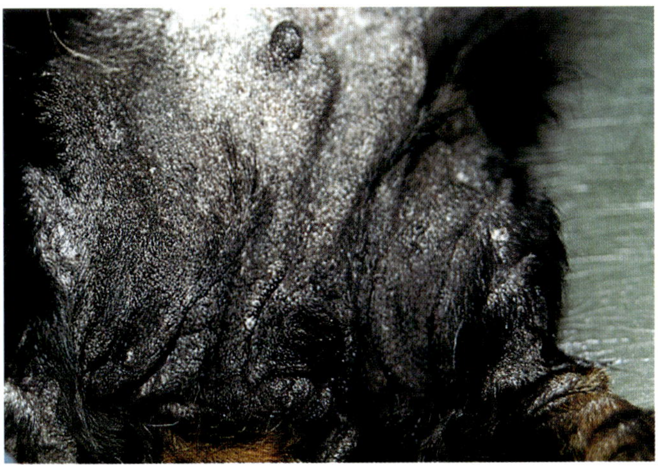

Abb. 11.6 Primäre idiopathische Acanthosis nigricans eines Teckels.

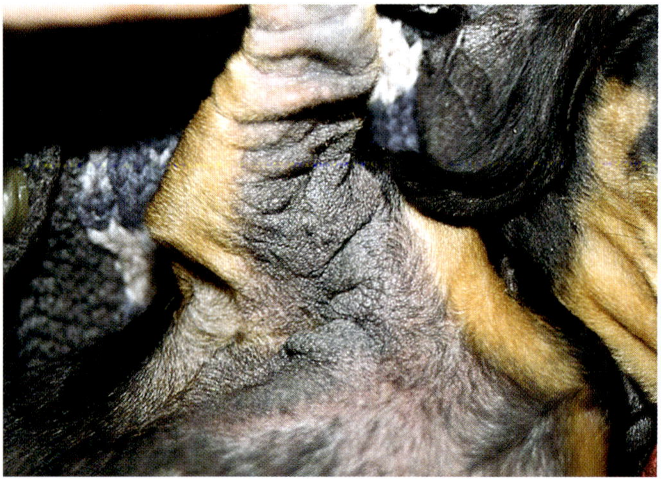

Abb. 11.7 Sekundäre Acanthosis nigricans bei einem Teckel mit Allergie und sekundärem Befall mit Malassezia.

- Die sekundäre Acanthosis nigricans kann bei jeder Hunderasse auftreten und entsteht im Zusammenhang mit anderen zugrundeliegenden Störungen:
  - Übermäßige Reibung und Intertrigo bei Anomalien des Körperbaus oder Adipositas.
  - Allergische Reaktionen mit chronischem Juckreiz (Abb. 11.7).
  - Endokrinopathie, insbesondere die Hypothyreose.

Klinische Symptome

- Primäre Acanthosis nigricans bei jungen Hunden unter einem Jahr.
  - Bilaterale Hyperpigmentierung der Achseln.
  - Chronische Lichenifikation mit Seborrhoe.
  - Ausbreitung der Hauterscheinungen auf größere Areale.
  - Sekundärinfektionen durch Pilze und Bakterien sind häufig.
- Die sekundäre Acanthosis nigricans zeigt eine ähnliche Symptomatik.

Differentialdiagnose

- Umfaßt die Ursachen der primären und sekundären Erkrankungen.

Diagnose

- Anamnese.
- Klinische Symptome: Primäre Acanthosis nigricans bei prädisponierten Rassen.
- Laboruntersuchungen zum Ausschluß der zugrundeliegenden Erkrankungen.
- Die Hautbiopsie hat keinen diagnostischen Wert.

Behandlung

- Behandlung der zugrundeliegenden Ursachen.
- Idiopathische Erkrankung.
- Lokalbehandlung.
  - Kurzfristige Anwendung von steroidhaltigen Cremes.
  - Antiseborrhoische Shampoos (siehe Primäre Seborrhoe, S. 151).
- Systemische Behandlung.
  - Melatonin: Täglich 2 mg pro Hund für 3 bis 5 Tage, dann wöchentlich oder monatlich je nach Bedarf.
  - Prednisolon: 1 mg/kg einmal täglich für 7–10 Tage. Danach jeden zweiten Tag die Mindestdosis.
  - Vitamin E: 200 IE zweimal täglich. Diese Therapie zeigt erst nach 30–60 Tagen eine Wirkung.

Zyklische Hämatopoese des Hundes (Grey-Collie-Syndrom)

- Siehe Kapitel 2, Bakterielle Erkrankungen.

Erworbene Aurotrichie des Miniaturschnauzers

Ursache und Pathogenese

- Unbekannt: Es wird eine genetische Disposition angenommen.

Klinische Symptome

- Das Primärhaar am Rücken, am Thorax und am Abdomen ändert seine Farbe von silber- oder schwarz- zu goldfarben (Abb. 11.8).
- Diffuse Haarausdünnung.

Diagnose

- Klinische Symptome bei den prädisponierten Rassen.
- Das Trichogramm zeigt Veränderungen in der Pigmentierung des Haares.

Behandlung

- Keine.

Ehlers-Danlos-Syndrom (Kutane Asthenie, Dermatosparaxie)

Ursache und Pathogenese

- Hereditäre, angeborene Störung der Kollagenbildung.
- Die Zugfestigkeit der Haut ist um das 40fache vermindert.
- Dominanter oder rezessiver Vererbungsgang.
- Es sind viele verschiedene Rassen betroffen.

Klinische Symptome

- Hautveränderungen.
  - Weiche, überdehnbare und leicht verletzbare Haut.
  - Die Haut hängt an den Extremitäten und am Hals in Falten herab.
  - Die Haut der betroffenen Tiere reißt leicht ein und heilt mit papierdünnen Narben ab.
- Extrakutane Symptome
  - Hyperflexibilität der Gelenke.
  - Augenveränderungen wie Linsenluxation, Katarakt.

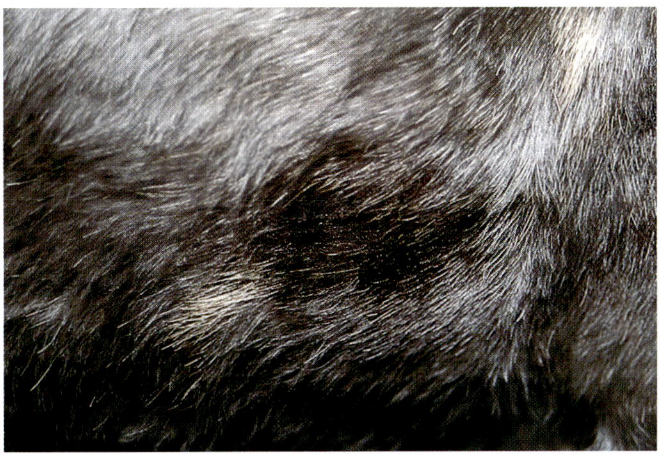

Abb. 11.8 Erworbene Aurotrichie eines Miniaturschnauzers.

Diagnose
- Die klinischen Zeichen sind sehr charakteristisch.
- $$\text{Dehnungsindex der dorsolumbalen Haut} = \frac{\text{Vertikale Höhe der Hautfalte} \times 100}{\text{Körperlänge}}$$
- Bei den betroffenen Hunden ist der Dehnungsindex größer als 14,5 %.
- Die Hautbiopsie hat häufig keinen diagnostischen Wert. Es wird die Anwendung von Spezialfärbungen für Kollagen empfohlen.
- Die Elektronenmikroskopie kann in der Diagnostik eingesetzt werden.

Behandlung
- Die Fortpflanzung der Tiere sollte verhindert werden.
- Vermeidung von Verletzungen.

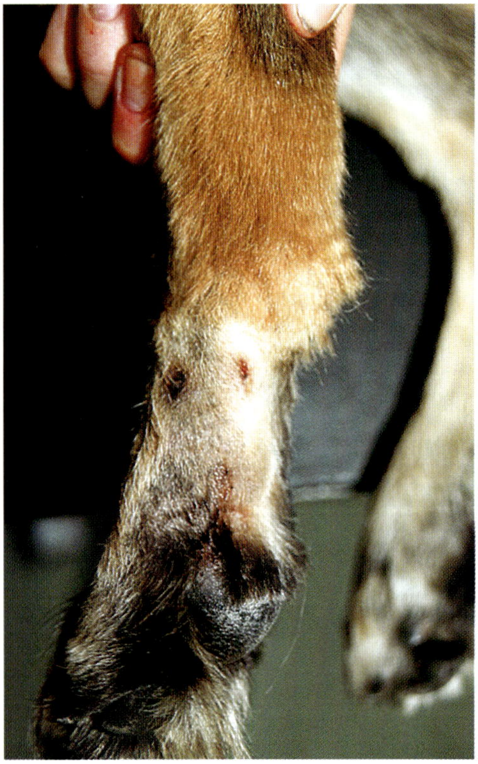

Abb. 11.9 Fokale metatarsale Fistel bei einem Deutschen Schäferhund.

Fokale metatarsale Fistelbildung beim Deutschen Schäferhund

Ursache und Pathogenese
- Die Ätiologie ist unbekannt. Der Deutsche Schäferhund und seine Kreuzungen sind betroffen.
- Vermutlich eine familiäre Störung des Kollagens.

Klinische Symptome
- Betroffen sind vor allem Welpen im Alter von 2–4 Jahren.
- Gut abgegrenzte Fisteln proximal des metatarsalen/karpalen Ballens (Abb. 11.9).
- Ausbildung eines fibrösen Ganges, der sich in das tiefe Gewebe ausdehnt.
- Seröser, blutiger Ausfluß.
- Sekundärinfektionen können auftreten.
- Der übrige Körper zeigt keine Hautveränderungen.

Differentialdiagnose
- Penetrierende Fremdkörper.
- Umschriebene bakterielle oder Pilzinfektion.

Diagnose
- Klinische Symptome bei den prädisponierten Rassen.
- Die Zytologie des Exsudats gibt Hinweise auf Infektionen.
- Hautbiopsie.

Behandlung
- Eine operative Entfernung führt lediglich zu einer kurzfristigen Remission.
- Systemische Therapie.
  - Antibiose der Sekundärinfektion.
  - Prednisolon: 1–2,0 mg/kg einmal täglich. Dann Reduzierung auf eine minimale Erhaltungsdosis jeden zweiten Tag oder Absetzen der Therapie.
  - Vitamin E 400–800 IE täglich zeigt in einigen Fällen Erfolg.

Lymphödem

Ursache und Pathogenese

- Primäre Störung: Entwicklungsstörung der Lymphbahnen.
- Sekundäre Störung: Folge einer Behinderung des Lymphabflusses bei Entzündungen, neoplastischen Prozessen oder chirurgischen bzw. traumatischen Unterbrechungen der Lymphbahnen.

Klinische Symptome

- Von der primären Störung sind Welpen jünger als 3 Monate betroffen. Es gibt keine Rassendisposition.
- Die Haut ist über den Hintergliedmaßen schwammig verdickt und läßt sich mit den Fingern eindellen (Abb. 11.10).
- Es können ebenfalls die Vordergliedmaßen, der Bauch, der Schwanz und die Ohrmuschel betroffen sein.
- Sekundärinfektionen sind möglich.
- Die sekundären Störungen treten im Bereich der Behinderung des Lymphabflusses auf und ähneln in ihrer Erscheinungsform den primären Störungen.

Differentialdiagnose

- Ödeme, die durch Obstruktion, Entzündung oder durch Hypoproteinämie verursacht sind.

Diagnose

- Anamnese.
- Klinische Symptome.
- Laboruntersuchungen zum Ausschluß anderer Ursachen.
- Lymphangiographie.

Behandlung

- In leichten Fällen ist keine Therapie erforderlich.
- In schweren Fällen:
  - Verbände zur Reduzierung der Schwellung.
  - Chirurgische Exstirpation von ödematösem Gewebe.
  - Amputation betroffener Körperteile.

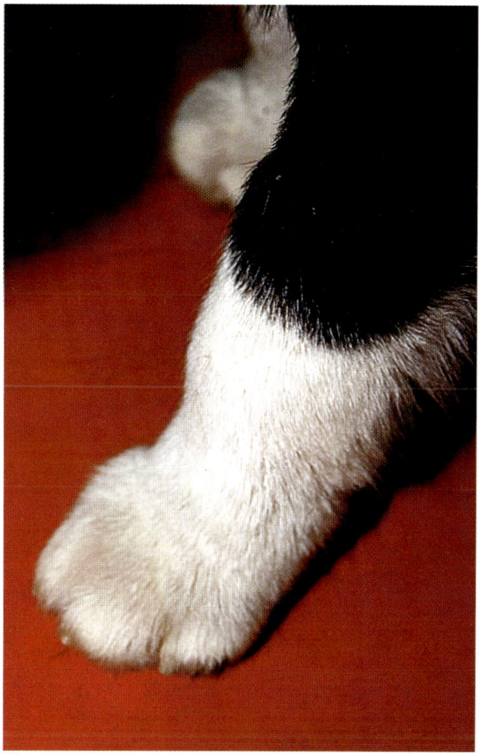

Abb. 11.10 Primäres Lymphödem bei einem jungen Collie.

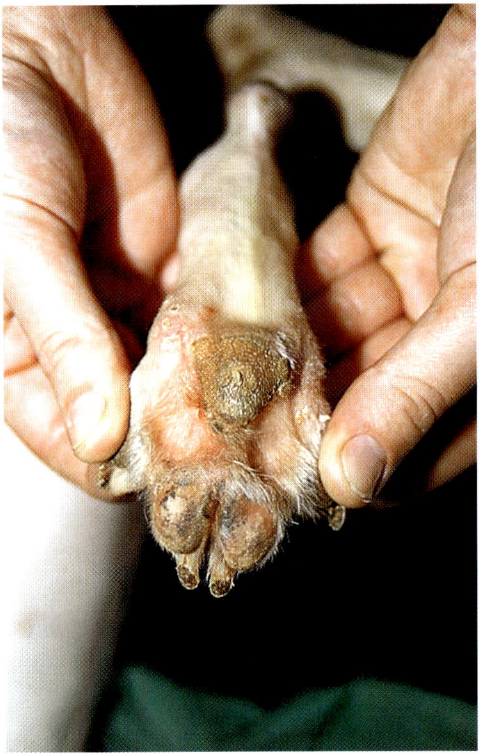

Abb. 11.11 Hyperkeratose der Pfotenballen bei letaler Akrodermatitis eines Englischen Bullterriers.

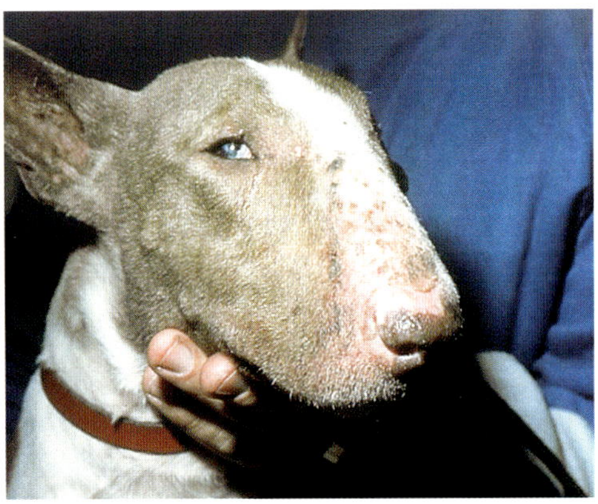

Abb. 11.12 Ulzerierende Hauterscheinung im Gesicht eines Englischen Bullterriers bei letaler Akrodermatitis.

Akrodermatitis

Ursache und Pathogenese

- Autosomal-rezessiver Erbgang beim Bullterrier.
- Der genaue genetische Defekt ist nicht bekannt. Es wird jedoch eine Störung des Zinkstoffwechsels angenommen.

Klinische Symptome

- Die klinischen Symptome treten bereits bei der Geburt auf.
- Hautveränderungen.
  - Hyperkeratose der Pfotenballen, die durch Einrisse zur interdigitalen Pyodermie, Paronychie und Onychodystrophie führt (Abb. 11.11).
  - Ulzerierende, exsudative Effloreszenzen an den Ohren und der Schnauze (Abb. 11.12).
  - Sekundäre, bakterielle und Pilzinfektionen sind häufig.
- Extrakutane Symptome.
  - Die Welpen sind schwach und können nicht gut kauen und schlucken.
  - Sie bleiben in ihrem Wachstum zurück.
  - Die Welpen sind anfänglich aggressiv und werden später lethargisch und somnolent.
  - Diarrhoe, Infektionen der Atemwege.
  - Die durchschnittliche Überlebenszeit beträgt 7 Monate.

Diagnose

- Klinische Symptome bei den prädisponierten Rassen.
- Die Biopsie zeigt Parakeratose und Hyperkeratose.

Behandlung

- Symptomatische Behandlung der Sekundärinfektionen.
- Eine Substitution von Zink zeigt keinen Therapieerfolg.
- Die gesamte Familie sollte von der Zucht ausgeschlossen werden.

Akromutilationssyndrom

Ursache und Pathogenese

- Hereditäre sensorische Neuropathie bei Hunden, die durch eine pathologische Entwicklung und langsame, fortschreitende, postnatale Degeneration der sensorischen Neurone beschrieben wird.

Klinische Symptome
- Zu den prädisponierten Rassen gehören der Deutsch-Kurzhaar und English Pointer.
- Symptome treten erstmalig bei drei Monate alten Welpen auf.
- Beim Erkalten der Pfoten beginnen die Tiere, ihre Pfoten zu lecken und zu beißen.
- Besonders an den Hinterpfoten findet man Zeichen einer schweren Selbstzerstörung.
- Die neurologische Untersuchung zeigt normale Propriozeption und Sehnenreflexe. Die motorischen und autonomen Funktionen sind nicht beeinträchtigt.

Diagnose
- Klinische Symptome bei den prädisponierten Rassen.
- Die histopathologische Untersuchung des Nervengewebes zeigt eine Degeneration der markhaltigen und marklosen Nervenfasern.

Behandlung
- Euthanasie.
- Die gesamte Familie sollte von der Zucht ausgeschlossen werden.

Kutane Muzinose

Ursache und Pathogenese
- Bei Hunden kann eine Muzinose mit Hypothyreose, Lupus erythematodes, Dermatomyositis in Zusammenhang stehen oder idiopathisch sein.

Klinische Symptome
- Shar Pei gehört zu den prädisponierten Rassen.
- Übertriebene Hautfalten am Kopf und den Extremitäten (Abb. 11.13).
- Die Hunde schnarchen aufgrund der Mitbeteiligung des Oropharynx.
- Es wird häufig eine muzinöse Blasenbildung beobachtet.

Differentialdiagnose
- Amyloidose.

Diagnose
- Die klinischen Symptome betreffen insbesondere die prädisponierten Rassen.
- Muzin-Test: Nach Punktion der Blasen mit einer dünnen Nadel entleert sich dickes, zähflüssiges Exsudat.
- Muzin in einer ansonsten unauffälligen Hautbiopsie.

Behandlung
- Identifizierung der Begleiterkrankung, z. B. Schilddrüsenveränderungen.
- Der Shar Pei wächst aus der Krankheit heraus. Eine Behandlung ist normalerweise nicht notwendig.
- Eine Behandlung mit 2 mg/kg Prednisolon sollte bei der Mitbeteiligung des Oropharynx oder in hartnäckigen Fällen über 7–10 Tage durchgeführt werden. Dann ausschleichende Therapie.

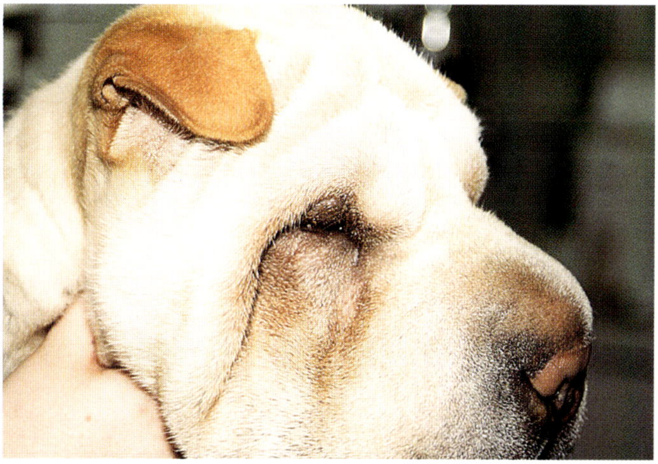

Abb. 11.13 Kutane Muzinose eines Shar Peis.

Pigmentanomalien

12

Pigmentvermehrung

- Hyperpigmentierung: Vermehrter Pigmentanteil in Haut und Haar.
- Melanoderma: Übermäßiger Pigmentanteil in der Haut.
- Melanotrichie: Übermäßiger Pigmentanteil im Haar.

Genetische Ursachen für eine Hyperpigmentierung

Lentigo (Pl. Lentigines)

- Eine fleckförmige Melanose („Teerspritzer") bei erwachsenen Hunden, die über die Ventralfäche des Rumpfes verteilt ist.
  - Asymptomatisch.
  - Die Hautveränderungen nehmen an Größe und Anzahl zu und sind diffus verteilt.
- Lentiginosis profunda.
  - Hereditäre Lentigoform beim Mops.

Diagnose

- Klinische Symptome.
- Hautbiopsie.

Behandlung

- Nicht notwendig.

Erworbene Hyperpigmentierung

Erscheinungsformen der Hyperpigmentierung

- Gitterartiges Erscheinungsbild.
  - Bakterielle Infektionen und Pilzinfektionen (Abb. 12.1).
  - Chronische Allergie (Abb. 12.2).

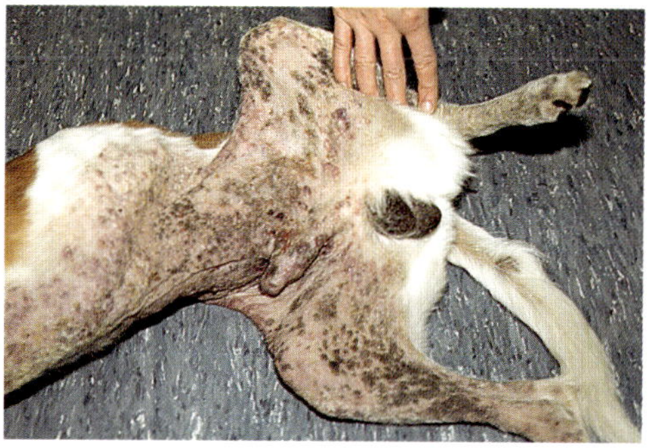

Abb. 12.1 Fleckige Hyperpigmentierung am Abdomen eines Hundes mit chronischen bakteriellen Infektionen.

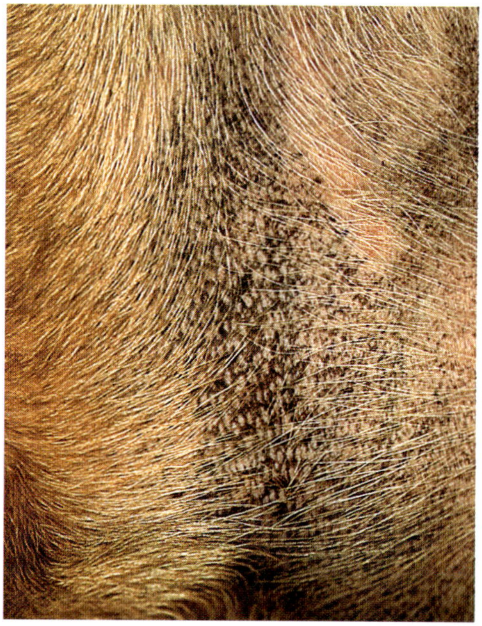

Abb. 12.2 Gitterartige Hyperpigmentierung bei einem atopischen Hund.

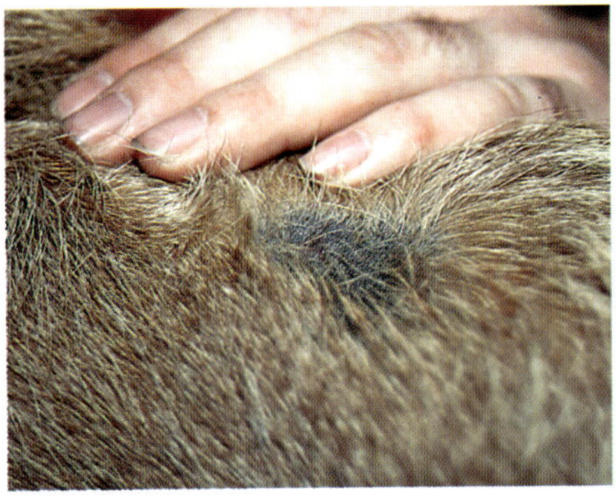

Abb. 12.3 Blau-graue Hyperpigmentierung bei schuppender Demodikose.

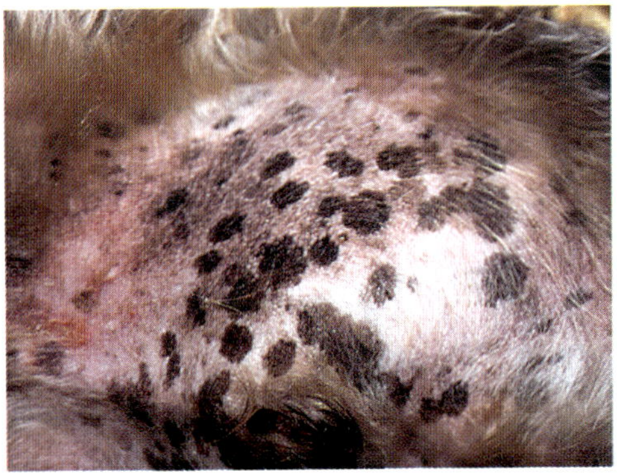

Abb. 12.4 Fleckenförmige Hyperpigmentierung bei einem Hund mit Hyperkortisolismus.

- Komedonenbildung: Konfluierende Komedone bilden blaugraue Areale bei:
  - Demodikose (Abb. 12.3).
  - Hyperkortisolismus.
- Diffuse Hyperpigmentierung/fleckige Hyperpigmentierung bei:
  - Endokrinen Erkrankungen, wie z. B. Hyperkortisolismus (Abb. 12.4), Hypothyreose (Abb. 12.5), Sertoli-Zelltumor.

Acanthosis nigricans

- Primäre und sekundäre Acanthosis nigricans: Siehe Kapitel 11, Kongenitale und erworbene Hauterkrankungen.

Hypermelanose bei Tumoren

- Viele verschiedene Tumoren treten als pigmentierte Hautveränderungen auf. Dazu gehören:
  - Melanom.
  - Basalzellkarzinom.
  - Epidermaler Nävus.

Melanotrichie

- Selten.
  - Hyperpigmentierung in Verbindung mit tiefen entzündlichen Prozessen, wie z. B. bei einer Vaskulitis, Pannikulitis.
  - Vorkommen nach einer endokrinen Störung oder Erkrankung des Stoffwechselsystems, wie z. B. dem Hyperkortisolismus.

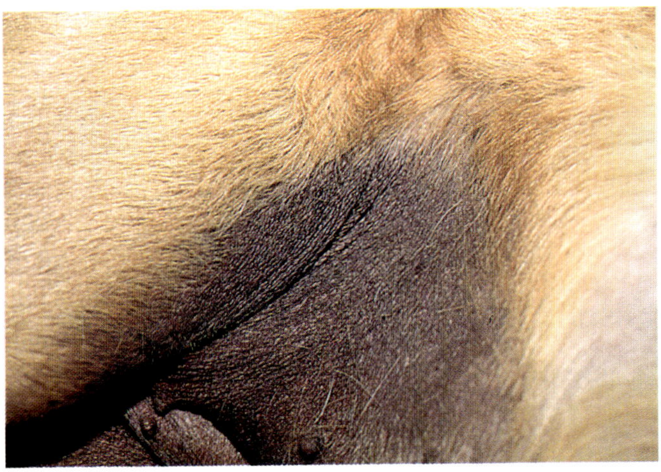

Abb. 12.5 Diffuse Hyperpigmentierung bei einem Hund mit Hypothyreose.

Pigmentverminderung

- Hypopigmentierung: Verminderter Pigmentanteil in der Haut und im Haar.
- Leukoderma: Pigmentmangel in der Haut.
- Leukotrichie: Pigmentmangel im Haar.

Genetische Ursachen für eine Hypopigmentierung

Vitiligo

Ursache und Pathogenese

- Hereditäres Leukoderma bei Belgian Tervuerens, Deutschen Schäferhunden, Collies, Rottweilern (Abb. 12.6), Dobermann, Riesenschnauzern.
- Autoimmunreaktion gegen Melanozyten.

Klinische Symptome

- Typische Hautveränderungen bei jungen erwachsenen Hunden.
- Der Pigmentverlust kann vorübergehend oder permanent sein.
- Fleckiger Pigmentverlust der Nase, Lippen, der bukkalen Mundschleimhaut und der Haut im Gesicht.

Differentialdiagnose

- Uveodermatologisches Syndrom.
- Diskoider Lupus erythematodes.
- Epitheliotropes Lymphom.

Diagnose

- Klinische Symptome.
- Hautbiopsie: Kein Nachweis von Melanozyten.

Behandlung

- Keine.

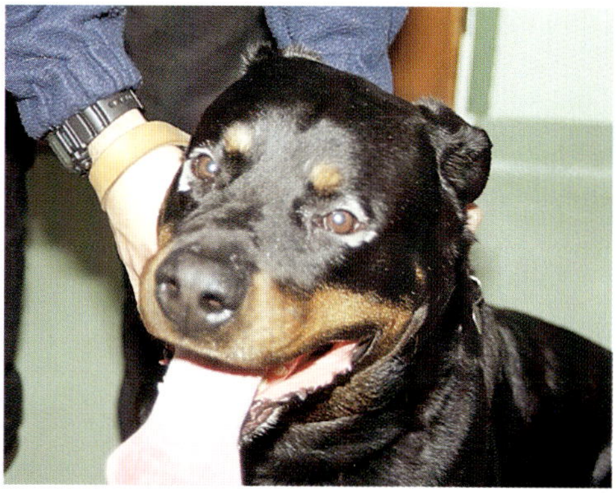

Abb. 12.6 Vitiligo eines Rottweilers.

Nasale Depigmentierung, „Dudley nose"

Ursache und Pathogenese

- Wahrscheinlich eine Form des Vitiligo der Nase.

Klinische Symptome

- Zu den prädisponierten Rassen gehören der gelbe Labrador Retriever, Golden Retriever, Pudel, Dobermann.
- Die Hunde sind bei Geburt normal pigmentiert. Im Laufe der Zeit verschwindet die schwarze Farbe des Nasenspiegels, und er wird schokoladenbraun oder weißlich (Abb. 12.7).

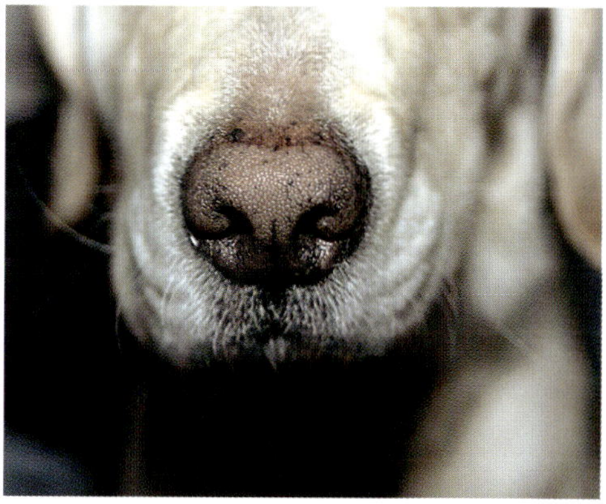

Abb. 12.7 Hypopigmentierung an der Nase eines Labradors.

Differentialdiagnose
- Wie beim Vitiligo.

Diagnose
- Klinische Symptome.
- Die Biopsie ist nur notwendig, wenn Ulzerationen und Krusten auf den Farbveränderungen aufgelagert sind und andere Erkrankungen differentialdiagnostisch ausgeschlossen werden müssen.

Behandlung
- Keine.

Zyklische Hämatopoese des Hundes
- Siehe Kapitel 2, Bakterielle Erkrankungen.

Albinismus
Ursachen und Pathogenese
- Die Tiere haben eine normale Anzahl von Melanozyten, in denen jedoch kein Melanin gebildet wird.
- Autosomal-rezessive Störung.

Klinische Symptome
- Das Haar, die Haut und die Schleimhäute sind nicht pigmentiert.
- Geringe okuläre Veränderungen: Blaue (keine rosafarbenen) Augen.

Diagnose
- Klinische Symptome.
- In der Biopsie fallen die Melanozyten als klare, leere Zellen auf.

Behandlung
- Keine.
- Die Hunde sollten aus den Zuchtprogrammen herausgenommen werden.

Ursachen einer erworbenen Hypopigmentierung

- Die Hypopigmentierung tritt auf bei allen Störungen, die zu einer Zerstörung der Melanozyten oder einer Hemmung der Melaninbildung führen.
- Zu den Ursachen gehören:
  - Verletzungen.
  - Verbrennungen der Haut durch Chemikalien, Hitze, Kälte (Kryochirurgie, siehe Abb. 12.8).
  - Infektion durch Pilze, Bakterien (Abb. 12.9), Protozoen.
  - Medikamente: Insbesondere Glukokortikoide.
  - Mangel an Kupfer in der Nahrung.
  - Neoplasien: Epitheliotropes Lymphom (Abb. 12.10 und 12.11), Plattenepithelkarzinom.
  - Immunerkrankungen, wie der Lupus erythematodes und das uveodermatologische Syndrom.
- Hunde mit nasaler Hypopigmentierung sind besonders prädisponiert für eine solare Dermatitis.

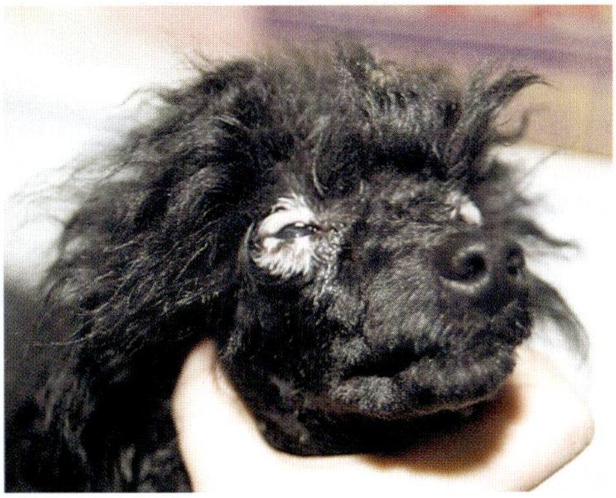

Abb. 12.8 Periokuläre Hypopigmentierung beim Pudel nach Kryochirurgie wegen Distichiasis.

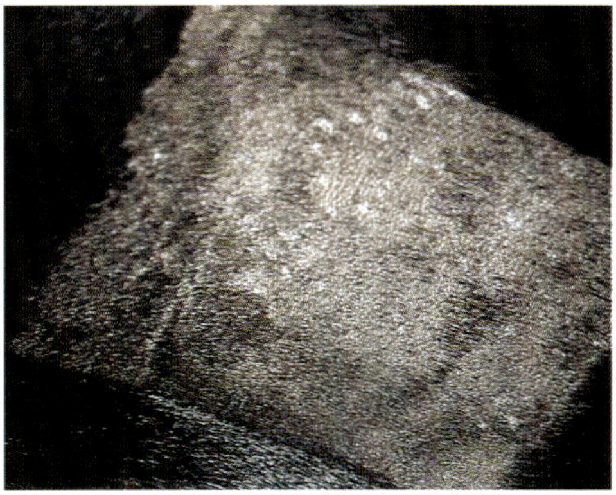

Abb. 12.9 Fleckige Hypopigmentierung nach bakterieller Infektion.

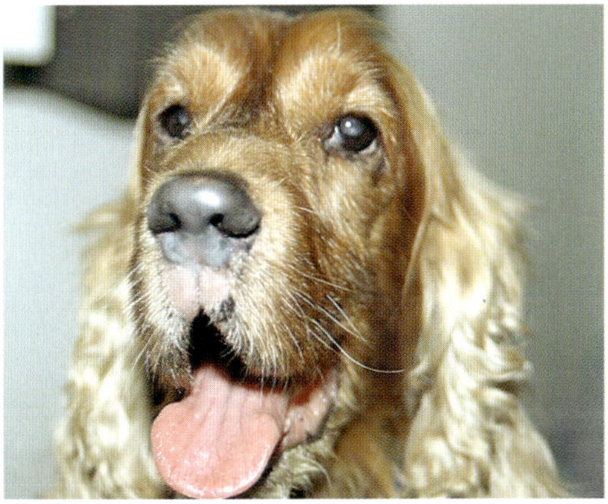

Abb. 12.10 Hypopigmentierung des Nasenspiegels bei einem Hund mit epitheliotropem Lymphom.

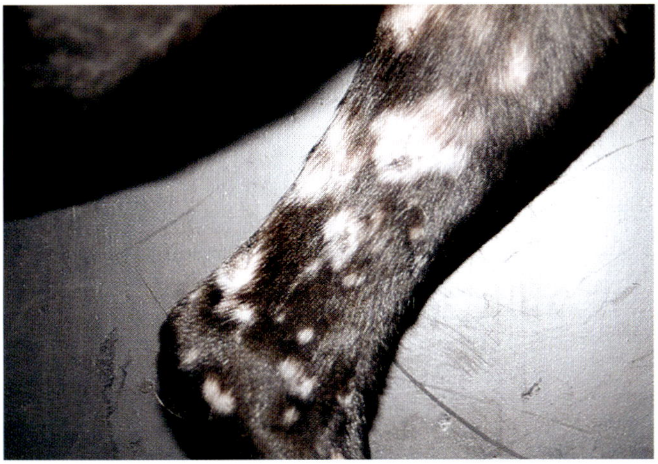

Abb. 12.11 Hypopigmentierung im Bereich des medialen Sprunggelenkes bei einem Hund mit epitheliotropem Lymphom.

Psychogene Dermatosen

13

Akrale Leckdermatitis

Ursachen und Pathogenese

- Die Ursachen sind häufig sowohl psychogener als auch organischer Art.
- Langeweile und Mangel an Bewegung sind auslösende Faktoren. Die Hunde belecken sich beständig an einer bestimmten Stelle.
- Zu den organischen Ursachen gehören:
  - Bakteriell[1]: Granulome.
  - Pilzerkrankungen: Kerion.
  - Befall mit Ektoparasiten, insbesondere Demodex.
  - Verletzungen.
  - Allergie.
  - Neoplasien wie das Histiozytom, der Mastzelltumor.
  - Orthopädische Probleme bei Erkrankung der Gelenke.
- Alle obengenannten Erkrankungen sollten zunächst ausgeschlossen bzw. behandelt werden, bevor Medikamente zur Behandlung psychogen bedingter Hautveränderungen gegeben werden.
- An der fortwährend beleckten Stelle kommt es zu einer Hauterosion, die sehr stark juckt. Ein Kreislauf von Juckreiz und Lecken kommt in Gang, der zu dieser zwanghaften Störung führt.

Klinische Symptome

- Betroffen sind große, kräftige Hunde im mittleren Alter.
- Dazu gehören bevorzugt Dobermann (Abb. 13.1), Labrador Retriever, Golden Retriever, Dänische Dogge (Abb. 13.2), Irish Setter.
- Die Hautveränderung ist ein einzelner, unilateraler, chronisch verdickter Plaque bzw. mehrere Plaques oder Knoten mit ulzerierter Oberfläche.

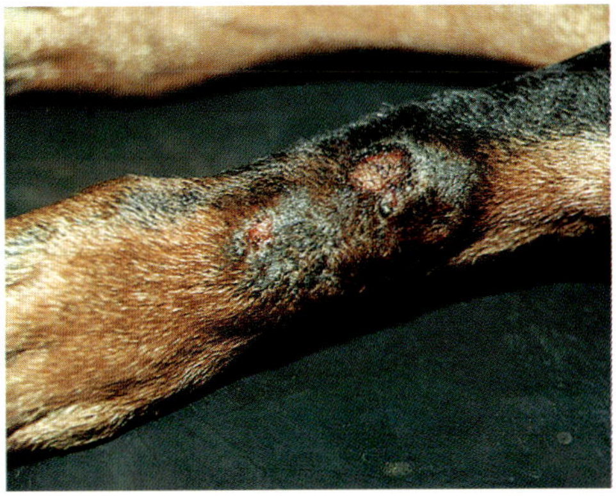

Abb. 13.1 Leckgranulom bei einem Dobermann mit Hypothyreose.

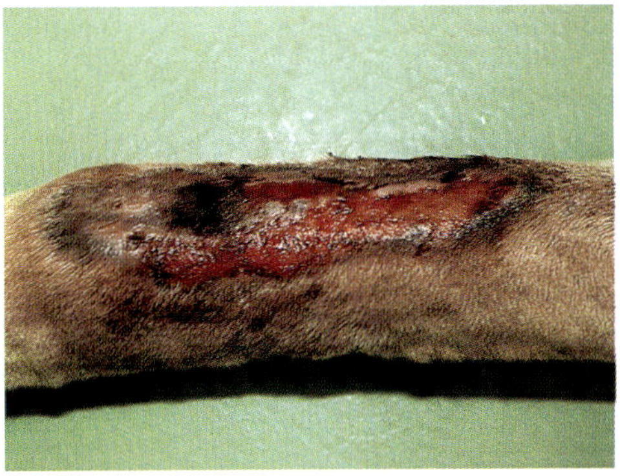

Abb. 13.2 Leckgranulom bei Dänischer Dogge mit orthopädischen Problemen.

[1] Fast alle akralen Leckgranulome sind sekundär infiziert und erfordern eine Antibiose. Die Behandlung einer tiefen Infektion erfordert in den meisten Fällen eine Antibiose über 8–12 Wochen.

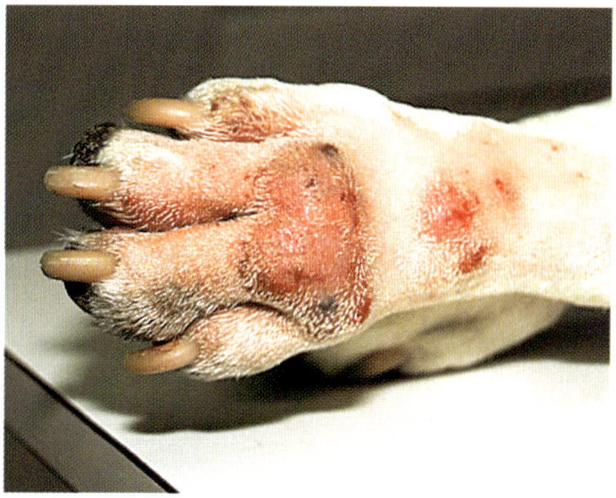

Abb. 13.3 Leckgranulom bei einem Englischen Bullterrier bei gleichzeitig bestehender Futtermittelunverträglichkeit und Atopie.

- Die häufigste Lokalisation ist der Karpal- (Abb. 13.3) oder Metakarpalbereich.

Diagnose
- Anamnese.
- Klinische Symptome.
- Ausschluß der organischen Ursachen durch Laboruntersuchungen wie Hautgeschabsel, Haaruntersuchungen, Abklatschpräparate.
- Pilz- und Bakterienkulturen.
- Feinnadelbiopsie und Biopsie, falls atypische Zellen vorhanden sind.

Behandlung
- Behandlung der zugrundeliegenden Ursachen.
- Therapie der Sekundärinfektion mit einer Antibiose über 4 Monate entsprechend dem Antibiogramm.
- Zur Behandlung gehört ebenfalls die Veränderung der Lebensumstände zur Reduzierung der Frustration und der Langeweile des Hundes.

Behandlung der Psyche
- Anxiolytische Medikamente.
  - Phenobarbital: 2,2–6,6 mg/kg zweimal täglich.
  - Diazepam: 0,2 mg/kg zweimal täglich.
  - Hydroxyzin: 2,2 mg/kg dreimal täglich.
- Trizyklische Antidepressiva.
  - Amitriptylin: 1–3 mg/kg dreimal täglich.
  - Fluoxetin: 1 mg/kg einmal täglich.
  - Clomipramin: 1–3 mg/kg einmal täglich.
- Endorphin-Antagonist.
  - Naltrexon: 2,2 mg/kg per os einmal in der Woche.

Behandlung der Hautveränderung
- Die Behandlung der Hautveränderungen sollte niemals ohne eine vorherige, gründliche Diagnostik durchgeführt werden.
- Maßnahmen zum Schutz der Hautläsion.
  - Halsmanschette, (Gips-)Verbände, Socken.
- Lokaltherapie.
  - Die Anwendung von topischen Kortikosteroiden sollte nur vorübergehend erfolgen und ist nicht in allen Fällen empfehlenswert. Infektionen sind eine Kontraindikation für die Behandlung mit Steroiden.
- Operative Entfernung.
  - Die operative Exzision brachte bisher nur kurzfristige Heilungsergebnisse. Häufig treten Rezidive an derselben Stelle auf.
- Die Bestrahlungstherapie zeigt gelegentlich Erfolge.
- Mit der Kryochirurgie wird eine Denervierung des betroffenen Areals erreicht und damit der Kreislauf von Juckreiz und Lecken durchbrochen.

Sonstige psychogene Krankheitsbilder

- Zwanghafte Störungen mit Belecken, Besaugen und Verletzung einer bestimmten anatomischen Region.

Schwanzbeißen

- Die Hunde jagen ihren eigenen Schwanz und beißen in die Schwanzspitze (Abb. 13.4).

Differentialdiagnose

- Juckreiz am Schwanz bei Allergie, Parasiten, insbesondere Flöhen.
- Anormale Empfindlichkeit am Schwanz bei lumbosakralen Erkrankungen oder beim Amputationsneurom (siehe Kapitel 15).

Behandlung

- Anxiolytische Medikamente bzw. trizyklische Antidepressiva. Dosierung wie bei der akralen Leckdermatitis.

Flankensaugen

- Besonders häufig beim Dobermann.

Differentialdiagnose

- Andere Ursachen für Juckreiz der Flanke, z. B. Allergie.

Behandlung

- Anxiolytische Medikamente bzw. trizyklische Antidepressiva. Dosierung wie bei der akralen Leckdermatitis.

Besaugen der eigenen Zitzen

- Bei Hündinnen, die an ihren eigenen Zitzen saugen (Abb. 13.5).

Differentialdiagnose

- Andere Ursachen für ventralen Juckreiz, z. B. Allergie.

Behandlung

- Kastration.
- Anxiolytische Medikamente bzw. trizyklische Antidepressiva. Dosierung wie bei der akralen Leckdermatitis.

Abb. 13.4 Verletzung der Schwanzspitze durch psychogen bedingtes Schwanzbeißen eines Englischen Bullterriers.

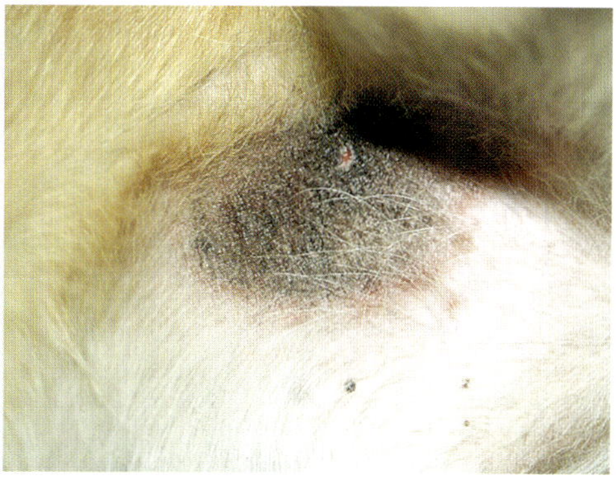

Abb. 13.5 Lichenifikation und Erythem nach Besaugen der eigenen Zitzen. Der Hund hat zusätzlich eine Malassezia-Dermatitis induziert.

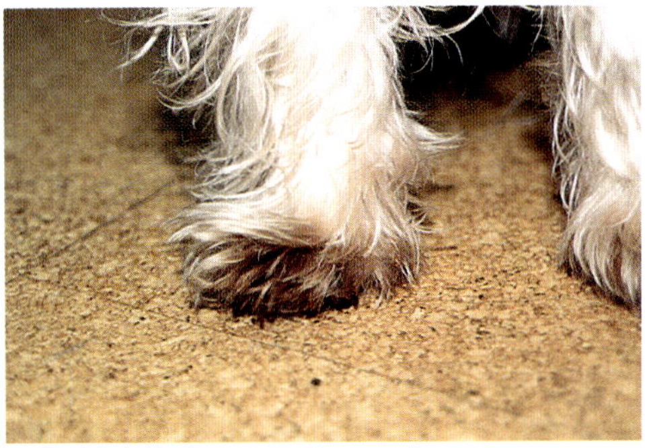

Abb. 13.6 Verfärbungen an den Pfoten nach Exposition auf Speichel bei Atopie. Es besteht kein psychogenes Problem.

Afterlecken

- Der Pudel ist für diese Störung prädisponiert.

Differentialdiagnose

- Mukokutane Pyodermie.
- Infektion mit Malassezia.
- Allergie: Flohstichdermatitis, Atopie, Futtermittelunverträglichkeit.
- Kontaktallergie.
- Erkrankung des Analbeutels.
- Erkrankung des Kolons.

Diagnose

- Anamnese.
- Klinische Symptome.
- Laborparameter.

Behandlung

- Identifizierung und Behandlung der zugrundeliegenden Ursachen.
- Anxiolytische Medikamente bzw. trizyklische Antidepressiva. Dosierung wie bei der akralen Leckdermatitis.

Pfotenlecken

- Eine seltene psychogene Dermatose.
- Man findet das Pfotenlecken in Verbindung mit:
  - Infektion mit Bakterien und Malassezia.
  - Demodex.
  - Allergie, Atopie, Nahrungsmittelunverträglichkeit (Abb. 13.6).

Behandlung

- Behandlung der zugrundeliegenden Erkrankung.
- Durchbrechung des Juckreiz-Leck-Kreislaufes mit anxiolytischen Medikamenten bzw. trizyklischen Antidepressiva. Dosierung wie bei der akralen Leckdermatitis.

Störungen der Keratinisation

14

Seborrhoe

- Die Seborrhoe wird als Störung der Keratinisation der Haut mit Schuppenbildung und anormaler Talgproduktion charakterisiert.
- Die Seborrhoea oleosa wird als fettige Seborrhoe beschrieben.
- Die Seborrhoea sicca wird als trockene Seborrhoe beschrieben.
- Keine der Bezeichnungen stellt eine Diagnose dar. Sie sind lediglich eine Beschreibung der klinischen Symptome.
- Bei verschiedenen Krankheiten und Rassen können unterschiedliche Formen der Seborrhoe angetroffen werden.

Primäre Seborrhoe

- Seltene Störung, die bereits im Kapitel 11 beschrieben wurde.
- Ausschlußdiagnose.

Sekundäre Seborrhoe

- Eine Seborrhoe wird dann als sekundär bezeichnet, wenn ihre Symptome im Zusammenhang mit anderen, eigenständigen Krankheitsprozessen zu beobachten sind.
- Häufig findet man die sekundäre Seborrhoe in Verbindung mit:
  - Endokrinen Störungen: Hypothyreose (Abb. 14.1), Hyperkortisolismus.

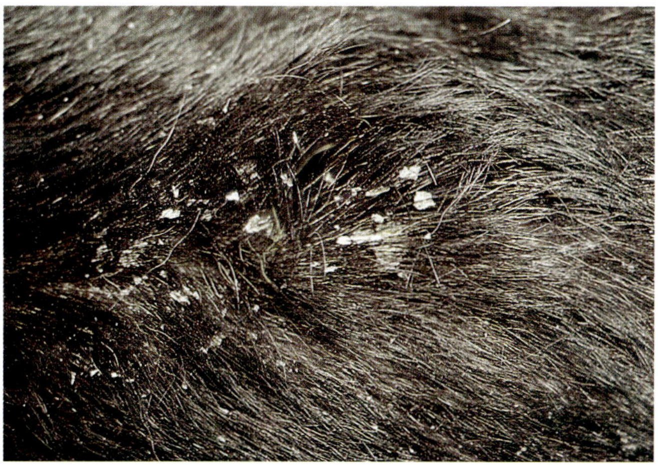

Abb. 14.1 Seborrhoe bei Hypothyreose.

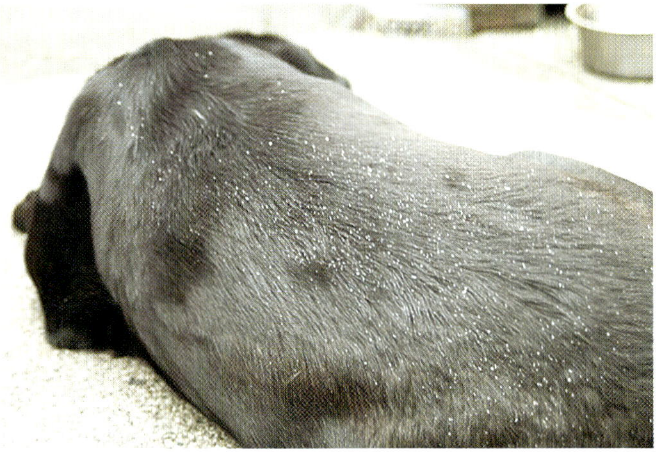

Abb. 14.2 Generalisierte Schuppung eines Labradors bei Futtermittelunverträglichkeit.

- Nahrungsbedingten Störungen: Unausgewogene Ernährung (Abb. 14.2), Unterernährung, Verdauungsstörungen.
- Umweltfaktoren: Zentralheizung, Anwendung von scharfen Shampoos.
- Entzündung nach Infektion mit Bakterien (Abb. 14.3), Dermatophyten, Ektoparasiten (Abb. 14.4)
- Neoplasie (Abb. 14.5).

Klinische Symptome

- Vermehrte Schuppenablagerung im Fell (Abb. 14.6).
- Das Fell ist übermäßig trocken oder fettig.
- Häufig tritt eine begleitende Otitis externa ceruminosa auf.
- Die klinischen Symptome und der Ausbreitungsgrad der Seborrhoe hängen von der zugrundeliegenden Erkrankung ab.

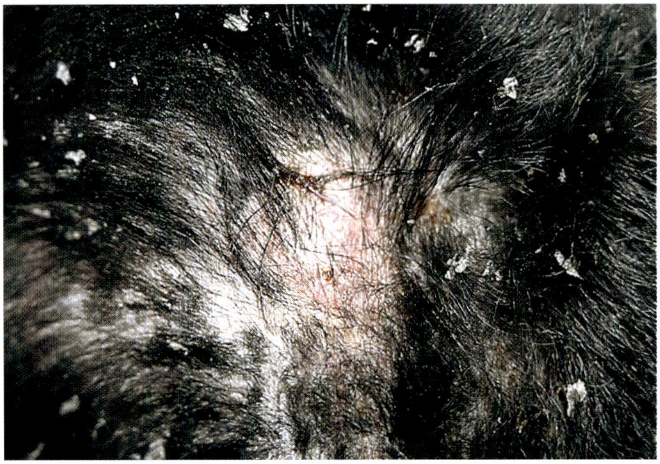

Abb. 14.3 Schuppung aufgrund von bakterieller Infektion.

Abb. 14.4 Generalisierte Schuppung bei Befall mit Hundeskabies.

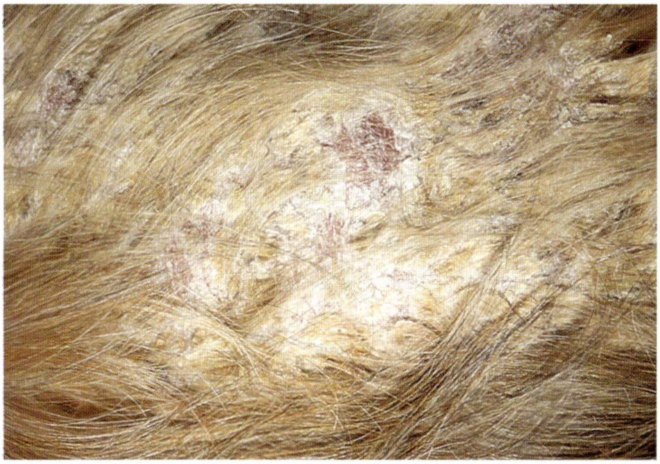

Abb. 14.5 Dicke Krusten und Schuppung der Haut bei einem Hund mit epitheliotropem Lymphom.

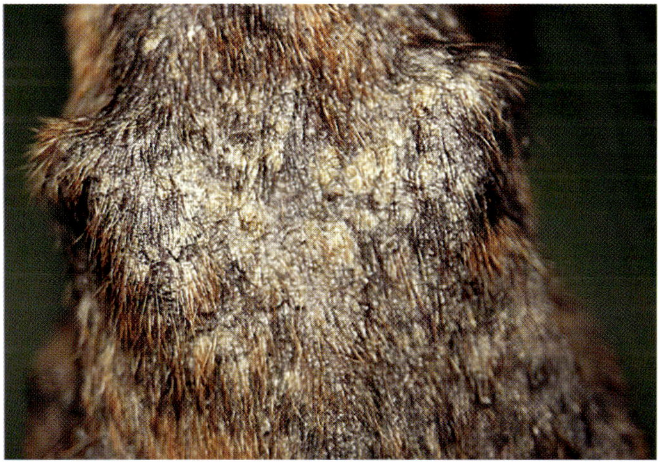

Abb. 14.6 Schuppung des Rückens bei einem Hund mit Pemphigus foliaceus.

Diagnose
- Klinische Symptome.
- Identifizierung der zugrundeliegenden Erkrankungen.
- Die Hautbiopsie ist unspezifisch.

Abb. 14.7 Hyperkeratotische Plaques in der Umgebung der Zitzen bei Vitamin-A-reaktiver Dermatose.

Abb. 14.8 Hyperkeratosen der Pfotenballen bei Vitamin-A-reaktiver Dermatose.

Behandlung
- Nach Beseitigung der zugrundeliegenden Erkrankung eliminiert sich die Seborrhoe innerhalb von 1–2 Monaten selbst.
- Die Sekundärinfektionen werden mit Antibiotika oder Medikamenten gegen Hefepilze behandelt.
- Lokalbehandlung (siehe Primäre Seborrhoe, Kapitel 11).
- Die Hunde sollten regelmäßig untersucht werden. Mit der Behandlung der primären ätiologischen Faktoren wird auch eine erfolgreiche Behandlung der Seborrhoe erreicht.

Vitamin-A-reaktive Dermatose

Ursache und Pathogenese
- Die Ätiologie dieser Störung ist nicht bekannt. Bei Therapieerfolg mit Vitamin A sollte jedoch nicht auf einen Mangel des Vitamins geschlossen werden.

Klinische Symptome
- Betroffen ist der Cockerspaniel.
- Es ist eine Erkrankung des adulten Hundes.
- Typisch ist die Bildung von Follikelpfropfen und hyperkeratotischen Plaques im ventralen und lateralen Thoraxbereich, insbesondere in der Umgebung der Zitzen, und am Abdomen (Abb. 14.7 und 14.8).
- Otitis externa ceruminosa.
- Das Fell ist leicht epilierbar und hat einen unangenehmen Geruch.

Differentialdiagnose
- Primäre Seborrhoe.
- Die verschiedenen Ursachen der sekundären Seborrhoe.

Diagnose
- Die klinischen Symptome treten bevorzugt bei den prädisponierten Rassen auf.
- Trichogramm: Follikuläre Talgabschilferungen.
- Follikelpfropfen in der Hautbiopsie.

Behandlung
- Die Behandlung besteht in der täglichen oralen Gabe von Vitamin A (Retinol) 10 000 Einheiten in Verbindung mit einer fettreichen Mahlzeit.
- Es können toxische Nebenwirkungen des Vitamins A auftreten.

Nasodigitale Hyperkeratose

- Es gibt zwei Erscheinungsformen:
  - Idiopathische Erkrankung der alten Hunde.
  - Oder als Begleiterscheinung einer anderen Krankheit, wie z. B. der Ichthyose, der Hundestaupe, der Leishmaniose, des Pemphigus foliaceus, des systemischen Lupus erythematodes, der Zink-reaktiven Dermatose, Dermatosen durch Nahrungsmittel oder des kutanen Lymphoms. Die nasodigitale Hyperkeratose ist nur selten das alleinige Symptom dieser Krankheitsbilder.

Klinische Symptome

- Der Nasenspiegel ist hart, trocken und rauh (Abb. 14.9).
- Das überschüssige Keratin an den harten, rissigen Pfotenballen bereitet den Tieren beim Laufen Schmerzen (Abb. 14.10).

Diagnose

- Anamnese zum Ausschluß zugrundeliegender Erkrankungen.
- Klinische Symptome.
- Paraklinik.
- Mit einer histologischen Untersuchung können idiopathische von anderen Ursachen abgegrenzt werden.

Behandlung

- Behandlung der zugrundeliegenden Ursachen.
- Behandlung der idiopathischen Hyperkeratose.
  - Überschüssiges Keratin kann mit einer Schere oder einem Hobel zurückgeschnitten werden.
  - Hydration des Keratins der Pfotenballen in Wasserbädern oder der Nase durch feuchte Umschläge über 5–10 Minuten.
  - Anwendung von keratolytischen Substanzen, wie 50 % Propylenglykol, Tretinoingel.
  - Einer intensiven täglichen Behandlung über 7–10 Tage kann sich eine Erhaltungstherapie ein- bis zweimal in der Woche anschließen.

Abb. 14.9 Idiopathische nasale Hyperkeratose.

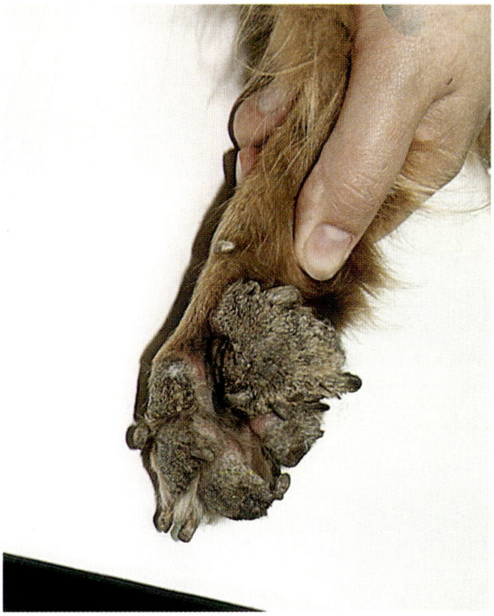

Abb. 14.10 Idiopathische Hyperkeratose der Pfotenballen bei einem alten Hund.

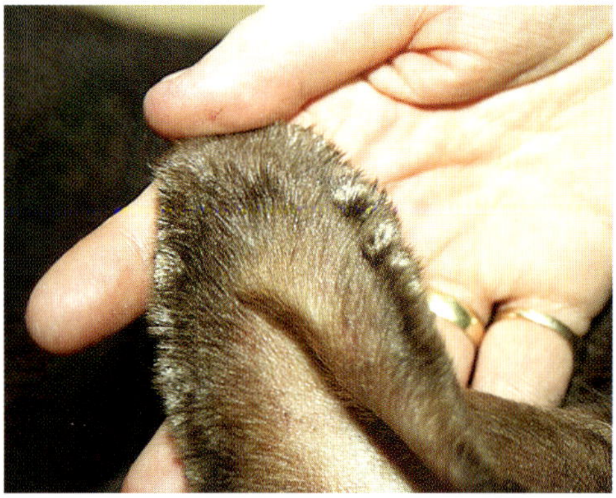

Abb. 14.11 Dicke, fest haftende Kruste im äußeren Bereich der Ohrmuschel bei einem Hund mit Hypothyreose.

Akne

- Siehe Kapitel 2.

Ohrranddermatose des Hundes

Ursache und Pathogenese

- Idiopathische Erkrankung des Teckels und anderer Rassen mit Hängeohren.
- Wird als Begleiterscheinung anderer Erkrankungen angesehen, wie z. B.:
  - Vaskulitis.
  - Hypothyreose.
  - Kopfschütteln bei Otitis externa oder vermehrtem Juckreiz der Ohrmuschel (Skabies, Atopie usw.).

Klinische Symptome

- Seborrhoe am Ohrmuschelrand (Abb. 14.11).
- In chronischen Fällen bilden sich dicke, harte Krusten aus.
- Fissurenbildung nach Verletzung des Ohres.

Diagnose

- Klinische Symptome treten bevorzugt bei den prädisponierten Rassen auf.
- Laboruntersuchungen zum Ausschluß anderer Erkrankungen.
- Hautbiopsie.

Behandlung

- Lokalbehandlung mit antiseborrhoischen Shampoos, die folgende Substanzen enthalten:
  - Sulfasalicylsäure.
  - Benzoylperoxid.
- Tägliche Anwendung der Shampoos, bis die Krusten und Schuppen abgetragen sind. Anschließend Reduzierung der Anwendung auf eine Erhaltungstherapie.
- Operative Behandlung der Ohrfissuren.

Hyperplasie der Schwanzdrüsen

- Die Schwanzdrüse befindet sich 2–2,5 cm distal des Anus auf der Dorsalfläche des Schwanzes.
- In diesem Bereich enthalten die Haarfollikel nur einzelne Haare. Es kommen Talgdrüsen und Drüsen vom Perianaltyp vor.

Ursache und Pathogenese

- Hunde mit primärer oder sekundärer Seborrhoe oder erhöhtem Androgenblutspiegel weisen sekundär eine Hyperplasie der Schwanzdrüse auf.

Klinische Symptome

- Ovales Areal auf der Dorsalfläche des Schwanzes, das sich von der übrigen Haut unterscheidet (Abb. 14.12).
- Die Haut in diesem Areal ist schuppig, fettig und hyperpigmentiert.
- Kosmetischer Defekt.

Behandlung

- Bei erhöhtem Androgenspiegel wird die Kastration empfohlen.
- Die Behandlung mit Östrogenen und Progestogen wird dagegen aufgrund der Nebenwirkungen der Hormontherapie nicht empfohlen.
- Operative Exzision der Drüse.
- Identifikation und Behandlung der zugrundeliegenden Erkrankung.

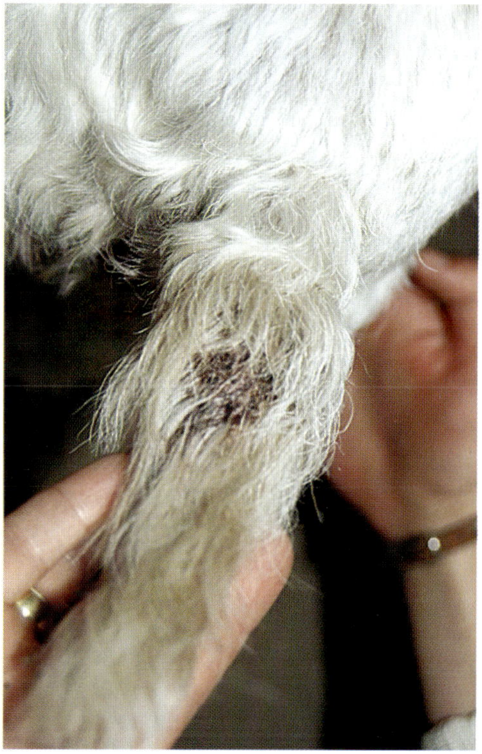

Abb. 14.12 Schwanzdrüsenhyperplasie bei Hypothyreose.

Sonstige Krankheiten

15

Subkorneale Pustulose

- Die subkorneale Pustulose ist eine sehr seltene, sterile, pustulöse Dermatose des Hundes.

Ursache und Pathogenese

- Die Ätiologie ist unbekannt. Man nimmt einen immunvermittelten Pathomechanismus an.

Klinische Symptome

- Obwohl viele unterschiedliche Rassen betroffen sind, ist der Zwergschnauzer für diese Störung prädisponiert.
- Keine Altersdisposition. Die nichtfollikulären Pusteln treten vor allem am Kopf und am Rumpf in Erscheinung (Abb. 15.1).
- Die Pusteln verschwinden oftmals rasch wieder, so daß man an den betroffenen Stellen häufig nur eine Alopezie, Schuppung der Haut, Krusten, epidermale Collerettes beobachtet (Abb. 15.2).

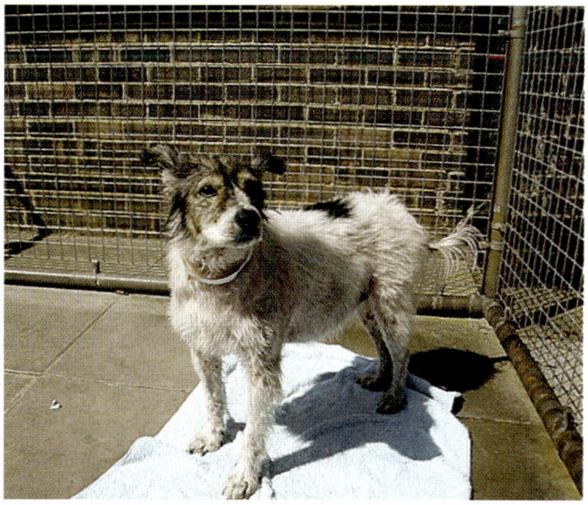

Abb. 15.1 Subkorneale Pustulose des Hundes.

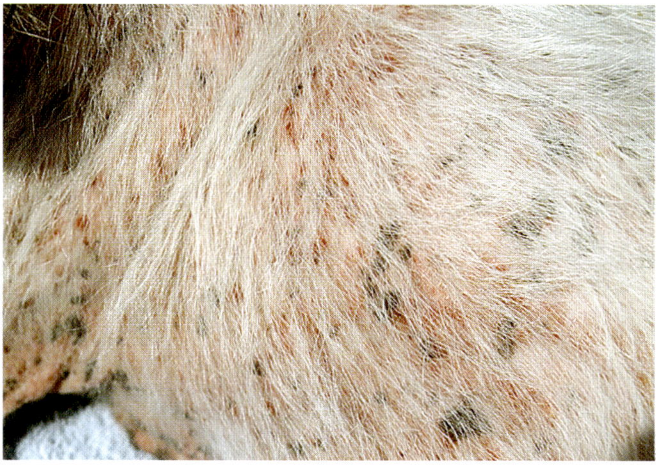

Abb. 15.2 Nahaufnahme einer subkornealen Pustulose mit Schuppung und Krustenbildung.

- Die Pfotenballen, die Schleimhäute und das Maul sind nur selten befallen.
- Die Hunde sind in der Regel gesund.

Differentialdiagnose
- Pemphigus foliaceus.
- Sterile eosinophile Pustulose.
- Bakterielle Follikulitis/Impetigo.
- Systemischer Lupus erythematodes.

Diagnose
- Klinische Symptome.
- Die Diagnose wird im Ausschlußverfahren gestellt.
- Im Ausstrich von intakten Pusteln findet man nichtdegenerierte Neutrophile, gelegentlich Akanthozyten.
- Die Kultur ist steril.
- Die Hautbiopsie zeigt den Befund einer subkornealen Pustel.

Behandlung
- Mittel der Wahl ist Dapson in einer Dosierung von 1 mg/kg dreimal täglich per os. Innerhalb von 1–4 Wochen tritt die Remission ein.
  - Gewöhnlich wird nach Eintreten der Remission die Therapie auf eine Erhaltungsdosis von zweimal pro Woche reduziert.
  - Unter der Dapsonbehandlung sollte eine beständige Kontrolle des Blutbildes und der Leberwerte erfolgen.

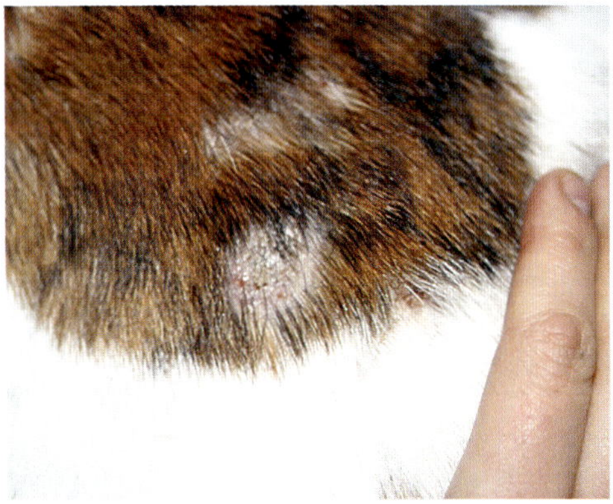

Abb. 15.3 Lichenoide Dermatose bei einer Bulldogge.

- Bei Resistenz gegenüber Dapson kann sich die orale Applikation von Sulfasalazin günstig auswirken, und zwar anfänglich in einer Dosierung von 10–20 mg/kg dreimal täglich, bis die Dermatose unter Kontrolle ist, dann je nach Bedarf.
  - Kontrolle der Tränenfunktion.

Lichenoide Dermatose

Ursache und Pathogenese
- Die Ätiologie ist unbekannt. Man nimmt einen immunvermittelten Pathomechanismus an.
- Die lichenoide Dermatose kann als Reaktion auf den Befall mit Ektoparasiten bzw. auf eine Infektion mit Staphylokokken angesehen werden.

Klinische Symptome
- Keine Alters-, Rassen- oder Geschlechtsdisposition.
- Charakteristische Effloreszenzen sind asymmetrische, oben abgeflachte Papeln mit hyperkeratotischer Oberfläche (Abb. 15.3).
- Die Papeln können gruppiert stehen oder zu Plaques konfluieren.
- Die Hautveränderungen treten am gesamten Körper auf.

Differentialdiagnose
- Bakterielle Follikulitis.
- Dermatophytose.
- Sterile granulomatöse Erkrankungen.
- Neoplasien.

Diagnose
- Klinische Symptome.
- Laboruntersuchungen zum Ausschluß anderer Erkrankungen.
- Hautbiopsie.

Behandlung
- Behandlung der zugrundeliegenden Ursachen.
- Die Prognose ist günstig. Normalerweise kommt es ohne Therapie nach einer Krankheitsdauer von 6 Monaten bis 2 Jahren zur Spontanremission.

Sterile eosinophile Pustulose

Ursache und Pathogenese

- Die Ätiologie ist unbekannt. Man nimmt einen immunvermittelten Pathomechanismus an.

Klinische Symptome

- Keine Rassen-, Alters- oder Geschlechtsdisposition.
- Follikuläre und nichtfollikuläre Papeln und Pusteln.
- Anuläre Erosionen mit epidermalen Collerettes und Kokarden.
- Die Ausbreitung ist unterschiedlich.
- Die Hunde sind ansonsten gesund.

Differentialdiagnose

- Bakterielle Follikulitis/Impetigo.
- Pemphigus foliaceus.
- Subkorneale Pustulose.
- Befall mit Ektoparasiten.

Diagnose

- Klinische Symptome.
- Das Blutbild zeigt eine Eosinophilie.
- Im Ausstrich der Pusteln findet man Eosinophile, nichtdegenerierte Neutrophile und gelegentlich Akanthozyten.
- Die Kultur ist steril.
- Die Biopsie zeigt intraepidermale eosinophile Pusteln.

Behandlung

- Die meisten Hunde sprechen innerhalb von 5–10 Tagen auf systemische Glukokortikoide – Prednisolon 2,0–4,0 mg/kg einmal täglich per os – an.
- Häufig ist eine Langzeitbehandlung indiziert.

Idiopathisch steriles Granulom/ Pyogranulom

Ursache und Pathogenese

- Die Ätiologie ist unbekannt. Man nimmt einen immunvermittelten Pathomechanismus an.

Klinische Symptome

- Die Erkrankung kommt bei Hunden jeden Alters und beiderlei Geschlechts vor.
- Zu den prädisponierten Rassen gehören Boxer, Golden Retriever, Collie, Dänische Dogge.
- Die typischen Effloreszenzen sind multiple, symptomlose dermale Plaques und Knoten.
- Betroffen sind der Kopf (Nasenspiegel, Abb. 15.4), Maul, Ohrmuschel), Pfoten und Skrotum.
- Neben den Hautveränderungen kann es zu Alopezie, Ulzeration und Sekundärinfektionen kommen (Abb. 15.5).

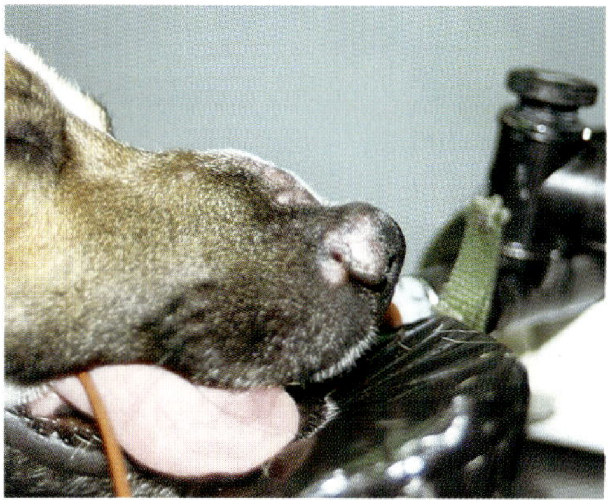

Abb. 15.4 Idiopathisch steriles Pyogranulom auf der Nase eines Deutschen Schäferhundes.

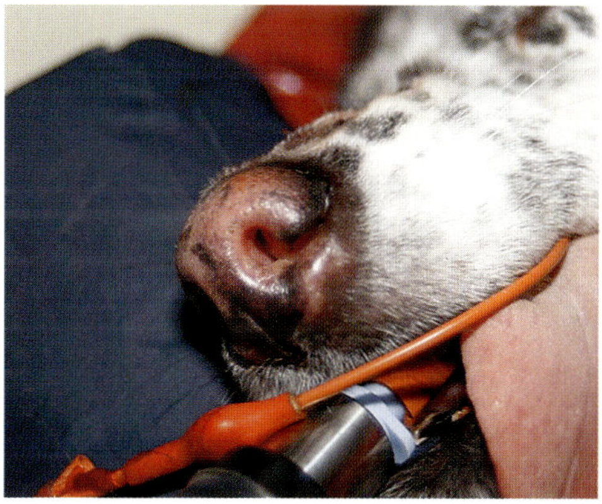

Abb. 15.5 Ulzerierte, depigmentierte Hautveränderung bei einem Collie mit fortgeschrittenem idiopathisch sterilem Pyogranulom.

Differentialdiagnose

- Infektiöse Granulome (Bakterien, Pilze).
- Fremdkörpergranulome.
- Neoplasie.

Diagnose

- Klinische Symptome.
- Laboruntersuchungen zum Ausschluß anderer Erkrankungen.
- Die Biopsie zeigt sterile Granulome und Pyogranulome.

Behandlung

- Solitäre Effloreszenz.
  - Operative Exzision.
- Multiple Hautveränderungen.
  - Systemische Behandlung.
  - Man verabreicht Prednisolon in einer oralen Dosis von 2,0–4,0 mg/kg einmal täglich in einem Zeitraum von 10–14 Tagen.
  - Die Remission hält gewöhnlich lange an. Einige Hunde benötigen jedoch eine Langzeittherapie.
  - In solchen Fällen ist Azathioprin, 2,2 mg/kg einmal täglich, in Kombination mit Steroiden geeignet. Nach Remission umtägige Anwendung beider Medikamente.

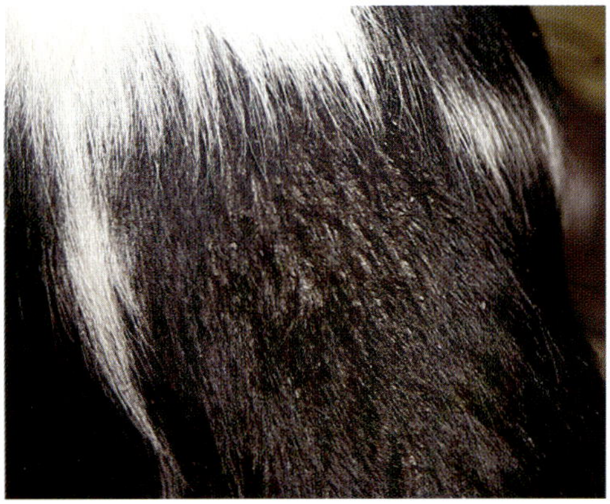

Abb. 15.6 Talgdrüsenadenitis mit diffuser Schuppung bei einem Springer Spaniel.

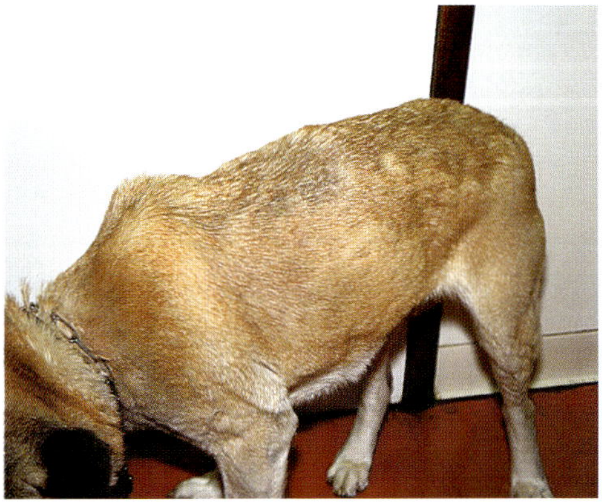

Abb. 15.7 Talgdrüsenadenitis bei einem Akita mit einhergehender fleckförmiger Alopezie und Talgdrüsenabschilferungen am Rücken.

Talgdrüsenentzündung

Ursache und Pathogenese

- Die genaue Ätiologie ist unbekannt. Es werden angenommen:
  - Entwicklungsbedingte bzw. genetische Defekte, die zu einer Zerstörung der Talgdrüse führen.
  - Immunvermittelter Angriff auf die Talgdrüse.
  - Keratinisationsstörung.
  - Abnormer Lipidstoffwechsel.

Klinische Symptome

- Es besteht eine Rassendisposition. Bevorzugt betroffen sind Vizsla, Akita, Samojede, Pudel, Springer Spaniel.
- Die Erkrankung tritt bei jungen Hunden bis Hunden mittleren Alters auf.
- Die Hautveränderungen sind von der Art des Felles abhängig.
  - Bei kurzhaarigen Hunden treten anuläre Areale mit Alopezie und Schuppung auf (Abb. 15.6).
  - Langhaarige Hunde zeigen eine generalisierte Schuppung; das Fell wird dünner und brüchiger, und das einzelne Haar ist leicht epilierbar; auffällige follikuläre Talgabschilferungen (Abb. 15.7), diffuse Alopezie.
  - Ein begleitender Juckreiz unterschiedlicher Stärke tritt immer auf.

Differentialdiagnose
- Bakterielle Follikulitis.
- Demodikose.
- Dermatophytose.
- Follikuläre Dystrophie.
- Endokrinopathie, wie z. B. die Hypothyreose.

Diagnose
- Klinische Symptome bevorzugt bei den prädisponierten Rassen.
- Laboruntersuchungen zum Ausschluß anderer Erkrankungen.
- Trichogramm: Sichtbare follikuläre Talgabschilferungen.
- Hautbiopsie: Bild einer granulomatösen/pyogranulomatösen Talgdrüsenentzündung. Bei chronischen Entzündungen sind die Talgdrüsen zerstört.

Behandlung
- Die Behandlung kann sich aufgrund des zyklischen Charakters der Talgdrüsenentzündung als schwierig gestalten.
- Lokalbehandlung.
- In leichten Fällen kommen antiseborrhoische Shampoos, die Salicylsäure, Schwefel und Ethyllaktat enthalten, und weichmachende Spülungen zur Anwendung (siehe Behandlung der primären Seborrhoe, Kapitel 14).
- In schweren Fällen ist die Anwendung von antiseborrhoischen Shampoos, die Teer und Benzoylperoxid enthalten, empfohlen. Ebenso kommen Spülungen mit 50–75 % Propylenglykol in wäßriger Lösung zur Anwendung.
- Systemische Behandlung.
  - Orale Applikation von Omega-6 und Omega-3 enthaltenden Fettsäuren hat sich in einigen Fällen als erfolgreich erwiesen.
  - 1 mg/kg Prednisolon täglich über 10 Tage, dann Reduzierung bis zur minimalen Erhaltungsdosis.
  - Retinoide: Isotretinoin bzw. Etretinat 1 bis 2 mg/kg per os täglich.
  - Beide Medikamente sind teratogen und sollten mit besonderer Vorsicht angewandt werden.
  - Kontrolluntersuchungen sind bei der Anwendung von Retinoiden unbedingt erforderlich (siehe Behandlung der primären Seborrhoe, Kapitel 11).
- Die betroffenen Hunde sind aus dem Zuchtprogramm zu nehmen.

Zirkumskripte Sklerodermie (Morphea)

Ursache und Pathogenese
- Seltene Erkrankung des Hundes.
- Es bestehen drei Theorien für eine mögliche Ursache:
  - Gefäßschädigung.
  - Kollagenstoffwechselanomalien.
  - Autoimmunkrankheit.

Klinische Symptome
- Keine Alters-, Geschlechts- oder Rassendisposition.
- Die Effloreszenzen sind haarlose, symptomlose, glänzende sklerotische Plaques.
- Die Hautveränderungen treten an Rumpf und Gliedmaßen auf.
- Die betroffenen Hunde sind ansonsten gesund.

Diagnose
- Klinische Symptome.
- Die Biopsie zeigt eine fibrosierende Dermatitis.

Behandlung
- Die Prognose ist günstig. Es kommt häufig zu Spontanremissionen.

Eosinophiles Granulom

Ursache und Pathogenese
- Unbekannte Ätiologie. Da die Erkrankung bevorzugt bei Sibirian Huskies vorkommt, wird eine genetische Disposition angenommen.
- Es wird des weiteren eine Kollagendegeneration aufgrund einer Überempfindlichkeitsreaktion auf Umweltallergene angenommen.

Klinische Symptome
- Das eosinophile Granulom findet man bevorzugt bei Tieren, die jünger als 3 Jahre sind, bei Rüden und Sibirian Huskies.
- Bevorzugte Lokalisationen sind die Mundhöhle, das ventrale Abdomen, das Präputium und die Flanken.
- Dort findet man symptomlose Plaques und Knoten, die ulzerieren können.
- Die Hunde sind ansonsten gesund.

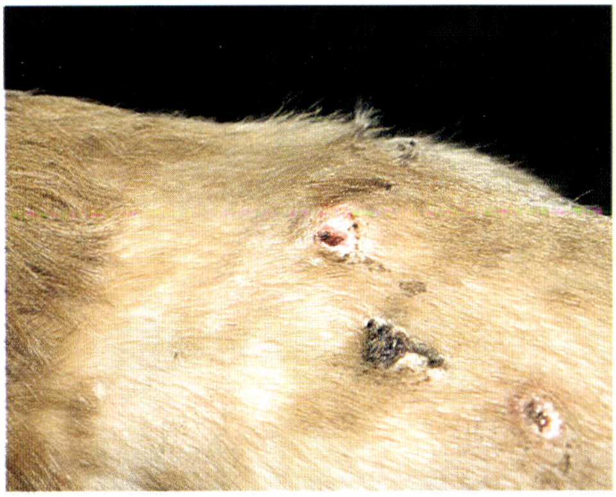

Abb. 15.8 Tiefsitzende Knoten mit hämorrhagischem Exsudat auf dem Rücken eines Hundes mit idiopathischer steriler Pannikulitis.

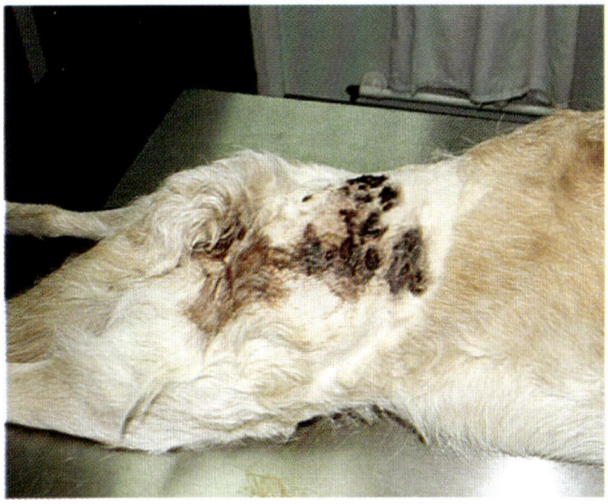

Abb. 15.9 Idiopathische sterile Pannikulitis mit typischem Verteilungsmuster.

Differentialdiagnose
- Infektiöse Granulome (Pilze/Bakterien).
- Sterile Granulome.
- Neoplasien.

Diagnose
- Klinische Symptome bei den prädisponierten Rassen.
- In der Hautbiopsie findet man eosinophile Infiltrate und Zeichen einer Kollagendegeneration.
- Im Blutbild zeigt sich gelegentlich eine Eosinophilie.
- Die Kultur ist steril.

Behandlung
- Tägliche Applikation von 1,0–2,0 mg/kg Prednisolon über 10–20 Tage.
- Nach Eintritt der Remission kommt es nur selten zu Rezidiven.

Sterile Pannikulitis

Ursache und Pathogenese
- Erscheinungsformen.
  - Solitäre Effloreszenz nach Verletzung, als Reaktion auf Fremdkörper oder idiopathische Ursache.
  - Multiple Hautveränderungen werden mit immunvermittelten Erkrankungen wie dem systemischen Lupus erythematodes in Verbindung gebracht. Als weitere Ursache werden Funktionsstörungen des Pankreas und idiopathische Ursachen angenommen.

Klinische Symptome

Hautveränderungen
- Solitäre Effloreszenz.
  - An den Flanken, im Nacken und am Abdomen findet man tiefsitzende, kutane Knoten, die ulzerieren und aus denen sich eine gelblich-blutige Flüssigkeit entleert (Abb. 15.8).
- Multiple Hautveränderungen.
  - Das klinische Bild ähnelt dem der solitären Effloreszenz. Es kommt in Gruppen am Rücken und an den Flanken vor (Abb. 15.9).

Extrakutane Symptome

- Appetitlosigkeit, Depression, Lethargie.
- Steht die Pannikulitis im Zusammenhang mit einer Störung des Pankreas, treten abdominelle Schmerzen und Erbrechen auf.

Differentialdiagnose

- Infektiöse Pannikulitis, hervorgerufen durch Bakterien, Mykobakterien, Aktinomykose oder Pilze.
- Sterile pyogranulomatöse Erkrankung.
- Neoplasie.

Diagnose

- Klinische Symptome.
- Im Direktausstrich und in der Feinnadelbiopsie findet man Neutrophile und schaumige Makrophagen.
- Die Diagnose der Pannikulitis kann nur mit einer Biopsie gestellt werden. Zum Ausschluß von infektiösen Erregern müssen spezielle Färbemethoden angewandt werden.
- Die Kultur ist steril.
- Bestimmung von antinukleären Antikörpern (ANA) im Blut. Durchführung eines Pankreasfunktionstests.

Behandlung

- Operative Entfernung der solitären Läsion.
- Multiple Hautveränderungen werden bis zur Remission (2–3 Wochen) täglich mit 2 mg/kg Prednisolon behandelt. Dann ausschleichende Therapie über einen Monat.
- Es kommt in vielen Fällen zu Rezidiven, die eine Langzeittherapie erfordern.
- Mit der oralen Gabe von 400 IE Vitamin E zwei Stunden vor der Fütterung wurden gute Erfahrungen gemacht.

Juvenile Zellulitis (Jungtierpyodermie)

Ursache und Pathogenese

- Es wird ein immunvermittelter Pathomechanismus angenommen.
- Die Erkrankung tritt familiär gehäuft auf.

Klinische Symptome

- Erkrankung bei Welpen, die jünger als 4 Monate, aber älter als 3 Wochen sind.
- Golden Retriever, Teckel und Gordon Setter sind bevorzugt betroffen.

Hautveränderungen

- Akute Schwellung des Gesichtes mit begleitender submandibulärer Lymphadenopathie.
- Zu den Effloreszenzen gehören Papeln und Pusteln mit Fistelbildung (Abb. 15.10).
- Die Hautveränderungen sind schmerzhaft, jedoch ohne Juckreiz.

Extrakutane Symptome

- Lethargie, Anorexie, Fieber.
- In 25 % der Fälle treten Gelenkschmerzen auf (sterile suppurative Arthritis).

Abb. 15.10 Juvenile Zellulitis eines jungen Springer-Spaniel-Welpen.

Differentialdiagnose
- Angioödem.
- Demodikose.
- Arzneimittelexanthem.
- Pyodermie.

Diagnose
- Klinische Symptome.
- Laboruntersuchungen zum Ausschluß anderer Erkrankungen.
- In Abstrichen finden sich Makrophagen, nichtdegenerierte Neutrophile, keine Mikroorganismen.
- Hautbiopsie.
- Die Kultur ist steril.

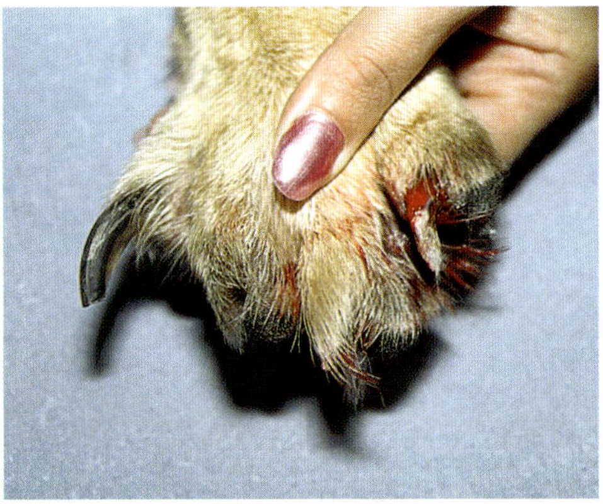

Abb. 15.11 Lupoide Onychodystrophie mit Onychomalazie und Onychorrhexie bei einem Deutschen Schäferhund.

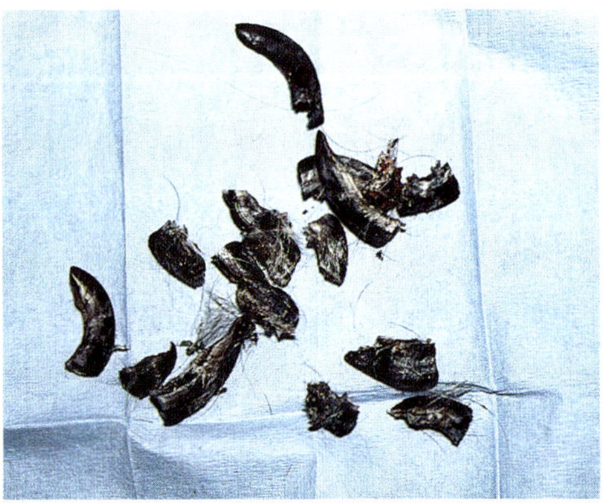

Abb. 15.12 Unter Anästhesie entfernte deformierte Krallen eines Hundes mit lupoider Onychodystrophie.

Behandlung
- Eine rechtzeitige Behandlung verhindert die Narbenbildung.
- Systemische Therapie.
  - Tägliche orale Gabe von 2 mg/kg Prednisolon bis zur Remission innerhalb von 10–14 Tagen. Anschließend ausschleichende Therapie.
  - Applikation von Antibiotika bei bestehender Sekundärinfektion.

Symmetrische lupoide Onychodystrophie

Ursache und Pathogenese
- Unklare Ätiologie. Es wird ein immunvermittelter Pathomechanismus angenommen.

Klinische Symptome
- Zu den prädisponierten Rassen gehört der Deutsche Schäferhund.
- Es sind die Nägel aller vier Pfoten betroffen.
- Andere Hauterscheinungen treten nicht auf.
- Neben einer Onychomalazie und einer Onychorrhexis tritt häufig auch eine Onychomadesis auf (Abb. 15.11).
- Zum Erscheinungsbild dieser Störung gehört eine begleitende Paronychie.

Differentialdiagnose
- Weitere Ursachen einer Onychodystrophie.
- Onychomykose.
- Systemischer Lupus erythematodes.
- Pemphigus vulgaris.
- Bullöses Pemphigoid.

Diagnose
- Klinische Symptome.
- Laboruntersuchungen zum Ausschluß anderer Erkrankungen.
- Biopsie des Nagelbettes.

Behandlung
- Die Behandlung erfordert die Entfernung aller Nägel unter Vollnarkose (Abb. 15.12).
- Beim Herausziehen der Nägel sollte sorgfältig darauf geachtet werden, daß keine Nagelreste zurückbleiben.
- Antibiose bei Sekundärinfektionen entsprechend der Kultur und der Sensibilitätsbestimmung.
- Nach Entfernung der Nägel:
  - Therapie mit Omega-3-, Omega-6-Fettsäuren.

– Therapie mit Prednisolon 1 mg/kg jeden zweiten Tag.
- Trotz einer Behandlung können Rezidive auftreten.

Erythema necrolyticum migrans

- Seltene kutane Manifestation einer Erkrankung des Pankreas oder der Leber.

Ursache und Pathogenese

- Die meisten Tiere leiden an schwerer Lebererkrankung, häufig in Verbindung mit Pankreasstörungen.
- Das Glukagonom ist im Vergleich zum Menschen beim Tier eine seltene Ursache für das Erythema necrolyticum migrans.
- Es wird angenommen, daß eine Hypoproteinämie, Biotin, essentielle Fettsäuren oder ein Mangel an Zink ebenfalls am Pathomechanismus dieser Krankheit beteiligt sind.

Klinische Symptome

- Betroffen sind alte Hunde. Es ist keine Rassendisposition bekannt.
- Die Hautveränderungen treten über den Fersenhöckern, am Ellenbogen, am Ventrum, an den mukokutanen Übergangszonen des Gesichts (Abb. 15.13), an den distalen Gliedmaßen, an den Pfotenballen (Abb. 15.14) und am externen Genitale (Abb. 15.15) auf.
  – Die Hautveränderungen sind Krusten, Ulzerationen und Erosionen.

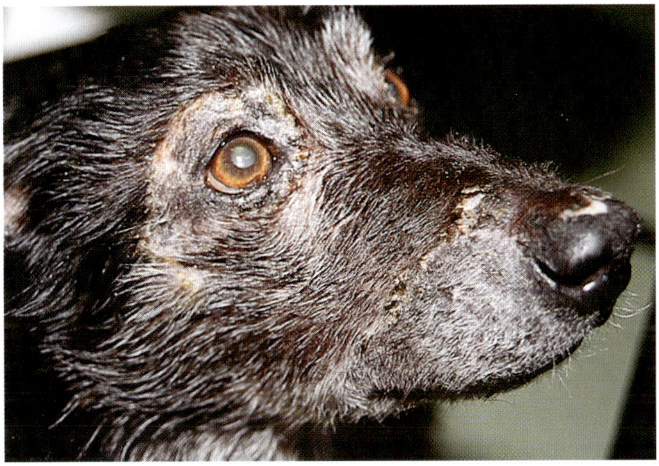

Abb. 15.13 Ulzeration und Krusten bei einem Hund mit Erythema necrolyticum migrans.

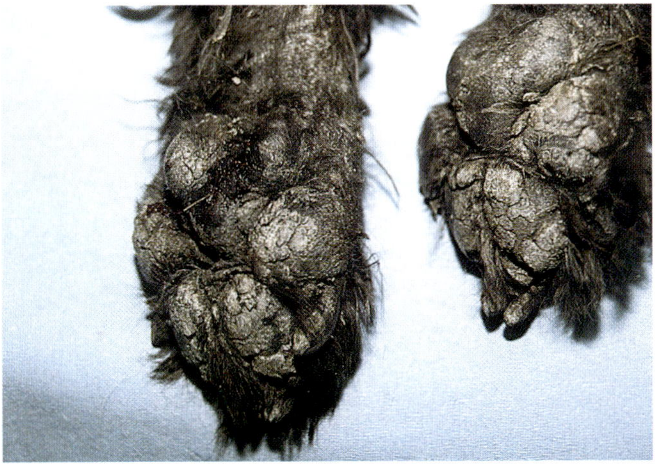

Abb. 15.14 Hyperkeratose der Pfotenballen bei einem Hund mit Erythema necrolyticum migrans.

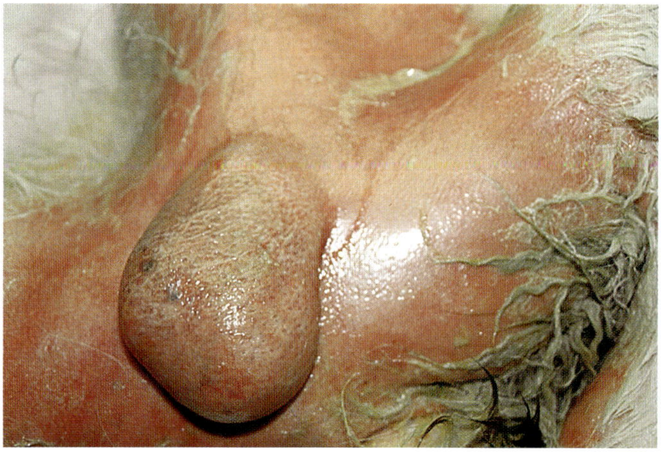

Abb. 15.15 Bei Zustand eines Pankreaskarzinoms sekundär auftretende schwere Ulzerationen eines Erythema necrolyticum migrans im Inguinalbereich.

- Extrakutane Symptome.
  - Konsumierende systemische Erkrankung, die mit Lethargie, Appetitlosigkeit und Gewichtsverlust einhergeht.

Differentialdiagnose
- Systemischer Lupus erythematodes.
- Zinkmangel.
- Nahrungsmangeldermatose.
- Pemphigus foliaceus.

Diagnose
- Anamnese.
- Klinische Symptome.
- Laborparameter.
- Normozytische, normochrome, nichtregenerative Anämie.
- Hyperglykämie.
- Erhöhte Leberenzyme, z. B. steroidinduzierte alkalische Phosphatase (SIAP), Alanin-Aminotransferase (ALT).
- Der Ultraschall der Leber zeigt ein charakteristisches Bild.
- In der Biopsie finden sich Parakeratosen/Hyperkeratosen und Ödeme der oberen Epidermis.

Behandlung
- Die Prognose ist ungünstig.
- Die meisten Tiere sterben.
- Euthanasie.
- Eine chirurgische Intervention ist in einigen Fällen möglich.
- Konservative Therapie.
- Es werden kurzfristige Erfolge bei der Anwendung von Kortikosteroiden, Zink, essentiellen Fettsäuren, Eigelb und Pankreasenzymen beschrieben.

Amputationsneurom
- Cockerspaniel sind prädisponiert.
- Das Schwanzneurom entsteht durch das Nachwachsen von Nerven nach dem Kupieren.
- Am Ort des Kupierens befindet sich ein fester Knoten.

Behandlung
- Operative Entfernung.

Umweltbedingte Erkrankungen 16

Nasale Solardermatitis

Ursache und Pathogenese

- Phototoxische Reaktion der schwach pigmentierten Haut der Nase des Hundes.
- Die Hunde können von Geburt an pigmentlos sein, oder die Depigmentierung der Nase entsteht erst später durch Verletzungen oder Entzündungen.

Klinische Symptome

- Die Hautveränderungen befinden sich auf dem Planum der Nase und in den wenig behaarten und wenig pigmentierten Arealen des Gesichts.
- Die Hautveränderungen sind anfänglich erythematös und schuppig.
- Häufig kommt es in der Folgezeit zu Krustenbildung, Exsudation und Ulzeration.
- Die Hautveränderungen heilen unter Narbenbildung ab.
- Der Übergang in eine Neoplasie ist möglich.

Differentialdiagnose

- Diskoider Lupus erythematodes.
- Dermatomyositis.
- Pemphigus foliaceus/erythematosus.
- Arzneimittelexanthem.
- Sterile eosinophile Furunkulose.
- Dermatophytose.
- Neoplasie.

Diagnose

- Sonnenlichtexposition in der Anamnese.
- Charakteristische Hautveränderungen in den prädisponierten Arealen.
- Die Hautbiopsie zeigt die sogenannten Sonnenbrand-Zellen.

Behandlung

- Vermeidung der Sonnenlichtexposition zwischen 8.00 und 17.00 Uhr.
- Lichtschutz.
  - Anwendung von wasserfesten Sonnenschutzmitteln mit Lichtschutzfaktor über 15.
  - Mit einem schwarzen Marker kann die Nase bemalt und auf diese Weise vor Sonnenlicht geschützt werden. Ein Schutz wird auch durch Applikation eines Baumwolltupfers auf der Nase erreicht.
  - Die Tätowierung der Nase ist das Mittel der Wahl.
- Hunde mit schweren Entzündungen benötigen Steroide.
- Bei systemischer Gabe von Prednisolon wird eine tägliche Dosis von 1 mg/kg angewandt.
- Es empfiehlt sich eine nur kurzfristige Anwendung von topischen Steroiden in Verbindung mit Fusidinsäure.

Solardermatitis des Stamms und der Extremitäten

Ursache und Pathogenese

- Die Hauterscheinungen treten bei Hunden mit lichtem Fell und wenig pigmentierter Haut auf, die sich viel im Freien bewegen.

Klinische Symptome

- Zu den betroffenen Rassen gehören Dalmatiner, Englischer Bullterrier, White Boxer.
- Die Hautveränderungen beginnen mit einem Erythem und Schuppung.
- Später treten dann Ulzerationen, Krusten, Komedone und Narbenbildung auf.
- Bei langen Sonnenexpositionen können aktinische Keratosen und Plattenepithelkarzinome entstehen.

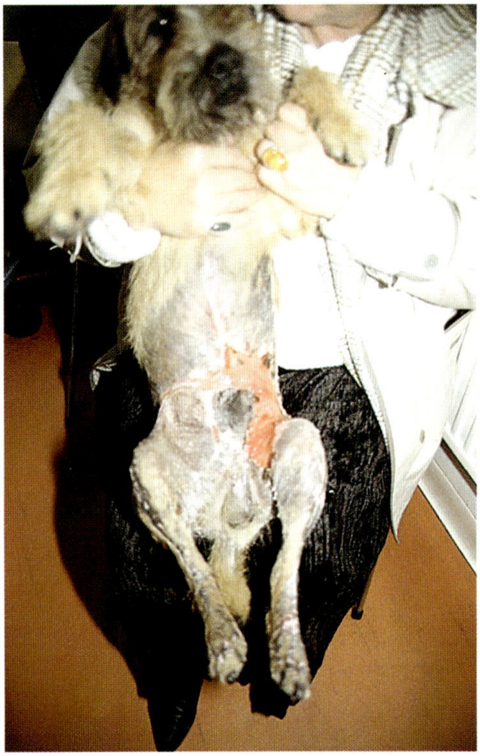

Abb. 16.1 Verbrennungen am ventralen Abdomen eines Hundes.

Diagnose
- Anamnese.
- Klinische Symptome.
- Hautbiopsie.

Behandlung
- Wie bei der nasalen Dermatitis.
- Eine systemische Behandlung wird mit zweimal 30 mg Betakarotin per os über 30 Tage durchgeführt. Diesem schließt sich eine lebenslange Behandlung mit Betakarotin einmal 30 mg pro Tag an.

Verbrennungen
- Die Behandlung von Verbrennungen ist aufwendig und sollte Spezialisten überlassen werden.
- Es soll hier nur eine kurze Darstellung der klinischen Symptome und der Therapie aufgezeichnet werden. Der interessierte Leser sollte eine detaillierte Beschreibung zu diesem Thema heranziehen.

Ursache und Pathogenese
- Die Art und Ausbreitung der Verbrennung hängt von der Ursache der Verbrennung ab.
  - Scharfe Chemikalien.
  - Elektrische Geräte.
  - Sonnenlicht.
  - Mikrowellenstrahlen.
  - Hitze.
- Kategorien der Verbrennungen.
  - Bei der partiellen Verbrennung sind die Epidermis und obere Dermis betroffen. Die Heilung erfolgt ohne Narbenbildung.
  - Bei der vollständigen Verbrennung ist die gesamte Haut zerstört, und ohne chirurgischen Eingriff kommt es zu ausgedehnten Narben.

Klinische Symptome

Hautveränderungen
- In den ersten 24–48 Stunden sind die Hautveränderungen oft nicht erkennbar.
- Die Haut ist hart und trocken. Das Fell läßt oft das Ausmaß der Verbrennung nicht erkennen.
- Nach 3–5 Tagen treten oft Sekundärinfektionen mit gramnegativen Erregern wie Pseudomonas aeruginosa auf, die zu suppurativen Veränderungen führen.

Extrakutane Symptome
- Extrakutane Symptome treten auf, wenn mehr als 25 % der Hautoberfläche betroffen sind.
- Sepsis, Schock, Nierenversagen, Anämie.

Diagnose
- Anamnese.
- Klinische Symptome: Große nekrotische Hautabschnitte können sich besonders nach Verbrennung durch Hitze oder durch Chemikalien ablösen und tiefe Wunden hinterlassen (Abb. 16.1 und 16.2).

Behandlung
- In schweren Fällen sollte die Gefahr eines Nierenversagens und eines Wasserverlusts genau eingeschätzt werden.
- Säuberung der Hautveränderungen mit antiseptischen Mitteln.
- Beseitigung von Gewebstrümmern.
- Das derzeit geeignetste Lokalantibiotikum ist Sulfadiazin-Silber. Ebenso kommt Mupirocin zur Anwendung.
- Glukokortikoide sind kontraindiziert.

Erfrierungen

Ursachen und Pathogenese
- Erfrierungen werden durch zu langen Aufenthalt bei Temperaturen unter dem Gefrierpunkt oder durch den direkten Kontakt mit gefrorenen Objekten verursacht.
- Die Art der Hautveränderung wird von der Art der Exposition bestimmt.

Klinische Symptome
- Erfrierungen treten beim Hund an den Ohren, der Schwanzspitze und den Zehen auf.
- Die erfrorene Haut erscheint blaß und kalt. Nach dem Aufwärmen können sich ein Erythem, Schmerzen und Nekrosen zeigen, und die Haut schält sich ab.

Differentialdiagnose
- Vaskulitis der Kälteagglutinin-Krankheit.

Diagnose
- Anamnese.
- Klinische Symptome.

Behandlung
- Vermeidung von Kälteexposition.
- Schnelles Auftauen der erfrorenen Areale durch vorsichtige Applikation von warmem Wasser.
- Die Heilung tritt rasch ein.
- In schweren Fällen mit Nekrosen sollte das betroffene Gewebe amputiert werden.

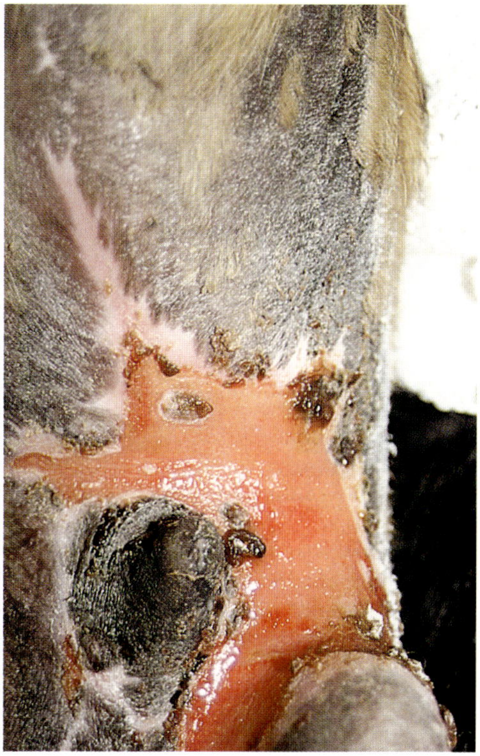

Abb. 16.2 Nahaufnahme der Abb. 16.1. Bild einer Koagulationsnekrose.

Irritativ-toxische Kontaktdermatitis

Ursache und Pathogenese

- Die toxische Kontaktdermatitis sollte von einer allergischen Kontaktdermatitis unterschieden werden.
- Die toxische Kontaktdermatitis ruft bei jedem Hund Hautveränderungen hervor, ohne daß eine Sensibilisierung vorangegangen ist.
- Die Reaktion an der Haut wird von der auslösenden Substanz bestimmt.
- Zu den potentiellen Auslösern gehören:
  - Starke Säuren bzw. Laugen rufen eine eine sofortige schwere Verbrennung der Haut hervor.
  - Seifen, Spülmittel und Insektizide: Hier treten die Hautveränderungen erst nach einem längeren Zeitraum und nach wiederholter Anwendung auf.

Klinische Symptome

- An den Körperstellen, an denen die Behaarung dünn ist oder fehlt, können die reizenden Substanzen auf die Haut gelangen und eine Dermatitis hervorrufen. Dies trifft insbesondere für die Haut des Skrotums zu.
- Shampoos und Cremes penetrieren durch das Fell und irritieren bei Kontakt die darunterliegende Haut.
- Die Hautveränderungen sind Papeln und Erytheme. Ein schwerer Juckreiz führt zur Selbstmutilation.

Diagnose

- Anamnese. Es sind immer mehrere Tiere gleichzeitig betroffen.
- Klinische Symptome.
- Die Biopsie ist nur zum Ausschluß anderer Erkrankungen verwendbar.
- Provokationstestungen sollten vermieden werden, besonders wenn die Gefahr einer schweren Reaktion besteht.

Behandlung

- Identifizierung und Eliminierung der toxischen Substanz.
- Für eine kurzfristige symptomatische Therapie eignen sich Steroide.
  - Systemische Gabe von einmal täglich Prednisolon 1 mg/kg per os über 7–10 Tage.
  - Kurzfristige Behandlung mit topischen Steroiden.

Kallus

Ursache und Pathogenese

- Die Hautveränderungen bilden sich über Ellenbogen und Fersenhöckern als Schutz vor druckinduzierter Ischämie und Entzündung aus.

Prädisponierende Faktoren

- Anfällig sind besonders große Rassen und Hunde, die auf Holz- oder Zementfußböden schlafen.

Klinische Symptome

- Die Läsion ist ein ovaler, haarloser, hyperkeratotischer Plaque (Abb. 16.3).

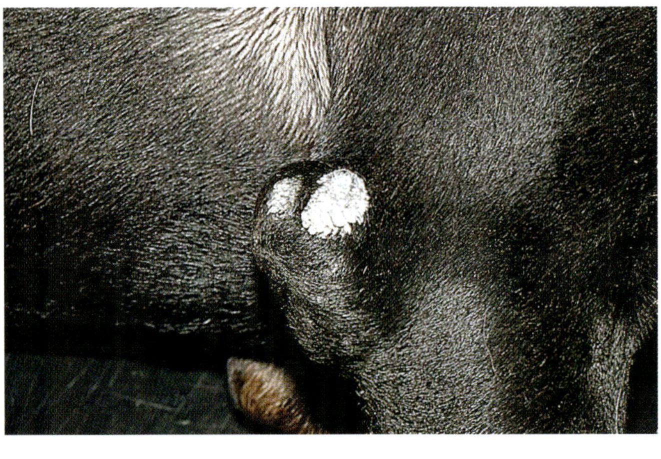

Abb. 16.3 Gut umschriebene hyperkeratotische Plaques am Ellenbogen eines Dobermanns. Typisches Bild eines Kallus.

Differentialdiagnose

- Bei umschriebenem Areal:
  - Dermatophytose.
  - Demodikose.

Diagnose

- Anamnese.
- Klinische Symptome.

Behandlung

- Die Behandlung erfolgt durch Abpolsterung entweder im Umfeld des Hundes durch Schaumgummimatten oder Ähnlichem bzw. am Hund durch z. B. Ellenbogenpolster.
- Die operative Exzision wird aufgrund schlechter Heilungsprognose nicht empfohlen. Zudem kommt es häufig zur Neubildung des Kallus.

Liegeschwielendermatitis

- Hierbei handelt es sich um die Sekundärinfektion einer Liegeschwiele nach wiederholter Traumatisierung.
- Der Kallus selbst ist in diesem Fall der prädisponierende Faktor.

Klinische Symptome

- Die Hautveränderungen ulzerieren, und es kommt zur Fistelbildung (Abb. 16.4).
- Eingebettetes Haar führt zur Bildung eines Fremdkörpergranuloms.

Differentialdiagnose

- Zur Differentialdiagnose gehört sowohl der Kallus als auch:
  - Vaskulitis.
  - Chronische Skabies.

Diagnose

- Anamnese.
- Klinische Symptome.
- Kultur und Sensibilitätsbestimmung des Exsudats, das man durch Zusammendrücken der Läsion erhält.
- Hautbiopsie.

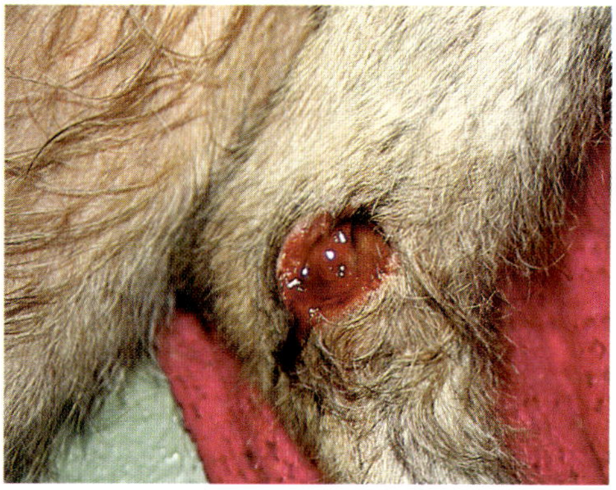

Abb. 16.4 Kallusdermatitis bei einer Dänischen Dogge.

Behandlung

- Wie beim Kallus. Zusätzlich:
  - Gabe von systemischen Antibiotika entsprechend dem Antibiogramm über 6 bis 12 Wochen bis zu 10 Tagen nach Remission.
  - Alle zwei Wochen Kontrolluntersuchungen durch erneuten Ausstrich.
  - Mupirocinsalbe zur antibiotischen Lokaltherapie.
  - Magnesiumsulfatbäder (Epsom salts 30 g/l).

Pyotraumatische Dermatitis

- Siehe Kapitel 2.

Intertrigo

- Siehe Kapitel 2.

Maligne und benigne Tumoren der Haut

17

- In diesem Kapitel werden nur die häufigsten kutanen Tumoren des Hundes beschrieben. Dem interessierten Leser wird geraten, bei detaillierten Fragen in der ergänzenden Literatur nachzulesen (siehe Weiterführende Literatur).

Epitheliale Tumoren

Kutanes Papillom

- Siehe Kapitel 4.

Keratoakanthom (intrakutanes verhornendes Epitheliom)

- Seltene, benigne Neoplasie des Haarfollikels.

Beginn der Krankheit

- Hunde im Alter von bis zu 5 Jahren.

Rassendisposition

- Norwegischer Elchhund, Keeshond, Deutscher Schäferhund, Old English Sheepdog.

Klinisches Bild

- Umschriebener dermaler/subkutaner Knoten.
- Der Knoten hat einen Durchmesser von 0,5 bis 4,0 cm mit einer Öffnung an der Oberfläche, die einen Keratinpfropfen enthält (Abb. 17.1).
- Das Keratoakanthom kann überall am Körper auftreten.

Diagnose

- Klinische Symptome.
- Die Biopsie zeigt mit Keratin gefüllte Krypten.

Behandlung

- Beobachten der Veränderung ohne Therapie.
- Operative Entfernung.
- Kryochirurgische Behandlung.
- Lebenslange tägliche Behandlung mit 1 mg/kg Isotretinoin oder Etretinat (bezüglich der Nebenwirkungen und der Verlaufskontrolle siehe Kapitel 11, Primäre Seborrhoe).

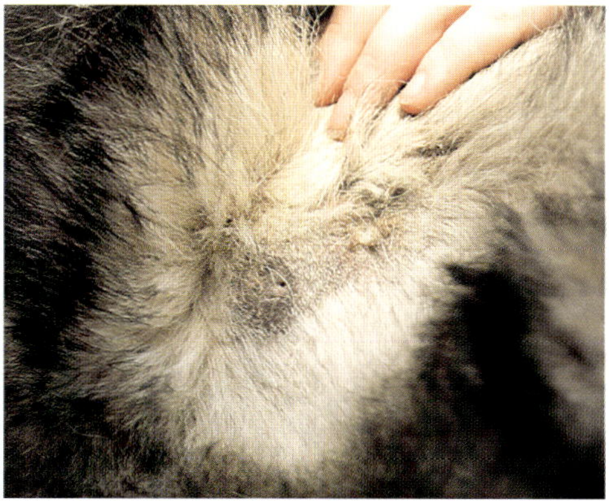

Abb. 17.1 Intrakutanes verhornendes Epitheliom eines Norwegischen Elchhundes.

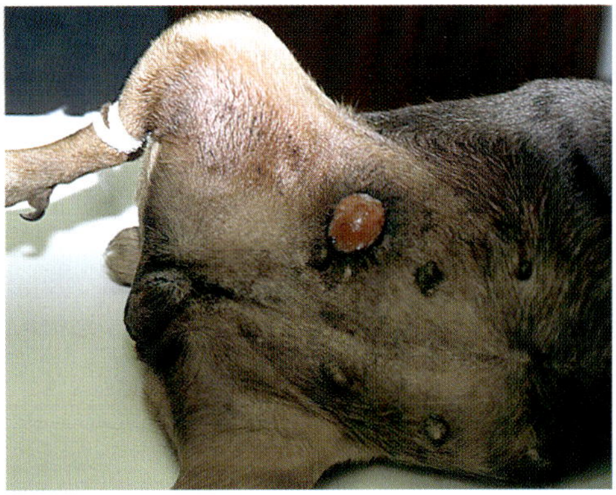

Abb. 17.2 Ulzerierendes Plattenepithelkarzinom am ventralen Abdomen eines Staffordshire Bull Terriers.

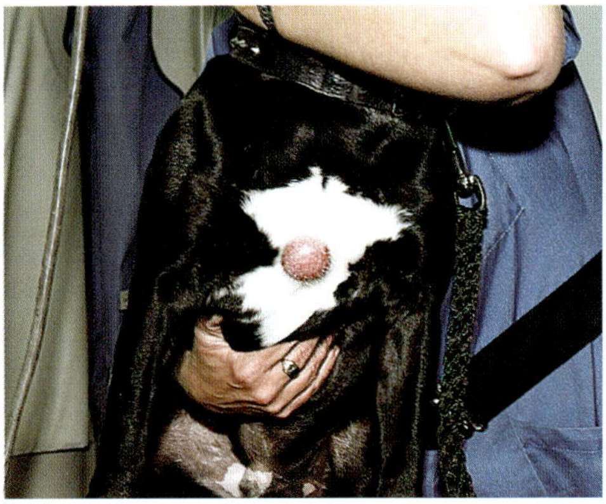

Abb. 17.3 Solitäres, gut umschriebenes Basalzellkarzinom.

Plattenepithelkarzinom

- Das Plattenepithelkarzinom ist eine häufige, maligne Neoplasie der Keratinozyten.
- Der Tumor breitet sich lokal invasiv aus. Die Metastasierung schreitet langsam voran.
- Sonnengeschädigte Haut, chronische Verletzung der Haut und Papillomaviren werden für den Pathomechanismus verantwortlich gemacht.

Beginn der Erkrankung

- Ungefähr ab dem 9. Lebensjahr.

Rassendisposition

- Scottish Terrier, Pekinesen, Boxer, Pudel, Schnauzer.
- Großrassige Hunde mit schwarzem Fell wie der Labrador sind für subunguale Plattenepithelkarzinome prädisponiert.

Klinisches Bild

- Die proliferative Form: Der Tumor ist papillomatös und neigt zur Ulzeration.
- Die ulzerierende Form: Der Tumor ist ein kraterförmiger, verkrusteter Ulkus (Abb. 17.2).
- Bei Hunden treten die Plattenepithelkarzinome bevorzugt am Stamm, an den Extremitäten, den Zehen, am Skrotum, an den Lippen und der Nase auf.

Diagnose

- Klinische Symptome.
- In der Biopsie zeigen sich Keratinstränge, Hornperlen.

Behandlung

- Operative Entfernung.
- Kryochirurgie.
- Elektrochirurgie.
- Hyperthermie.
- Bestrahlung.

Basalzelltumor

- Seltene, geringgradig maligne Neoplasie der epithelialen Basalzellen.
- Es werden häufige Rezidive beschrieben. Der Grad der Metastasierung ist gering.

Beginn der Erkrankung

- Das Durchschnittsalter für das Auftreten des Basalzelltumors beträgt 7–10 Jahre.

Rassendisposition

- Cockerspaniel, Kerry Blue Terrier, Shetland Sheepdog, Springer Spaniel, Miniaturpudel, Siberian Husky.

Klinisches Bild

- Solitäre, scharf begrenzte, haarlose Hauterscheinungen mit einem Durchmesser von 0,5–10,0 cm, die ulzerieren (Abb. 17.3).
- Die bevorzugten Körperregionen sind Kopf, Nacken und Thorax.

Diagnose
- Erfolgt anhand der klinischen Symptome.
- Biopsie: Die unterschiedlichen Formen des Basalzellkarzinoms können histologisch differenziert werden.

Therapie
- Chirurgische Exzision.
- Elektrochirurgie.
- Kryochirurgie.
- Beobachten der Veränderung ohne Therapie.

Trichoepitheliom
- Es handelt sich um eine seltene benigne Neoplasie des Haarfollikels.
- Invasives Wachstum und Metastasenbildung sind selten.

Altersinzidenz
- Vorkommen bei Tieren, die älter als 5 Jahre sind.

Rassendisposition
- Golden Retriever, Basset, Deutscher Schäferhund, Cockerspaniel, Irish Setter.

Vorkommen
- Das Trichoepitheliom tritt gewöhnlich solitär, solide oder zystisch, gut umschrieben und mit einem durchschnittlichen Durchmesser von 0,5–15 cm auf.
- Trichoepitheliome ulzerieren häufig und werden haarlos.
- Lokalisation: Rücken, Thorax, Gliedmaßen.

Diagnose
- Biopsie.

Behandlung
- Operative Entfernung.
- Kryochirurgie.
- Elektrochirurgie.
- Beobachten der Veränderung ohne Therapie.

Trichilemmom
- Das Trichilemmom ist eine seltene, benigne Neoplasie, die von den Keratozyten der äußeren Wurzelscheide abstammt.

Beginn der Erkrankung
- Beim Hund tritt das Trichilemmom im Alter von 5 und 13 Jahren auf.

Rassendisposition
- Afghanen.

Klinisches Bild
- Die Hauterscheinungen sind ovoid und fest und haben einen Durchmesser von 1–7 cm.
- Sie treten bevorzugt am Kopf und Nacken auf.

Diagnose
- Biopsie.

Behandlung
- Operative Entfernung.
- Kryochirurgie.
- Elektrochirurgie.
- Beobachten der Veränderung ohne Therapie.

Pilomatrikom
- Seltene, benigne Neoplasie, die von der Haarmatrix ausgeht.
- Dieser Tumor ist in den seltensten Fällen invasiv oder metastasiert.

Beginn der Erkrankung
- Bei Tieren, die älter als 5 Jahre sind.

Rassendisposition
- Kerry Blue Terrier, Pudel, Old English Sheepdog.

Klinisches Bild
- Die Tumoren sind fest, zystisch und gut umschrieben mit einem Durchmesser von 1–10 cm.
- Schulter, Rücken, Flanken sind die Prädilektionsstellen.

Diagnose
- Biopsie.

Behandlung
- Operative Entfernung.
- Kryochirurgie.
- Beobachten der Veränderung ohne Therapie.

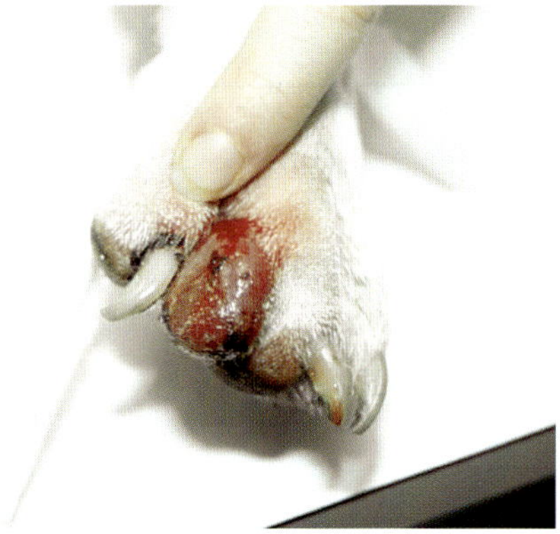

Abb. 17.4 Interdigitales Talgdrüsenkarzinom eines Englischen Bullterriers.

Talgdrüsentumor
- Eine häufige Neoplasie der Haut, die von den Talgdrüsen ausgeht.
- Dieser Tumor metastasiert nur selten. Seine Rezidivrate ist niedrig.

Beginn der Erkrankung
- 9.–10. Lebensjahr.

Klinisches Bild
- Es gibt vier verschiedene Erscheinungsformen eines Talgdrüsentumors:

Noduläre Talgdrüsenhyperplasie
- Besonders betroffen sind Cockerspaniel, Pudel, Teckel und Miniaturschnauzer.
- Die Hyperplasie zeigt sich als umschriebener Knoten in korioepidermaler Lage mit einem Durchmesser von 3 mm bis 7 cm.
- Der Tumor kann pigmentiert sein.
- Die Hautveränderungen treten bevorzugt an den Gliedmaßen, am Stamm und am Augenlid auf.

Talgdrüsenepitheliom
- Zu den bevorzugten Rassen gehören Shih Tzu, Lhasa Apso, Malamute.
- Das klinische Erscheinungsbild ist wie bei der Talgdrüsenhyperplasie.
- Die Hautveränderungen treten bevorzugt am Augenlid und Kopf auf.

Talgdrüsenadenom
- Es ist keine Rassendisposition bekannt.
- Das klinische Erscheinungsbild ist wie bei der Talgdrüsenhyperplasie.
- Die Hauterscheinungen treten bevorzugt am Augenlid und an den Extremitäten auf.

Talgdrüsenkarzinom
- Cockerspaniel sind prädisponiert. Die Hauterscheinung ist ein solitärer Knoten mit einem Durchmesser von 2,5–7,5 cm, der häufig ulzeriert.
- Die Hauterscheinungen treten gehäuft am Kopf und an den Gliedmaßen auf (Abb. 17.4).

Diagnose
- Biopsie.

Behandlung
- Operative Entfernung.
- Kryochirurgie.
- Elektrochirurgie.
- Beobachten der Veränderung ohne Therapie. Das trifft nicht für das Talgdrüsenkarzinom zu.

Schweißdrüsentumor
- Seltene Neoplasie der apokrinen Schweißdrüsen.

Beginn der Erkrankung
- Alle betroffenen Hunde sind älter als 10 Jahre.

Rassendisposition
- Golden Retriever, Cockerspaniel und Deutscher Schäferhund sind für diesen Tumor prädisponiert.

Klinisches Bild
- Die Hauterscheinung ist ein solitärer, gut umschriebener Knoten von 0,5–10 cm Größe.
- Gelegentlich kommt es zu ulzerierenden, plaqueähnlichen Wucherungen (Differentialdiagnose zur akut nässenden Dermatitis).
- Die Tumoren sind bevorzugt am Nacken, am Kopf, am Rücken und an den Gliedmaßen lokalisiert.

Diagnose
- Biopsie.

Behandlung
- Operative Entfernung.
- Kryochirurgie.
- Elektrochirurgie.
- Beobachten der Veränderung ohne Therapie.

Tumor der Perianaldrüsen
- Tumoren in diesem Bereich kommen beim Hund gehäuft vor und entstehen meist aus Zellen der hepatoiden Drüsen (Perianaldrüsen).
- Die Tumoren scheinen unter dem Einfluß der Sexualhormone zu stehen.

Beginn der Erkrankung
- Der Tumor tritt insbesondere bei Rüden im Alter von 11 Jahren auf.

Rassendisposition
- Cockerspaniel, Englische Bulldogge, Samojede, Afghane, Teckel, Deutscher Schäferhund.

Klinisches Bild
- Solitäre oder multiple Hautveränderungen. Die kleinen Neoplasien sind kugelig oder ovoid und neigen zu raschem, multinodulärem Wachstum und Ulzeration. Die Größe der Tumoren liegt zwischen 1 und 10 cm.
- Es ensteht nur selten ein Karzinom.
- Die meisten Tumoren wachsen in der Nachbarschaft des Anus. Sie können aber auch auf dem Schwanz, dem Präputium, dem Oberschenkel und in der dorsalen Lumbosakralregion auftreten.

Diagnose
- Biopsie.

Behandlung
- Operative Entfernung.
- Kryochirurgie.
- Elektrochirurgie.
- Bestrahlung.
- Kastration/Östrogenbehandlung.

Mesenchymale Tumoren

Mastzelltumor
- Häufige Neoplasie, die von den Mastzellen ausgeht.
- Der Mastzelltumor metastasiert.

Beginn der Erkrankung
- Es sind Hunde ab dem Alter von 8 Jahren betroffen.

Rassendisposition
- Boxer, Boston Terrier, Englische Bulldogge, Mops, Golden Retriever, Weimaraner.

Klinisches Bild
- Das klinische Erscheinungsbild ist sehr variabel (Abb. 17.5).
- Der Tumor setzt nach Palpation vasoaktive Substanzen frei, die zu lokalisierten Ödemen, Entzündung und in seltenen Fällen zum anaphylaktischen Schock führen können.

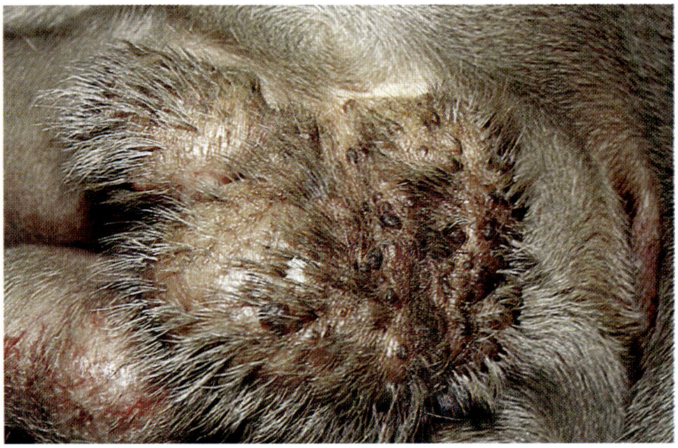

Abb. 17.5 Mastzelltumor am Perineum eines Weimaraners.

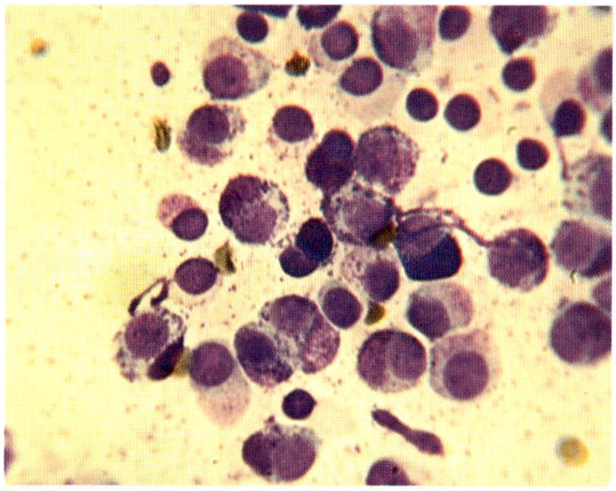

Abb. 17.6 Feinnadelaspirat eines Mastzelltumors.

- Der Tumor sitzt beim Hund gehäuft im kaudalen Körperbereich.
- Zusätzlich treten systemische Symptome wie gastroduodenale Ulzerationen, eine gestörte Blutgerinnung und Thrombozytopenie auf.

Diagnose
- Zur Diagnose dienen vorsichtig gewonnene Feinnadelaspirate und Abklatschpräparate des Tumors. Im Ausstrich findet man mononukleäre Zellen mit vielen Granula (Abb. 17.6).
- Eine Biopsie ist die für die Einstufung des Schweregrads des Tumors und zum Staging der Erkrankung in Hinblick auf Therapie und Prognose unerläßlich.

Behandlung
- Solitärer Tumor.
  - Exzision des Tumors mit 3 cm Sicherheitsabstand.
  - Für einen kryochirurgischen Eingriff ist eine Prämedikation mit Antihistaminika notwendig.
  - Für einen elektrochirurgischen Eingriff ist eine Prämedikation mit Antihistaminika notwendig.
  - Bestrahlung.
  - Immuntherapie.
- Disseminierte Tumore.
  - Chemotherapie.
  - Applikation von 0,5 mg/kg Prednisolon täglich, eventuell in Kombination mit einer Chemotherapie.
  - Bei gastrointestinaler Beteiligung wird die Gabe von 4 mg/kg Cimetidin per os erforderlich.

Fibrome
- Fibrome sind benigne Neoplasien, die von den Fibroblasten abstammen.

Beginn der Erkrankung
- In der Regel findet man diese Neoplasie bei älteren Hunden.

Rassendisposition
- Boxer, Boston Terrier, Dobermann, Golden Retriever, Foxterrier.

Klinisches Bild
- In der Regel sind die Läsionen solitäre, halbkugelförmige, gut umschriebene Knoten mit einem Durchmesser von 1–5 cm, die gelegentlich pigmentiert sind.
- Beine, Flanken und Leisten sind die Prädilektionsstellen.

Diagnose
- Biopsie.

Behandlung
- Operative Entfernung.
- Kryochirurgie.
- Elektrochirurgie.
- Beobachten der Veränderung ohne Therapie.

Fibropruritische Knoten
- Diese seltenen, benignen, hyperplastischen Knoten werden als Folge einer Flohstichallergie angesehen.

Beginn der Erkrankung
- Die betroffenen Hunde sind älter als 8 Jahre.

Rassendiposition
- Betroffen sind der Deutsche Schäferhund und Kreuzungen des Deutschen Schäferhundes.

Klinisches Bild
- Multiple, feste, haarlose Knoten mit einem Durchmesser von 1–2 cm.
- Bevorzugtes Auftreten im dorsolumbalen Bereich.

Diagnose
- Biopsie.

Behandlung
- Operative Entfernung der solitären Hauterscheinungen.
- Konservative Therapie bei multiplen Hauterscheinungen.
  - Es wird bis zur Remission die tägliche Gabe von 1 mg/kg Prednisolon empfohlen. Dann Ausschleichtherapie.
- Vermeidung des Befalls der Hunde mit Flöhen.

Fibrosarkom
- Seltene Neoplasie, die sich aus den Fibroblasten entwickelt.
- Das Fibrosarkom ist ein schnell wachsender Tumor mit hoher Rezidivrate. Es metastasiert.

Beginn der Krankheit
- Das Fibrosarkom tritt bei älteren Hunden auf.

Rassendisposition
- Cockerspaniel, Dobermannpinscher und Golden Retriever sind am häufigsten betroffen.

Klinisches Bild
- Fibrosarkome sind solitäre, schlecht umschriebene Knoten von variabler Größe (1–15 cm). Sie ulzerieren häufig und sind unbehaart (Abb. 17.7).
- Gliedmaßen und Rumpf sind Prädilektionsstellen.

Diagnose
- Biopsie.

Behandlung
- Operative Entfernung im Gesunden.
- Andere Therapien sind nur wenig erfolgversprechend.

Hämangiom
- Hämangiome sind benigne Neoplasien, die aus den Endothelzellen der Blutgefäße entstehen.
- Hämangiome treten häufiger bei sonnengeschädigter Haut auf.

Beginn der Erkrankung
- Hämangiome treten bei Hunden im Durchschnittsalter von 10 Jahren auf.

Rassendisposition
- Das Hämangiom kann bei fast jedem Hund auftreten, der ein helles Fell hat und sich viel im Freien aufhält. Dazu zählen insbesondere Golden Retriever, der Deutsche Schäferhund, English Springer Spaniel, Airedale.

Klinisches Bild
- Hämangiome sind gewöhnlich gut umschriebene, runde, bläuliche bis dunkelrote Knoten von einem Durchmesser von 0,5–4,0 cm.
- Man findet sie meistens am ventralen Abdomen und am Thorax.

Diagnose
- Biopsie.

Behandlung
- Operative Entfernung.
- Kryochirurgie.
- Elektrochirurgie.
- Beobachten der Veränderung ohne Therapie.

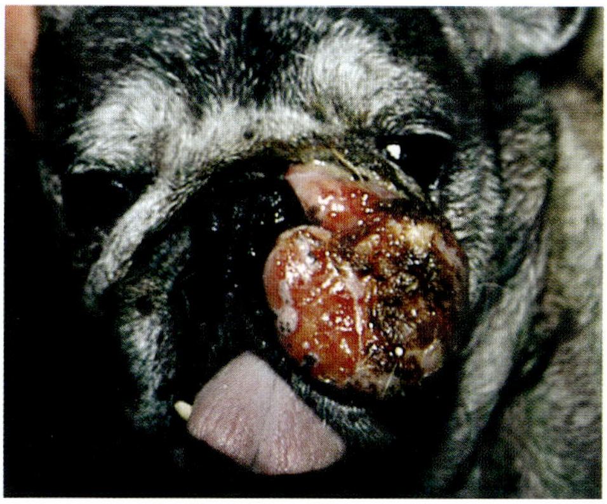

Abb. 17.7 Fibrosarkom im Gesichtsbereich eines Hundes.

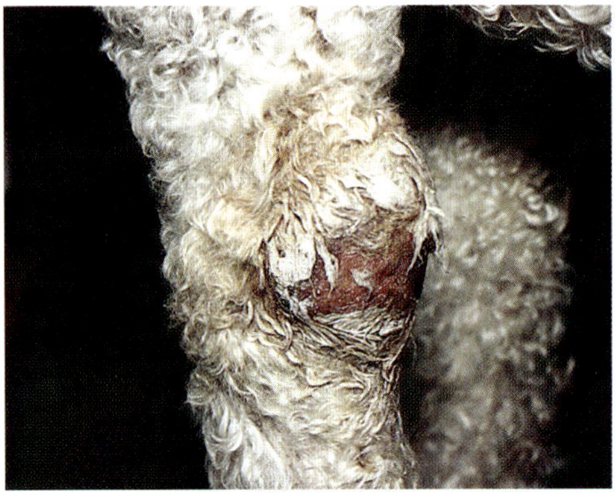

Abb. 17.8 Hämangiosarkom am Ellenbogen eines Pudels.

Hämangiosarkom

- Hierbei handelt es sich um eine maligne Neoplasie, die von den Endothelzellen der Blutgefäße ausgeht.
- Hämangiosarkome treten häufiger bei sonnengeschädigter Haut auf.
- Lokale Rezidive und Metastasierungen sind häufig.

Beginn der Erkrankung

- Hämangiosarkome treten bei Hunden im Alter von 10 Jahren auf.

Rassendisposition

- Betroffen sind Hunde mit heller Haut, die sich viel im Freien bewegen. Dazu gehören der Deutsche Schäferhund, Golden Retriever, Berner Sennenhund, Boxer.

Klinisches Bild

- Dermale Hämangiosarkome.
  - Solitäre oder multiple (wenn durch Sonnenlicht indiziert), schlecht umschriebene, rote bis dunkelblaue Plaques mit einem Durchmesser von weniger als 2 cm.
  - Sie neigen zu Blutungen und Ulzeration (Abb. 17.8).
- Subkutane Hämangiosarkome
  - Schlecht umschriebene, dunkelrote bis blauschwarze Plaques mit einem Durchmesser bis zu 10 cm. Sie neigen zu Blutungen und Ulzeration.
  - Man findet diese Tumoren am ventralen Thorax und am Abdomen.

Diagnose

- Biopsie.

Behandlung

- Das Hämangiosarkom hat eine schlechte Prognose.
- Die Therapie der Wahl ist die radikale operative Entfernung bzw. Amputation der betroffenen Extremität.
- Eine Chemotherapie ist nur wenig erfolgversprechend.

Hämangioperizytom

- Häufige benigne Neoplasie des Hundes, die von den vaskulären Perizyten ausgeht.
- Das Hämangioperizytom rezidiviert trotz chirurgischer Exzision häufig. Seine Metastasierung ist selten.

Beginn der Erkrankung

- Hämangioperizytome treten bei Hunden im Alter von 7–10 Jahren auf.

Rassendisposition

- Betroffen sind insbesondere Boxer, Deutscher Schäferhund, Cockerspaniel, Springer Spaniel, Irish Setter.

Klinisches Bild

- Die Hauterscheinungen sind feste, multinoduläre, gut umschriebene Knoten mit einem Durchmesser bis zu 25 cm.
- Es werden häufig Alopezie und Ulzerationen beschrieben (Abb. 17.9).
- Die häufigste Lokalisation sind die Gliedmaßen (insbesondere über den Ellenbogen und Kniegelenken).

Diagnose

- Biopsie.

Behandlung

- Operative Entfernung bzw., wenn möglich, Amputation.

Lipom

- Lipome sind benigne Neoplasien, die von den subkutanen Lipozyten ausgehen.

Beginn der Erkrankung

- Diese Neoplasie tritt erst im Alter von über 8 Jahren auf.

Rassendisposition

- Bevorzugt betroffen sind Cockerspaniel, Tekkel, Weimaraner, Dobermannpinscher, Miniaturschnauzer, Labrador, Labrador Retriever sowie alle adipösen Hunde.

Klinisches Bild

- Lipome sind gewöhnlich solitäre, gut umschriebene, weiche, halbkugelförmige Tumoren von 1–30 cm Durchmesser.
- Sie treten bevorzugt am Thorax, Abdomen und an den proximalen Extremitäten auf.

Diagnose

- Spezialfärbung des Aspirats der Feinnadelbiopsie auf Fettzellen.

Behandlung

- Die Therapie der Wahl ist die operative Entfernung. Bei den Tieren bewirkt eine restriktive Fütterung vor der Operation eine Reduzierung der Tumorgröße.
- Intratumorale Injektion von 10 % Kalziumchlorid führt zu einer Remission des Tumors.
- Beobachten der Veränderung ohne Therapie.

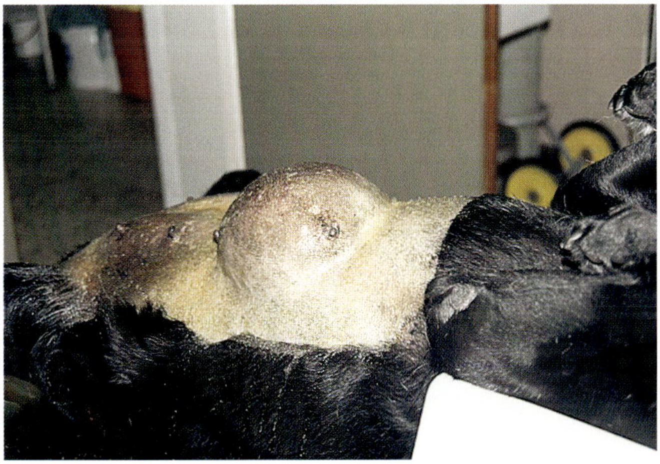

Abb. 17.9 Hämangioperizytom am Thorax eines Hundes.

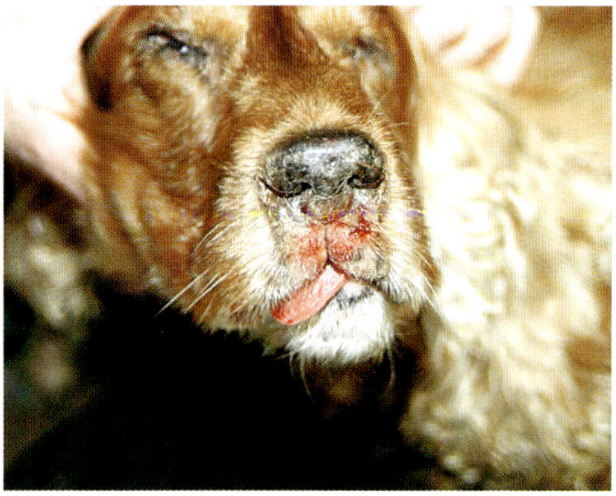

Abb. 17.10 Epitheliotropes Lymphom mit mukokutaner Ulzeration und Depigmentierung der Nase.

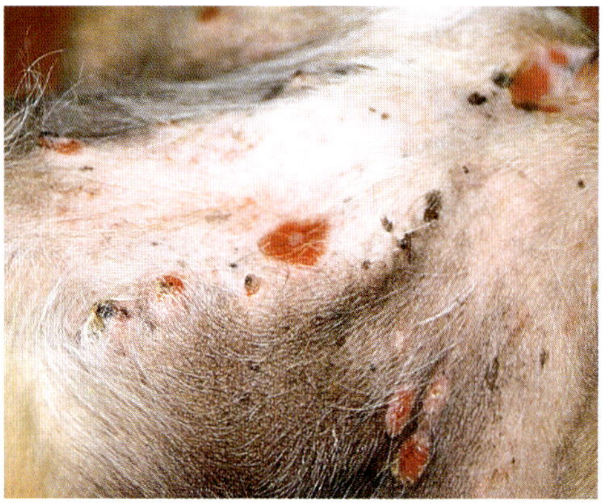

Abb. 17.11 Multiple Plaques und Knoten am ventralen Abdomen eines Hundes mit einem epitheliotropen Lymphom.

Liposarkom

- Liposarkome sind seltene, maligne Neoplasien, die von den subkutanen Lipoblasten abstammen.

Beginn der Erkrankung

- Liposarkome treten im Durchschnittsalter von 10 Jahren auf.

Rassendisposition

- Vermehrt sind Teckel, Shetland Sheepdog, Brittany Spaniel betroffen.

Klinisches Bild

- Die Tumoren sind gewöhnlich solitäre, gut umschriebene, feste bis weiche Knoten von 1–10 cm Durchmesser.
- Man findet sie am häufigsten am ventralen Abdomen, Thorax und an den proximalen Extremitäten.

Diagnose

- Biopsie.

Behandlung

- Operative Entfernung im Gesunden.

Epitheliotropes Lymphom (Mycosis fungoides)

- Seltene Neoplasie der T-Lymphozyten.

Beginn der Erkrankung

- Das epitheliotrope Lymphom tritt im Durchschnitt ab dem 9. Lebensjahr und bei alten Hunden auf.
- Es gibt keine Rassen- bzw. Geschlechtsdisposition.

Klinisches Bild

- Es sind 4 klinische Manifestationsformen beschrieben:
  - Exfoliative Erythrodermie (juckendes Erythem mit Schuppenbildung).
  - Mukokutane Ulzeration und/oder Depigmentation (Abb. 17.10).
  - Solitäre oder multiple Plaques und Knoten (Abb. 17.11).

- Infiltrative und ulzerierende Erkrankung der Mundschleimhaut (gewöhnlich als nicht-neoplastische, chronische Stomatitis fehlgedeutet) (Abb. 17.12).

Diagnose

- Feinnadelaspiration aus den Knoten und von den Plaques.
- Kontaktabstriche von den Ulzerationen zeigen im Diff-Quik atypische Lymphozyten.
- Biopsie.

Behandlung

- Das epitheliotrope Lymphom hat eine schlechte Prognose.
- Die Therapieversuche zeigen nur wenig Erfolg. Gelegentlich läßt sich durch Therapie eine kurzzeitige Remission erzielen.
  - Chemotherapie mit unterschiedlicher Kombination von Prednisolon, Cyclophosphamid, Vinchristin und Methotrexat.
  - Operative Entfernung von solitären Knoten.
  - Therapie mit Retinoiden wie Isotretinoin, Etretinat.
  - Es werden begrenzte Therapieerfolge mit lokal appliziertem Carmustin, Ciclosporin, Omega-3- und Omega-6-Fettsäuren und PEG-l-Asparaginase beschrieben.

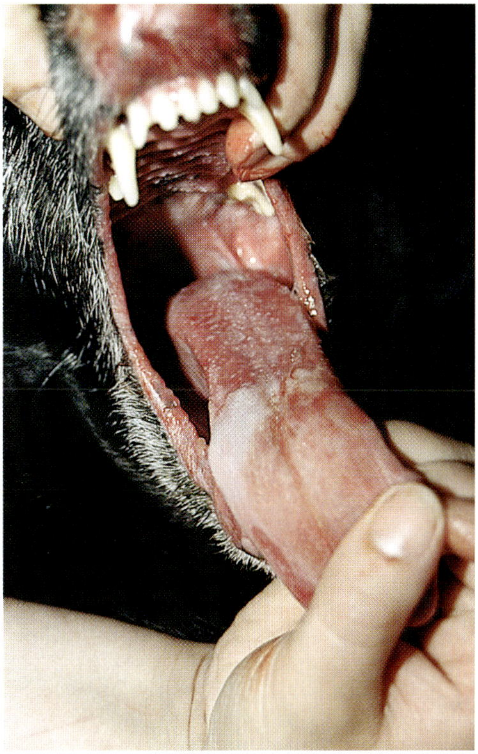

Abb. 17.12 Orale Ulzeration bei einem Hund mit einem epitheliotropen Lymphom.

Lymphohistiozytäre Neoplasien

Histiozytom

- Benigne Neoplasie, die aus Histiozyten entsteht und bei Hunden häufig vorkommt.

Beginn der Erkrankung

- Es sind vorrangig Hunde betroffen, die jünger als 2 Jahre sind.

Rassendisposition

- Viele verschiedene Rassen sind betroffen.

Abb. 17.13 Histiozytom eines jungen Hundes.

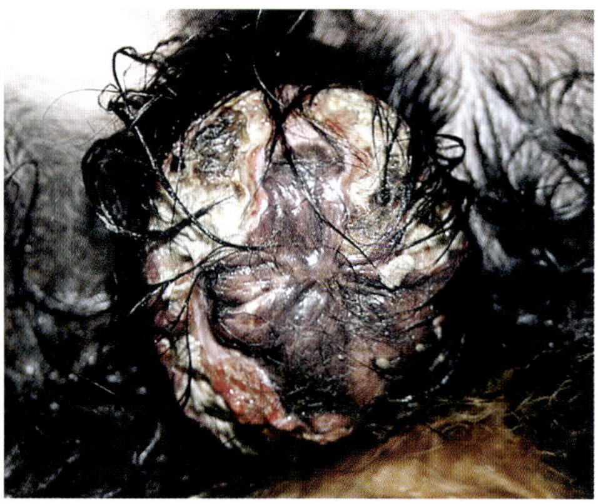

Abb. 17.14 Dermale und subkutane Knoten am Skrotum eines Berner Sennenhundes bei maligner Histiozytose.

Klinisches Bild

- Solitäre, knopfförmige, dermale Tumoren, die häufig ulzerieren (Abb. 17.13).
- Die häufigsten Lokalisationen sind Kopf, Extremitäten, Ohrmuschel und die distalen Gliedmaßen.

Diagnose

- Im Feinnadelaspirat findet man histiozytäre Zellen.
- Exzisionsbiopsie.

Behandlung

- Operative Entfernung.
- Kryochirurgie.
- Elektrochirurgie.
- Beobachtung der Veränderungen ohne Therapie. Die Mehrzahl der Tumoren bildet sich innerhalb von 3 Monaten zurück.

Maligne Histiozytose

- Seltene maligne Neoplasie, die von Histiozyten abstammt.

Beginn der Krankheit

- Typisch ist das Auftreten bei älteren Hunden.

Rassendisposition

- Die maligne Histiozytose wird bei verschiedenen Hunderassen gesehen. Sie wurde jedoch bevorzugt beim Berner Sennenhund beschrieben.

Klinisches Bild

- Hautsymptome.
  - Multiple, feste, dermale/subkutane Knoten (Abb. 17.14).
  - Oft in Verbindung mit Ulzerationen und Alopezie.
- Systemische Symptome.
  - Lethargie, Gewichtsverlust, Lymphadenopathie.
  - Hepatosplenomegalie.

Diagnose

- In dem Aspirat der Feinnadelbiopsie der Knoten findet man Histiozyten.
- Biopsie.

Behandlung

- Derzeit steht keine wirksame Therapie zur Verfügung. Es wird die Euthanasie der Hunde empfohlen.

Systemische Histiozytose

- Die systemische Histiozytose ist eine seltene Erkrankung, die durch Hyperproliferation der Histiozyten in der Haut und den inneren Organen verursacht wird.

Beginn der Erkrankung

- Die Krankheit wird bei Hunden im Alter von 2–8 Jahren beschrieben.

Rassendisposition

- Es sind viele verschiedene Rassen betroffen. Die systemische Histiozytose tritt bevorzugt bei Berner Sennenhunden auf.

Klinisches Bild

- Hautsymptome.
  - Die Hauterscheinungen sind Plaques, Knoten und Ulzerationen am gesamten Körper, insbesondere am Maul (Abb. 17.15), auf dem nasalen Planum, auf den Augenlidern und am Skrotum.
- Systemische Symptome.
  - Gewichtsverlust.
  - Respiratorische Störungen.
  - Lokomotorische Störungen.
- Der Verlauf der Erkrankung ist wechselhaft mit Phasen der Exazerbation und Remission.

Diagnose

- Feinnadelaspiration aus den kutanen Knoten und Lymphknoten.
- Hautbiopsie.
- Im Röntgenbild findet man eine Infiltration der Lunge, des Knochenmarks usw.

Behandlung

- Eine Chemotherapie ist nur wenig erfolgversprechend.
- Eine Therapie mit bovinem Thymosin, Fraktion 5, kann Erfolg zeigen.

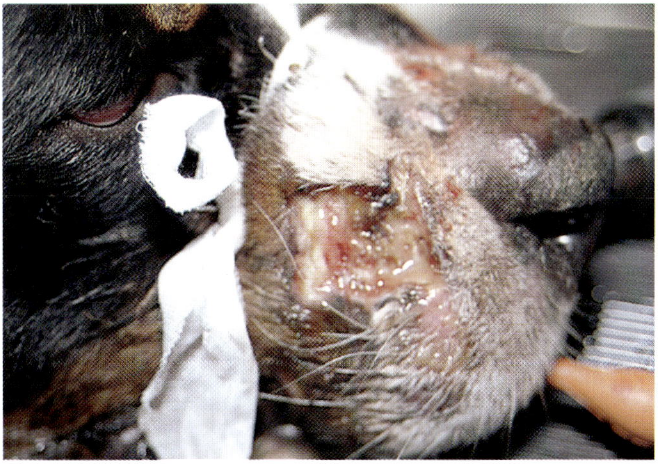

Abb. 17.15 Ulzerierende Krater im Gesicht eines Berner Sennenhundes mit systemischer Histiozytose.

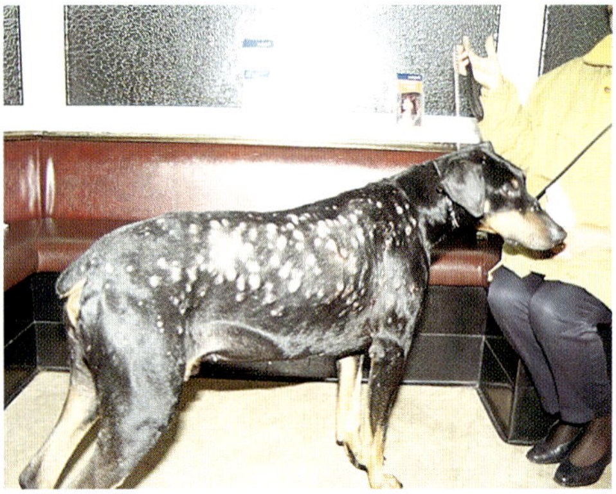

Abb. 17.16 Kutane Histiozytose auf dem Rücken und an den Flanken eines Dobermanns.

Kutane Histiozytose

- Die kutane Histiozytose ist eine benigne Erkrankung, die sich auf die Haut beschränkt und durch die Hyperproliferation von Histiozyten verursacht wird.

Beginn der Erkrankung

- Es besteht keine Geschlechts- bzw. Altersdisposition.

Rassendisposition

- Collies, Shetland Sheepdogs und Shar Peis sind bevorzugt betroffen.

Klinisches Bild

- Multiple dermale/subkutane Knoten und Plaques mit einem Durchmesser von 1–5 cm (Abb. 17.16 und 17.17).
- Die Hautveränderungen werden am gesamten Körper gefunden, insbesondere auf dem nasalen Planum.

Diagnose

- In dem Feinnadelaspirat findet man Histiozyten.
- Biopsie.

Behandlung

- Eine Chemotherapie wird gewöhnlich mit einer täglichen Dosis von 1–2 mg/kg Prednisolon bis zum Eintritt der Remission nach ungefähr 7–10 Tagen durchgeführt. Dann langsames Ausschleichen.
- Rezidive sind häufig.
- Die kutane Histiozytose des Shar Pei ist nur schwer behandelbar.

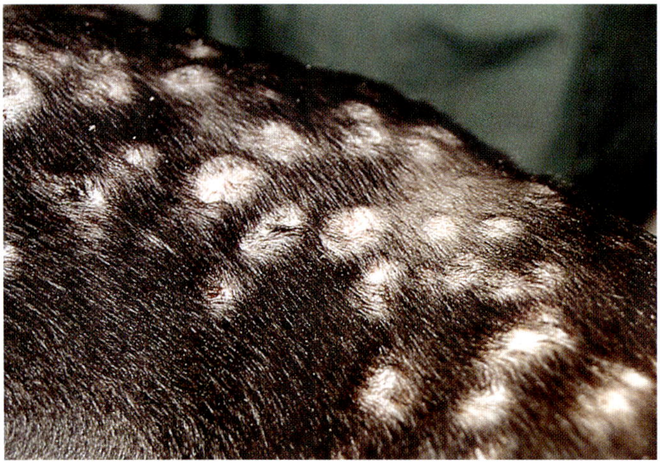

Abb. 17.17 Nahaufnahme von dermalen/subkutanen Plaques und Knoten.

Melanozytäre Neoplasien

Melanozytom

- Benigne Neoplasie der Melanozyten in der Haut.

Beginn der Erkrankung

- Melanozytome treten durchschnittlich im Alter von 9 Jahren auf.

Rassendisposition

- Scottish Terrier, Airedale, Boston Terrier, Cockerspaniel, Springer Spaniel, Boxer, Golden Retriever, Irish Setter sind bevorzugt betroffen.

Klinisches Bild

- Die Melanozytome treten gewöhnlich als solitäre, gut umschriebene, haarlose, braune/schwarze Knoten mit einem Durchmesser von 0,5–5,0 cm auf.
- Sie treten am Kopf (insbesondere an den Augenlidern und am Maul), am Stamm und an den Pfoten auf.

Diagnose

- Im Aspirat der Feinnadelbiopsie sind Melanozyten zu finden.
- Die Biopsie dient der Identifizierung einer melanozytären Neoplasie. Sie differenziert nicht verläßlich zwischen Melanozytom und Melanom.

Behandlung

- Das Mittel der Wahl ist die radikale chirurgische Exzision.

Melanom

- Maligne Neoplasie der Melanozyten der Haut.

Beginn der Erkrankung

- Das Melanom tritt im Durchschnittsalter von 9 Jahren auf.

Rassendisposition

- Wie beim Melanozytom.

Klinisches Bild

- Das Melanom ist gewöhnlich eine solitäre, in ihrer Form und Farbe (grau/braun/schwarz) unterschiedliche Hautveränderung mit einem Durchmesser von 0,5–10 cm, die oft ulzeriert.
- Man findet es häufig am Kopf, an den Gliedmaßen, an den Zehen (inklusive des Krallenbetts), am Skrotum, an den Lippen und am Stamm.

Diagnose

- Wie beim Melanozytom.

Behandlung

- Radikale chirurgische Exzision.

Nichtneoplastische Tumoren

Hautzysten

- Hautzysten sind nichtneoplastische, sackförmige Gebilde mit einer epithelialen Auskleidung.

Erscheinungsformen der Zysten

- Follikelzysten werden bei den Hunden häufig gefunden. Sie enthalten gelblich-braunes Material (Abb. 17.18).
- Dermoidzysten sind entwicklungsbedingte Fehlbildungen.
- Die apokrine Schweißdrüsenzyste entsteht durch Obstruktion der Schweißdrüse.
- Die Talgdrüsenzyste entsteht aus der Talgdrüse.

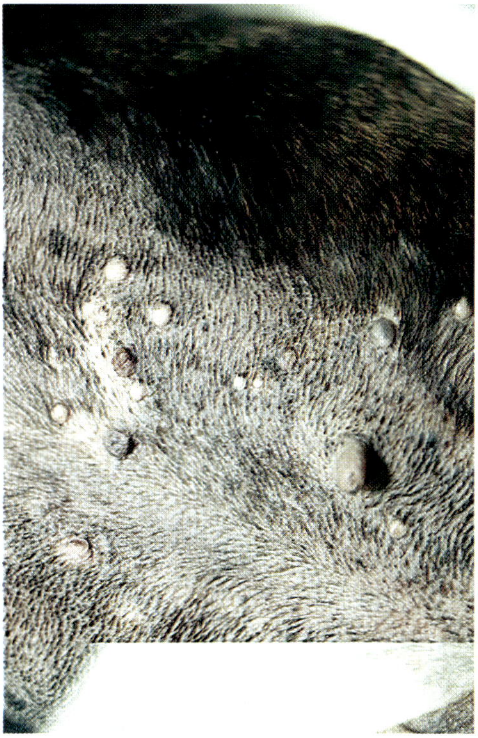

Abb. 17.18 Follikuläre Zysten am ventralen Abdomen eines Hundes.

Diagnose und Behandlung

- Operative Entfernung.
  - Die Histopathologie der Zyste ist bestimmend für den Ursprung und damit die Art der Zyste.
- Beobachten der Veränderung ohne Therapie.
- Die Zysten darf man niemals manuell ausdrücken, da die Gefahr besteht, auf diese Weise Zystenmaterial in die Dermis zu drükken und damit eine Fremdkörperreaktion auszulösen.

Calcinosis cutis

- Die Calcinosis cutis ist eine seltene Störung beim Hund, die mit einer Verkalkung der Haut einhergeht.

Ursachen

- Calcinosis circumscripta ist eine Verkalkung lokalisierter Bereiche aufgrund:
  - Entzündlicher Veränderungen wie beim Fremdkörpergranulom, bei Pyodermie, bei Bißwunden.
  - Degenerativer Veränderungen, wie z. B. Zysten.
  - Neoplasien.
- Calcinosis universalis ist eine generalisierte Verkalkung aufgrund von:
  - Hyperkortisolismus. Die Hautveränderungen findet man bevorzugt am Rücken, an den Axillen, im Inguinalbereich (spontan oder iatrogen) (Abb. 17.19).
  - Diabetes mellitus.
  - Perkutaner Absorption von Kalzium.

Metastatische Verkalkung

- Die metatastische Verkalkung tritt bei chronischem Nierenversagen insbesondere an den Pfotenballen auf.

Idiopathische Verkalkung

- Calcinosis circumscripta der großen Rassen.
- Calcinosis universalis der jungen Hunde.

Klinische Symptome

- Die Hautveränderungen bestehen aus gelben bis weißen, festen Plaques und Knoten, die gewöhnlich grießig sind.
- Sie können ulzerieren, und damit besteht die Möglichkeit einer Sekundärinfektion.

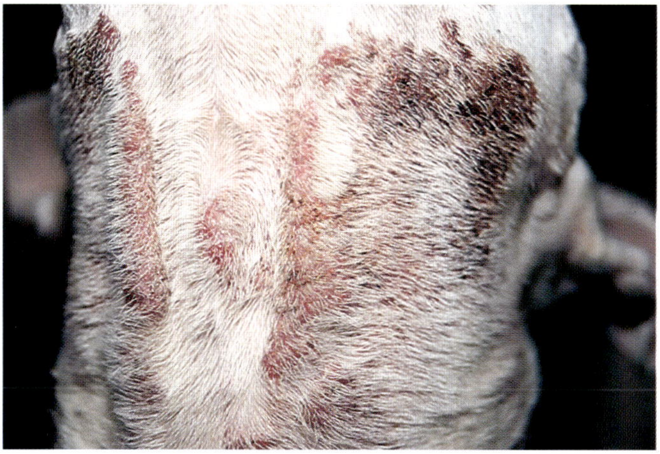

Abb. 17.19 Calcinosis cutis auf dem Rücken eines Hundes mit iatrogenem Cushing-Syndrom.

Diagnose
- Klinische Symptome.
- Biopsie.

Behandlung
- Therapie der zugrundeliegenden Faktoren.

Nävi

- Ein Nävus ist eine seltene, entwicklungsbedingte Fehlbildung, die durch eine Hyperplasie einzelner oder mehrerer Hautkomponenten charakterisiert ist.

Kollagennävi
- Benigne Hautveränderung bei vielen verschiedenen Rassen.

Noduläre Dermatofibrose
- Beim Deutschen Schäferhund gibt es ein Syndrom der multiplen Kollagennävi, die Hinweis auf eine innere Erkrankung sind.

Beginn der Erkrankung
- Die Hautveränderungen treten im Alter von 3–4 Jahren auf.

Rassendisposition
- Deutscher Schäferhund, selten andere Rassen.

Klinisches Bild
- Multiple Kollagennävi, die symmetrisch an den Gliedmaßen, am Nacken, am Kopf und am ventralen Stamm auftreten.

Diagnose
- Biopsie.

Behandlung
- Die Therapie ist gewöhnlich erfolglos, da die Kollagennävi Zeichen eines Zystadenokarzinoms der Nieren bzw. eines Leiomyoms des Uterus sind.

Organoide Nävi
- Sie sind Hyperplasien zweier oder mehrerer Hautkomponenten.

Vaskuläre Nävi
- Sie sind kavernöse Erweiterungen der Blutgefäße.

Andere Näviarten
- Talgdrüsennävi.
- Apokrine Schweißdrüsennävi.
- Epidermale Nävi.
- Haarfollikelnävi.
- Komedonennävi.
- Nävi des Corpus Pancinii.

Weiterführende Literatur

Bonagura, J. D. (ed.) (1995) *Kirk's Current Veterinary Therapy XII.* W. B. Saunders, Philadelphia.

Bostock, D. E. and Owen, L. N. (1975) *Neoplasia in the Cat, Dog and Horse.* Yearbook Medical Publishers, Chicago.

Bush, B. M. (1991) *Interpretation of Laboratory Results for Small Animal Clinicians,* Blackwell Science, Oxford.

Carter, G. R. and Cole, J. R. Jr (1990) *Diagnostics Procedures in Veterinary Bacteriology and Mycology V.* Academic Press, New York.

Carter, G. R. and Chengappa, M. M. (1991) *Essentials of Veterinary Bacteriology and Mycology IV.* Lea and Febiger, Philadephia.

Ettinger, S. J. (1989) *Textbook of Veterinary Internal Medicine III.* W. B. Saunders, Philadelphia.

Feldman, E. C. and Nelson, R. W. (1987) *Canine and Feline Endocrinology and Reproduction.* W. B. Saunders, Philadelphia.

Georgi, J. and Georgi, M. (1990) *Parasitology for Veterinarians,* 5th Edition. W. B. Saunders, Philadelphia.

Goldschmidt, N. H. and Shofer, F. (1992) *Skin Tumours of the Dog and Cat.* Pergamon Press, New York.

Green, C. E. (1990) *Infecltous Disease of the Dog and Cat.* W. B. Saunders, Philadelphia.

Griffin, C. A., Kwochka, K. W. and MacDonald, J. M. (eds) (1993) *Current Veterinary Dermatology.* Moseby Year Book, St Louis.

Gross, T. L., Ihrke, P. J. and Walder, E. J. (1992) *Veterinary Dermatopathology.* Moseby Year Book, St Louis.

Halliwell, R. E. W. and Gorman, N. T. (1989) *Veterinary Clinical Immunology.* W. B. Saunders, Philadelphia.

Holzworth, J. (1987) *Diseases of the Cat: Medicine and Surgery.* W. B. Saunders, Philadelphia.

Ihrke, P. J., Mason, I. S. and White, S. D. (eds) (1993) *Advances in Veterinary Dermatology,* Volume 2. Pergamon Press, Oxford.

Lewis, L. D. and Morris, M. L. Jr (1984) *Small Animal Clinical Nutrition,* 2nd Edition. Topeka, Mark Morris Associates, Topeka.

Lewis, R. M. and Picut, C. A. (1989) *Veterinary Clinical Immunology.* Lea and Febiger, Philadelphia.

Moulton, J. E. (1990) *Tumours in Domestic Animals III.* University of California Press, Berkeley.

Reedy, L. M. and Miller, W. H. Jr (1989) *Allergic Skin Diseases in Dogs and Cats.* W. B. Saunders, Philadelphia.

Scott, D. W., Miller, W. H. and Griffin, C. E. (1995) *Muller and Kirk's Small Animal Dermatology,* 5th Edition. W. B. Saunders, Philadelphia.

Stone, J. (1985) *Dermatology, Immunology and Allergy.* Moseby Year Book, St Louis.

Theilen, G. H. and Madewell, B. R. (1987) *Veterinary Cancer Medicine II.* Lea and Febiger, Philadelphia.

Thiers, B. H. and Dobson, R. L. (1986) *Pathogenesis of Skin Disease.* Churchill Livingstone, New York.

Tizard, I. R. (1992) *Veterinary Immunology: Introduction,* IV. W. B. Saunders, Philadelphia.

Von Tscharner, C. and Halliwell, R. E. W. (eds) (1990) *Advances in Veterinary Dermatology,* Volurne 1. Balliere-Tindall, London.

Withrow, S. J. and MacEwen, E. G. (1989) *Clinical Veterinary Oncology.* J. B. Lippincott, Philadelphia.

Yager, J. A. and Wilcox, B. P. (1994) *Colour Atlas and Text of Surgical Pathology of the Dog and Cat. Dermatopathology and Skin Tumours.* Wolfe Publishing, London.

Sachwortverzeichnis

Seitenangaben in **Fettdruck** verweisen auf Abbildungen bzw. Tabellen.

H

S